南水北调中线干线工程 安全评价技术

马福恒　胡江　叶伟　著

中国水利水电出版社
www.waterpub.com.cn
·北京·

内 容 提 要

本书是作者近年来从事南水北调中线干线工程安全鉴定管理办法与安全评价导则编制、首次全线安全年度报告以及典型单（专）项安全评价、风险评估等研究和实践工作的经验总结。本书首次提出了差别化、可操作性强的长距离引调水工程的安全鉴定机制，规范了南水北调中线干线工程的安全评价内容、方法和准则，构建了评价指标体系，形成了综合评价标准。详细阐述了南水北调中线干线工程安全年度报告编制、安全检查检测、安全监测资料分析，以及运行管理、工程质量、防洪与输水能力、工程安全性态、金属结构与机电设备安全等评价的实践过程。

本书对长距离调水工程安全评价及运行管理具有重要参考价值，可供从事长距离调水工程设计、运行管理、安全评价的技术人员学习、使用，也可作为高等院校水利类专业的参考书。

图书在版编目（ＣＩＰ）数据

南水北调中线干线工程安全评价技术 / 马福恒，胡江，叶伟著. -- 北京：中国水利水电出版社，2023.12
ISBN 978-7-5226-1983-5

Ⅰ．①南… Ⅱ．①马… ②胡… ③叶… Ⅲ．①南水北调－水利工程－安全评价 Ⅳ．①TV68

中国国家版本馆CIP数据核字(2023)第249628号

书　　名	**南水北调中线干线工程安全评价技术** NANSHUI BEIDIAO ZHONGXIAN GANXIAN GONGCHENG ANQUAN PINGJIA JISHU
作　　者	马福恒　胡江　叶伟　著
出版发行	中国水利水电出版社 （北京市海淀区玉渊潭南路1号D座　100038） 网址：www.waterpub.com.cn E-mail：sales@mwr.gov.cn 电话：(010) 68545888（营销中心）
经　　售	北京科水图书销售有限公司 电话：(010) 68545874、63202643 全国各地新华书店和相关出版物销售网点
排　　版	中国水利水电出版社微机排版中心
印　　刷	北京印匠彩色印刷有限公司
规　　格	184mm×260mm　16开本　17.25印张　420千字
版　　次	2023年12月第1版　2023年12月第1次印刷
定　　价	**88.00元**

前言

南水北调中线工程是缓解我国北方地区严重缺水局面的重大战略性基础设施。中线干线工程总干渠全长 1432.493km，布置各类建筑物共计 2387 座，其中输水建筑物 159 座，河穿渠交叉建筑物 31 座，左岸排水建筑物 476 座。输水工程以明渠为主，局部渠段采用泵站加压管道输水，渠道主要采用梯形断面，全断面混凝土衬砌。自 2014 年 12 月通水以来，中线工程运行安全平稳、供水量逐年持续增长，已经成为沿线城市生活和工业的重要水源和生命线工程。

由于中线干线工程线路长，各类建筑物众多，沿线所经地区的地理环境和水文气象条件差异较大且复杂多变，穿越膨胀（岩）土、湿陷性黄土、高地下水、煤矿采空区等多类不良地质。工程建成后，运行期存在特殊渠段边坡稳定、渠道衬砌板抗浮稳定、渠道渗漏、部分建筑物局部老化病害及少数防护工程冲刷破坏等影响工程安全问题。众所周知，安全评价是掌握工程安全状况的重要手段，然而，当前国内外关于长距离引调水工程全面安全评价的研究很少，已有研究主要关注长距离引调水工程中输水建筑物的安全状况评估，而未从整个工程安全输水的角度分析评价工程的安全性。与水库、水闸等单点工程不同，中线工程中的不同类型建筑物是相互关联的，是一个复杂而庞大的系统工程，任何一个节点的隐患都会影响整个系统的正常运行。若按传统方法进行安全评价，很难实现渠道、建筑物的全覆盖，并且还存在安全评价工作任务繁重、不同建筑物之间的评判与分类标准不协调等诸多问题，开展安全评价工作难度大。为此，有必要针对中线工程特点建立相应的安全鉴定机制，研究安全评价关键技术，以便科学研判工程安全状况和存在的病险问题，保障工程长期安全运行。

作者依托近年来开展的南水北调中线干线工程安全鉴定管理办法与安全评价导则编制、首次全线安全年度报告编制、典型单（专）项安全评价以及风险评估项目，在相关科研项目的资助下对南水北调中线干线工程安全评价技术进行了系统研究，取得了如下主要成果：

（1）建立了差别化、可操作性强的长距离引调水工程的安全鉴定机制，创新性地提出了安全年度报告及单项、专项、专门和全面安全鉴定相结合的安全鉴定制度，充分发挥了安全年度报告和全面安全鉴定的优势，并以单项、专项和专门安全鉴定作为补充，实现了长距离引调水工程安全状况的及时、动态安全鉴定，以达到积极主动的事前安全管理和风险防控。

（2）构建了系统化、分层次的安全评价体系和评价标准，明确了南水北调中线干线工程安全鉴定程序与组织、安全等级综合评定与分类等关键技术，提出了"全面检查、重点检测（勘探）、典型计算"的安全评价技术路线，规范了长距离引调水工程的安全评价内容、方法和准则，建立了渠道和不同建筑物安全评价技术规范的内在联系，整合了评价指标，形成了综合评价标准。

（3）综合红外热成像法、三维高密度电阻率法、三维层析成像法，改进了高风险渠段及其与建筑物结合部的隐患缺陷三维成像解释及定位方法，形成了高效、快速的渠道隐患缺陷协同探测技术体系。

（4）详细阐述了南水北调中线干线工程安全年度报告、安全检查检测、安全监测资料分析，以及运行管理、工程质量、防洪与输水能力、工程安全性态、金属结构与机电设备等评价的实践过程。

本书由马福恒总体策划，马福恒、胡江、叶伟负责本书的统稿及修订。全书共分10章，第1章由马福恒、胡江、娄本星撰写，第2章由胡江、沈心哲撰写，第3章由胡江、霍吉祥、张喆撰写，第4章由叶伟、张吉康、俞扬峰撰写，第5章由胡江、槐先锋、车传金撰写，第6章由叶伟、罗翔、傅又群撰写，第7章由李子阳、叶伟、王文撰写，第8章由李星、叶伟撰写，第9章由叶伟、娄本星撰写，第10章由马福恒、胡江撰写。作者所在南京水利科学研究院及中国南水北调集团中线有限公司等单位相关人员为本书的撰写工作提供了大量帮助，在此一并向他们表示衷心感谢！

本书得到了黄河水科学研究联合基金"极端天气下黄河流域土石堤坝的灾变机理与风险控制机制"（U2243244）、国家自然科学基金面上项目"深挖方膨胀土渠坡变形安全监控模型与滑坡预警方法研究"（52179138）、南京水利科学研究院出版基金和中央级公益性科研院所基本科研业务费专项资金的支持和资助，特表示感谢。

希望本书的出版能促进长距离引调水工程安全评价和运行管理工作的行业交流，提升长距离引调水工程安全评价与管理水平，确保工程安全和输水安全。由于时间仓促及水平有限，书中难免存在不当之处，恳请读者批评指正。

作者

2023 年 6 月于南京

目录

前言

第1章　绪论 ··· 1

1.1　国内外调水工程建设和运营 ·· 1

1.2　安全评价的必要性与难点 ·· 6

1.3　中线工程建设与运行管理 ·· 7

1.4　中线工程安全鉴定管理办法及评价导则 ······················· 10

第2章　安全年度报告 ··· 15

2.1　国内外安全年度报告制度 ··· 15

2.2　中线工程安全年度报告制度 ··· 20

2.3　首次安全年度报告编制（2020年度） ······························ 22

第3章　安全检查检测 ··· 28

3.1　目的与重点 ··· 28

3.2　安全检查 ··· 28

3.3　安全检测 ··· 37

第4章　安全监测资料分析 ·· 56

4.1　目的与重点 ··· 56

4.2　监测设施可靠性评价 ·· 59

4.3　监测设施完备性评价 ·· 65

4.4　监测资料分析 ·· 71

4.5　基于安全监测资料分析的工程安全性态评估 ···················· 85

第5章　运行管理评价 ··· 88

5.1　评价目的与重点 ·· 88

5.2　运行管理评价 ·· 94

5.3　运行管理综合评价 ··· 106

第6章　工程质量评价 ·· 108

6.1　评价目的与重点 ··· 108

6.2　工程地质条件评价 ··· 114

6.3　渠道工程质量评价 ··· 114

6.4 建筑物工程质量评价 ⋯⋯⋯⋯⋯⋯⋯⋯⋯⋯⋯⋯⋯⋯ 117

6.5 天津干线箱涵工程质量评价 ⋯⋯⋯⋯⋯⋯⋯ 125

6.6 PCCP 工程质量评价 ⋯⋯⋯⋯⋯⋯⋯⋯⋯⋯⋯⋯ 125

6.7 穿跨邻接等工程质量评价 ⋯⋯⋯⋯⋯⋯⋯⋯ 126

6.8 金属结构与机电设备质量评价 ⋯⋯⋯⋯⋯ 128

6.9 工程质量综合评价 ⋯⋯⋯⋯⋯⋯⋯⋯⋯⋯⋯⋯⋯ 130

第 7 章 防洪与输水能力评价 ⋯⋯⋯⋯⋯⋯⋯⋯⋯⋯ 132

7.1 评价目的与重点 ⋯⋯⋯⋯⋯⋯⋯⋯⋯⋯⋯⋯⋯⋯ 132

7.2 防洪能力复核 ⋯⋯⋯⋯⋯⋯⋯⋯⋯⋯⋯⋯⋯⋯⋯ 135

7.3 输水能力复核 ⋯⋯⋯⋯⋯⋯⋯⋯⋯⋯⋯⋯⋯⋯⋯ 147

第 8 章 工程安全性态评价 ⋯⋯⋯⋯⋯⋯⋯⋯⋯⋯⋯⋯ 153

8.1 评价目的与重点 ⋯⋯⋯⋯⋯⋯⋯⋯⋯⋯⋯⋯⋯⋯ 153

8.2 渗流安全评价 ⋯⋯⋯⋯⋯⋯⋯⋯⋯⋯⋯⋯⋯⋯⋯ 156

8.3 结构安全评价 ⋯⋯⋯⋯⋯⋯⋯⋯⋯⋯⋯⋯⋯⋯⋯ 174

8.4 抗震安全评价 ⋯⋯⋯⋯⋯⋯⋯⋯⋯⋯⋯⋯⋯⋯⋯ 194

8.5 工程安全性态评价 ⋯⋯⋯⋯⋯⋯⋯⋯⋯⋯⋯⋯⋯ 208

第 9 章 金属结构与机电设备安全评价 ⋯⋯⋯⋯ 211

9.1 评价目的与重点 ⋯⋯⋯⋯⋯⋯⋯⋯⋯⋯⋯⋯⋯⋯ 211

9.2 金属结构与机电设备安全评价 ⋯⋯⋯⋯⋯ 215

9.3 金属结构与机电设备安全综合评价 ⋯⋯ 225

第 10 章 安全分类与综合评价 ⋯⋯⋯⋯⋯⋯⋯⋯⋯ 226

10.1 安全类别与评定标准 ⋯⋯⋯⋯⋯⋯⋯⋯⋯⋯ 226

10.2 专项与专门安全鉴定 ⋯⋯⋯⋯⋯⋯⋯⋯⋯⋯ 228

10.3 单项安全鉴定 ⋯⋯⋯⋯⋯⋯⋯⋯⋯⋯⋯⋯⋯⋯ 254

10.4 全面安全鉴定 ⋯⋯⋯⋯⋯⋯⋯⋯⋯⋯⋯⋯⋯⋯ 264

参考文献 ⋯⋯⋯⋯⋯⋯⋯⋯⋯⋯⋯⋯⋯⋯⋯⋯⋯⋯⋯⋯⋯⋯ 267

第1章

绪　论

1.1　国内外调水工程建设和运营

1.1.1　国外调水工程建设概况

　　由于全球各地区自然地理条件的差异，造成少水缺水的地域异常干旱，而丰沛多雨的地区却洪涝连连。为了优化水资源配置，满足供水、航运、灌溉和发电等多种需求，许多国家开始兴建引调水工程，调水规模越来越大，结构也越来越复杂，工程技术和管理方法也日益先进[1]。据统计，目前世界上已有 40 多个国家和地区建成了 350 余项引调水工程，年调水规模超过了 5000 亿 m^3。其中，比较著名的有以色列北水南调工程、美国加州北水南调工程、澳大利亚雪山调水工程、埃及西水东调工程、秘鲁马赫斯东水西调工程、巴基斯坦西水东调工程、莱索托高原调水工程、加拿大魁北克调水工程等[2]。在此选择几个典型工程对国外跨流域调水工程作简要介绍。

　　1. 以色列北水南调工程

　　以色列地处地中海沿岸，属地中海气候，夏季炎热干燥，冬季温和多雨，年降水量为 $200 \sim 900mm$。其水资源主要集中在北部，但农田主要分布在南部。为了将北部丰富的水资源输送到南部干旱缺水的地区，改善水资源配置和生态环境，促进经济社会发展，以色列政府于 20 世纪五六十年代投资兴建了北水南调工程。该工程是以色列最大的工程项目，也是以色列国家输水工程。

　　以色列北水南调工程于 1953 年开工，至 1964 年建成投入使用，历时 11 年，投资 1.47 亿美元。北水南调的龙头工程即太巴列湖取水口工程，安装了 3 台抽水泵，总抽水量达 $20.25m^3/s$。工程设两级泵站，将水位提升 400m，再由输水隧洞将湖水送到调节池，经检测化验、沉沙、灭菌消毒处理，达到饮用水标准后，输入内径 2.8m 的主干管道，送到以色列特拉维夫的东北部。在特拉维夫主干管道分为东西两路，最终输送到内格夫沙漠干旱地区。

　　北水南调工程的建设，为以色列南部地区提供了稳定可靠的淡水供应，满足了居民生活和农业灌溉的用水需求；改善了以色列南部地区的生态环境条件，把大片不毛之地的荒漠变为绿洲，增加了植被覆盖率和生物多样性；在一定程度上也促进了以色列与邻国约旦之间的合作与交流。

2. 美国加州北水南调工程

加利福尼亚州（以下简称"加州"）位于美国西海岸，其北部气候湿润多雨，水资源充沛；南部气候干燥，地势平坦，光热条件好，是美国著名的阳光地带，但干旱少雨，水资源短缺。

为了解决北涝南旱的状况，加州政府在 1960 年通过了北水南调工程方案，项目总投资为 5 亿美元，年调水量为 52 亿 m^3。从加州最北边的奥罗维尔湖到最南端的佩里斯湖，整个调水工程主干道南北绵延 1086km，占加州南北总长度的 2/3，途中采用一次性提升水位超 600m 的大功率抽水机，让北水顺畅越过蒂哈查皮山，流到干旱的加州南方地区。该工程经过了 13 年的努力，在 1973 年完成了输水主管道的建设。

美国加州北水南调工程建成后，有效控制了北部地区的洪涝灾害，减少了人员伤亡和财产损失，提高了南部地区的用水保障率和用水质量，促进了城市化和工业化进程，使洛杉矶等城市成为全美国重要的经济中心。此外，还扩大了中部谷地等地区的灌溉面积，使之成为全美最大的农业生产基地，生产出丰富多样的农产品。

3. 澳大利亚雪山调水工程

澳大利亚地广人稀，人均占有淡水资源较多，但是澳大利亚东部有自北向南纵贯的大分水岭，导致从东部海洋吹来的湿润气流在大分水岭的东侧降下充沛的雨水，而在大分水岭的西侧，气流下沉，降雨稀少，较为干旱。为此，澳大利亚政府修建了闻名世界的雪山调水工程。

该工程从 1949 年开始修建，至 1975 年完全竣工，历时 26 年，项目总投资 9 亿美元。工程主要包括 7 座水电站、80km 引水管道、145km 压力隧洞、16 座大坝及调节水库、1 座泵站。通过大坝水库和山涧隧道网，从雪山山脉的东坡建库蓄水，将东坡斯诺伊河的多余水量引向西坡的需水地区，沿途利用落差发电，总装机容量为 374 万 kW，同时提供灌溉用水 74 亿 m^3。

雪山调水工程是澳大利亚跨州界、跨流域，集发电、调水功能于一体的水利工程，也是世界上较为复杂的大型调水工程。为澳大利亚提供了稳定可靠的可再生能源和灌溉用水，支持了农业、工业、商业和居民用电，促进了经济增长和就业，同时也改善了当地的生态环境。

4. 埃及西水东调工程

埃及国土面积约 100 万 km^2，绝大部分为沙漠，尼罗河是埃及唯一的河流，大多数人口也集中在尼罗河三角洲和尼罗河谷，导致埃及的水资源严重依赖尼罗河。但尼罗河流域的土地开发已经饱和，无法满足埃及不断增长的人口和经济对水资源的需求。位于亚洲部分的西奈半岛人烟稀少，基本没有开发，这对埃及的均衡发展极为不利，于是埃及政府决定修建西水东调工程。

从长远经济和社会发展要求考虑，埃及公共工程和水资源部为开发西奈半岛修建了埃及西水东调工程，从尼罗河三角洲地区修建萨拉姆渠，引尼罗河水向东穿越苏伊士运河，最终调到西奈半岛。工程包括一个主要运河和四个支运河，主干线长 262km，设有 7 级提水泵站，年供水量超过 40 亿 m³。

这项跨越亚、非两大洲的调水工程为埃及西部的沙漠带来了生命之水，改变了沙漠荒地的面貌，增加了植被覆盖率和生物多样性。还为苏伊士运河流域新增超 25 万 hm² 的耕地，为 150 多万人口提供生活用水，缓解埃及的粮食短缺状况，大大促进了西奈半岛的全面发展和繁荣，实现了区域平衡发展。

5. 秘鲁马赫斯东水西调工程

秘鲁位于南美洲西北部，全国年均降水量为 1691mm，但水资源的分布却极不均衡。秘鲁的西部是沙漠地区，属热带沙漠草原气候，是世界上最干旱的地区之一；而秘鲁的东部为亚马孙河上游地区，属热带雨林气候，年均降水量超过 2000mm。为了改变水资源分布不合理的局面，秘鲁政府决定修建马赫斯调水工程，将东部充沛的水资源，引到西部安第斯山区，以解决首都利马及西部其他大城市严重缺水的问题。

工程于 1971 年开始实施，将上游两个水库的水汇入科尔卡河，通过长 89km 的隧洞和 12km 的明渠将水调入西瓜斯河。输水工程设计流量为 34m³/s，输水隧洞起始水位为 3740m，终端水位为 3369m，而后利用约 2000m 落差建造了两座水电站，装机容量为 65 万 kW，年发电量为 22.6 亿 kW·h，用于阿雷帕省等地的供电和灌溉。

马赫斯调水工程经过了多年的运营，为城市生活、工矿企业和农业发展提供了水资源保障，从而改善了秘鲁太平洋沿岸的缺水状况，为马赫斯平原带来了生命之水，改变了沙漠荒地的面貌，增加了植被覆盖率和生物多样性。

6. 巴基斯坦西水东调工程

1947 年印巴分治后，印度河及其五大支流的上游部分划归在印度境内，下游部分划归在巴基斯坦境内，导致两国引起上下游水纠纷。1960 年两国政府签订了《印度河水条约》，根据该条约，巴基斯坦每年可从西三河引水 1665 亿 m³，印度每年可从东三河引水 407 亿 m³。

巴基斯坦是一个干旱半干旱的国家，全国年均降水量不足 300mm，农业生产很大程度依靠印度河及其支流的灌溉。为了解决拉维河、萨特莱杰河和比亚斯河下游 320 万 hm² 土地的灌溉用水问题，巴基斯坦制定了从印度河及其支流的调水计划，即西水东调工程，对于保障巴基斯坦的粮食安全、经济发展、民生改善、区域合作等具有重要意义。工程于 1960 年开始动工，1976 年完成，总投资约为 14 亿美元，由两座大型水库、五座拦河闸、一座倒虹吸工程和八条联结渠道等主要工程组成。工程灌溉农田面积约 153 万 hm²，新开发土地约 320 万 hm²，改善灌溉土地约 121 万 hm²。

西水东调工程通过水库、闸坝、灌溉系统的建设，使巴基斯坦由原来的粮食进口国变成了粮食出口国，提高了人民生活水平，减少了贫困人口。同时也改善了巴基斯坦水资源配置状况，在灌溉供水、发电、防洪等方面的效益显著，促进了经济社会的发展，工程总体上是非常成功的，受到了外界的普遍赞誉。

7. 莱索托高原调水工程

莱索托是一个内陆国家，位于南非的东北部。其高原地区降水丰富，平原地区降水稀少，水资源分布不均衡。莱索托的经济主要依赖农业和畜牧业，但由于缺乏灌溉设施和电力供应，农业生产效率低下。南非是莱索托的主要贸易伙伴和援助国。南非的豪登省是一个人口密集、工业发达、经济活跃的地区，但也面临着严重的水资源短缺问题。为了解决莱索托和南非双方的用水问题，促进两国经济社会发展和合作关系，1986 年两国政府签署了《莱索托高原调水条约》，确定了共同建设莱索托高原调水工程的计划，从莱索托高原地区的奥兰治河及其支流调水至南非豪登省及其周边地区。

莱索托高原调水工程分两期进行：一期工程于 1989 年开始动工，2004 年完工，工程投资约为 40 亿美元，年调水规模约为 46 亿 m³；二期工程于 2013 年开始动工，预计 2026 年完工，工程投资约为 40 亿美元，年调水规模约为 32 亿 m³。其中，一期工程包括四座大型混凝土坝、一条输水隧洞、两座小型水电站等主要组成部分；二期工程包括一座大型混凝土堆石坝、一条输水隧洞、一座小型水电站等主要组成部分。

莱索托高原调水工程为莱索托带来每年约 1.5 亿美元的收入，增加了国民生产总值，同时也解决了自身电力需求问题；还为南非提供了每年约 9 亿 m³ 的水资源，满足了南非城市生活用水、农业灌溉用水和环境生态用水需求，促进了南非和莱索托两国之间的友好合作和区域一体化。

8. 加拿大魁北克调水工程

加拿大魁北克省是一个高度工业化和城市化的省份，电力需求不断增长，尤其是在冬季。而在魁北克省的詹姆斯湾地区拥有众多的河流和湖泊，蕴藏着丰富的水能资源。拉格朗德河是詹姆斯湾五大水系之一，为了有效利用相邻流域未开发或开发不足的水资源，增加拉格朗德河上游电站装机容量和年利用小时数，提高电力供应能力和稳定性，加拿大政府修建了魁北克调水工程。

该工程分两期开发：一期工程于 1973 年开工，1985 年完成，工程投资 137 亿加元；二期工程于 1989 年开工，2011 年完成，工程投资 50 亿加元。共计建设了 8 座水电站，总装机容量达到 1524 万 kW，其中最大的是罗伯特布拉萨水电站，装机容量为 772 万 kW。调水线路全长 861km，年平均径流量为 546 亿 m³，加上跨流域引水量 382 亿 m³，使拉格朗德河年径流量达到了 928 亿 m³，以增加该河流水电开发的装机容量。

魁北克调水工程建设后，为魁北克省提供了大量清洁、可再生的电能，满足了本地区和美国东北部地区的电力需求，促进了经济发展和贸易往来。还节约了大量的化石燃料消耗，减少了温室气体排放和空气污染，改善了当地的环境质量。

1.1.2　国内调水工程建设概况

水资源在空间上的分布与社会发展的不协调在全世界都是极为普遍的。我国水资源在地区分布上也具有显著的不均衡性，具体表现为东多西少、南多北少的特点[3]。在时间分配上我国水资源具有夏秋多、冬春少和年际变化大的特点。为了优化水资源配置，应对水资源短缺、时空分布不均匀的问题，有必要兴建跨流域调水工程。自 20 世纪 60 年代以来，我国相继兴建了引滦入津、引黄入冀补淀、引江济淮、滇中引水、引汉济渭、南水北调等一系列重大调水工程[4-7]。据不完全统计，我国已建、在建、拟建不同规模的调水工程共计 400 余项，其中已建和在建工程约占 50% 和 30%，下面选择几个典型工程对国内跨流域调水工程建设概况作简要介绍。

1. 引滦入津工程

天津历史上水资源比较丰富，但随着城市的扩大、工农业生产以及上游水利建设的发展，水资源发生了由丰到缺的变化。为了解决天津用水危机，1981 年国务院正式批复了引滦入津工程。引滦入津工程是将河北省境内的滦河水跨流域引入天津市的城市供水工程，从潘家口水库放水，经大黑汀水库抬高水位，发电后送入引滦总干渠流向天津。1982 年 5 月 11 日，引滦入津工程开工，1983 年 9 月 11 日通水。该工程通水后，从根本上扭转了天津市缺水的紧张局面，极大地改善了投资环境和生态环境，有力地促进了全市经济社会的健康协调发展。

2. 引黄入冀补淀工程

河北省是一个水资源严重短缺的省份，人均水资源量仅为 $307m^3$，为全国平均水平的 1/7，远低于国际公认的 $500m^3$ 的极度缺水标准。处于雄安新区腹地的白洋淀也面临缺水困境。为了改善河北省中东部农业和生态用水状况，保障雄安新区生态水源，国家发展改革委批复了引黄入冀补淀工程。引黄入冀补淀工程自河南省濮阳市黄河渠村新、老引黄闸取水，途经河南、河北两省 6 市 26 个县，最终入白洋淀。工程的主要任务是为沿线部分地区提供农业用水、向白洋淀实施生态补水，缓解沿线农业灌溉缺水及地下水超采状况，改善白洋淀生态环境，并可作为沿线地区抗旱应急备用水源。

3. 引江济淮工程

淮河流域的安徽省淮北地区及豫东平原地区的经济社会发展非常依赖当地的水资源，随着该区域的进一步发展，依靠当地水资源支撑经济社会发展将难以为继，急需从外流域调水来解决缺水问题。因此，2017 年 9 月 28 日，水利部、交通运输部印发《关于引江济淮工程安徽段初步设计报告的批复》，标志着引江济淮工程进入全面开工建设阶段。引江济淮工程是一项以城乡供水和发展江淮航运为主，兼顾灌溉补水、改善巢湖及淮河水生态环境等任务的大型跨流域调水工程。自南向北分为引江济巢、江淮沟通、江水北送三段，输水线路总长 723km，工程供水范围涵盖安徽省 12 市和河南省 2 市，共 55 个区县，涉及面积约 7.06 万 km^2。

4. 滇中引水工程

滇中地区是我国干旱最严重的地区之一，从 1950 年到 2014 年，滇中就出现了 20 多次严重的干旱灾害，且干旱持续的时间越来越久、造成的损失也越来越大。水资源的极度匮乏已经成为滇中地区持续发展的最大障碍，滇中人民对水资源的需求也越来越迫切。2017 年 4 月，国家发展改革委批复了《滇中引水工程可行性研究报告》。2017 年 8 月，滇中引水工程正式开工建设。一期工程从石鼓镇上游约 1.5km 的金沙江取水，由泵站提水至总干渠，途经丽江市、大理白族自治州、楚雄彝族自治州、昆明市、玉溪市，终点为红河州新坡背。二期配套工程是输水总干渠分水口门至水厂、灌区、湖泊等配水节点的连通工程及调蓄工程。工程完工后，供水范围涵盖沿线 6 州市，共计 34 个受水小区，受益面积 3.69 万 km^2，受益人口约 1112 万，改善灌溉农田 63.6 万亩。

5. 引汉济渭工程

陕西省秦岭以南属长江流域，水量丰盈，占陕西省水资源总量的 71%；秦岭以北属黄河流域，水资源仅占全省总量的 29%。改革开放以来，由于气候的变化、经济发展及人口的增长,陕西水资源问题日益严峻。为了解决这一问题,20 世纪 80 年代,陕西省内南水北调的设想首次被提出。2014 年 9 月 28 日,国家发展改革委正式批复了《陕西省引汉济渭工程可行性研究报告》,标志着引汉济渭工程进入全面实施阶段。引汉济渭工程为陕西省的南水北调工程,是由汉江向渭河关中地区调水的省内南水北调骨干工程,也是缓解关中渭河沿线城市和工业缺水问题的根本性措施。

6. 南水北调工程

我国北方地区尤其是黄淮海地区及华北平原长期受到干旱缺水的困扰,水资源短缺与经济社会发展及生态环境之间的矛盾越来越突出。京、津、冀、鲁地区和淮河流域日益恶化的生态环境以及连年发生的严重干旱缺水,使南水北调中、东线工程的建设显得更为紧迫[8-11]。2002 年 12 月,国务院正式批复了《南水北调总体规划》。南水北调工程分东、中、西三条线路:

(1)东线工程:利用江苏省已有的江水北调工程,逐步扩大调水规模并延长输水线路。从长江下游扬州抽引长江水,利用京杭大运河及与其平行的河道逐级提水北送,并连接起调蓄作用的洪泽湖、骆马湖、南四湖、东平湖。出东平湖后分两路输水:一路向北,在位山附近经隧洞穿过黄河;另一路向东,通过胶东地区输水干线经济南输水到烟台、威海。

(2)中线工程:通过丹江口水库调水,从河南南阳的淅川陶岔渠首闸出水,沿豫西南唐白河流域西侧过长江流域与淮河流域的分水岭方城垭口后,经黄淮海平原西部边缘,在郑州以西孤柏嘴处穿过黄河,继续沿京广铁路西侧北上流到北京。

(3)西线工程:从长江水系调水至黄河上游青、甘、宁、蒙、陕、晋等地的长距离调水工程,是补充黄河上游水资源不足,解决我国西北地区干旱缺水,促进黄河治理开发的重大战略工程。目前西线工程仍在规划论证中。

南水北调工程主要解决我国北方地区,尤其是黄淮海流域的水资源短缺问题。通过三条调水线路与长江、黄河、淮河和海河四大江河的联系,构成了以"四横三纵"为主体的总体布局,以实现我国水资源南北调配、东西互济的合理配置格局。

1.2 安全评价的必要性与难点

南水北调中线一期工程干线工程(以下简称"中线工程")跨度长,涉及范围广,沿伏牛山、太行山东麓分布,穿越大小河流 700 多条,工情、水情、气象条件复杂,沿线经过城镇等居民聚集区域,运行期所面临的风险种类繁杂,工程风险管理难度较大。随着中线工程受益范围不断扩大,受益人口不断增多,受水区对中线工程的依赖性越来越大。中线工程一旦发生安全事故,造成供水中断,将会给沿线人民正常生活、生产用水造成巨大影响,后果十分严重,工程运行管理要求非常高。

中线工程沿线穿越膨胀(岩)土、湿陷性黄土、高地下水、煤矿采空区等不良地质。工程建成后,仍然存在特殊渠段边坡稳定问题、渠道衬砌抗浮稳定问题、渠道渗漏问题等危及工程安全的问题。工程全程采用自流输水方式,全线无在线调节水库,黄河以北地区超 700km 渠道涉及冬季输水结冰问题。自 2014 年 12 月工程正式通水运行以来,已发现部分渠道衬砌板产生了裂缝、冻胀、剥蚀、塌陷、隆起等各种缺陷;部分建筑物局部(如渡槽结构缝等）出现渗漏等。中线工程单线运行，加之全线无在线调节水库，目前的供水形势不允许定期停水检修。对此，应当制定和完善运行管理办法，积极推进精细化管理，及时采取恰当的检修措施，避免引发严重事故。

安全鉴定是掌握和认定工程安全状况，采取科学调度、控制运用、停水检修等安全措施的重要依据，是势在必行的一项工作。调水工程安全评价工作，以往主要关注工程中的关键输水建筑物的安全状况，而未在整个工程安全输水的角度分析研判工程的安全性。然而，与水库、水闸等单点工程不同，中线工程中的建筑物是关联的，是一个复杂而庞大的系统工程，任何一个节点的隐患都会影响整个系统的正常运行，所以，在重视单个建筑物的安全状况评价的同时，也要重视中线工程建筑物群体的评价。同时，工程线路长、建筑物众多，采用现有的水库、水闸等水利工程安全鉴定办法和技术路线，执行难度大，评价结论往往与实际不吻合。为此，有必要制定安全鉴定机制，提出安全鉴定办法，明确停水检修方式，以便科学研判工程安全状况和存在的病险问题，保障工程安全运行，优化调度方式，持续稳定地发挥社会和生态效益。

可见，中线工程线路长、建筑物种类和数量多、涉及面广，是由多工程组成的庞大项目集群，是复杂的系统性工程，运行期面临风险种类繁杂。工程穿越区环境和地质条件复杂，对工程运行管理要求高。针对中线工程运行管理中可能存在的风险，根据"以问题为导向，以需求为牵引"的原则，为提高工程运行管理水平，做好安全鉴定工作，规范其组织与程序，科学研判工程安全状况，有必要开展安全鉴定机制与安全评价技术的研究工作。进一步完善中线工程管理制度体系、全面推进工程运行管理工作提档升级的具体举措，对长距离调水工程的行业管理具有借鉴价值。

1.3 中线工程建设与运行管理

1.3.1 工程简况

1. 工程概况

中线工程包括水源工程、输水工程和汉江中下游治理工程。水源工程包括丹江口大坝加高工程和陶岔枢纽工程，输水工程即干线工程（也称总干渠），汉江中下游治理工程包括引江济汉工程、兴隆水利枢纽、局部航道整治和部分闸站改造等4项工程。

中线工程总干渠连接长江、淮河、黄河及海河流域，沿线经过河南、河北、北京、天津等4省（直辖市）。中线工程总干渠从丹江口水库陶岔渠首闸引水，沿唐白河平原北部及黄淮海平原西部布置，途经伏牛山南麓山前岗垅与平原相间的地带向东北方向输水，于方城垭口跨江淮分水岭进入淮河流域，再往北经郑州西穿越黄河，沿太行山东麓山前平原及京广铁路西侧的条形地带北上，在安阳西过漳河进入河北省境内；在石家庄西北过滹沱河，至唐县进入低山丘陵区和北拒马河冲积扇，过北拒马河后进入北京市境内，终点为团城湖。天津干线工程在河北省保定市徐水区西黑山村北处引出，在白洋淀以北一路向东，穿越大清河、牤牛河、子牙河等河流，穿越京广、京九、津霸、津浦等铁路，以及京广、京深、津保和京沪等高速公路，输水至终点天津市外环河。

中线工程总干渠全长 1432.493km，其中，陶岔渠首至北京团城湖全长 1277.208km，天津干线从西黑山分水闸至天津外环河全长 155.285km。布置各类建筑物共计 2387 座，包括：输水建筑物 159 座（其中渡槽 27 座，渠道倒虹吸 102 座，暗渠 17 座，隧洞 12 座，泵站 1 座）；河穿渠交叉建筑物 31 座，左排建筑物 476 座，渠渠交叉建筑物 128 座；控制建筑物 304 座；铁路交叉建筑物 51 座；公路交叉建筑物 1238 座。

2. 工程等别

中线工程是特大型调水工程，为Ⅰ等工程，渠道及交叉和控制建筑物为 1 级建筑物，次要建筑物、河道防护工程及穿渠建筑物的上下游连接段为 3 级建筑物。北京段、天津干线的管道（管涵）及管道附属建筑物，包括泵站、分水口建筑物、连通建筑物、阀井建筑物、排水和排气建筑物等，以及各类交叉建筑物均为 1 级建筑物；压力管线穿越河道时管线河道防护工程、隧洞进出口的防护工程为 3 级建筑物。

3. 洪水标准

总干渠穿越河流的交叉断面以上流域面积大于 $20km^2$ 的河渠交叉建筑物的设计洪水标准按 100 年一遇洪水设计，300 年一遇洪水校核；交叉断面以上流域面积小于 $20km^2$ 河沟的左岸排水建筑物的设计洪水标准按 50 年一遇洪水设计，200 年一遇洪水校核；总干渠与各类河渠交叉建筑物、左岸排水建筑物连接渠段的防洪标准与相应的主体建筑物洪水标准一致；穿黄工程设计洪水标准为 300 年一遇，校核洪水标准为 1000 年一遇。

4. 设计水位、流量

渠首设计流量为 $350m^3/s$，加大流量为 $420m^3/s$；穿黄河设计流量为 $265m^3/s$，加大流量为 $320m^3/s$；穿漳河设计流量为 $235m^3/s$，加大流量为 $265m^3/s$；穿北拒马河（进北京）设计流量为 $50m^3/s$，加大流量为 $60m^3/s$；天津干线渠首设计流量为 $50m^3/s$，加大流量为 $60m^3/s$。

主要控制点设计水位：陶岔渠首枢纽（闸下水位）为 147.38m，黄河南岸为 118.00m，黄河北岸为 108.00m，漳河南岸为 92.19m，古运河南岸为 76.41m，西黑山为 65.27m，北拒马河为 60.30m，北京团城湖为 48.57m，天津干线渠首为 65.27m，天津外环河为 0.00m。

5. 明渠段主要设计参数

陶岔渠首—北拒马河段明渠段主要采用全衬砌梯形断面，综合糙率为 0.015，设计水深为 8.0～3.8m，渠道底宽为 29.0～7.0m，渠道边坡系数为 2.0～3.5。渠道纵坡分别为：陶岔—沙河南段 1/25000～1/25500，沙河南—黄河南段 1/23000～1/28000，黄河北—漳河南 1/20000～1/29000，漳河北—古运河段 1/17000～1/30000，古运河—北拒马河段 1/16000～1/30000。

6. 金属结构与机电设备

中线工程全线共有各类闸门 1395 扇（套）（含拦污栅），其中弧形闸门 402 扇（套），平面闸门 979 扇（套），拦污栅 14 套；各类启闭设备 1142 台（套），其中液压启闭机 474 台（套），固定卷扬式启闭机 250 台（套），螺杆式启闭机 97 台（套），台车式启闭机 49 台（套），电动葫芦启闭机 270 台（套），坝顶门机 2 台（套）。

1.3.2 运行概况

1. 建设与管理

中线工程的构思和前期研究工作始于 20 世纪 50 年代初，许多科研设计单位投入了大量人力、物力对方案和重大技术问题进行了多方案分析论证。2002 年 12 月，国务院批准了《南水北调工程总体规划》。2003 年 12 月 30 日，中线工程京石段应急供水工程中的北京永定河倒虹吸工程与河北滹沱河倒虹吸工程同时开工，标志着中线工程进入建设阶段。

2005 年，长江设计院牵头与沿线各省市水利设计院联合完成了《南水北调中线一期工程可行性研究总报告》，并通过了水利部水利水电规划设计总院（以下简称"水规总院"）的审查和中国国际咨询工程公司的评估。2008 年 4 月，国家发展改革委以发改农经〔2008〕1067 号文批复了可行性研究总报告。2008 年 9 月，京石段应急供水工程建成通水；2011 年 4 月，黄河以南段开工建设，标志着中线工程主体工程全部开工；2013 年 6 月，天津干线主体工程全线贯通；2013 年 12 月，中线工程主体工程完工。2014 年 12 月 12 日，中线工程正式通水运行。2022 年 8 月 25 日，穿黄工程通过设计单元完工验收，中线工程 87 个设计单元全部完成验收，工程全线转入正式运行阶段。

中线工程运行管理单位为中国南水北调集团中线有限公司（以下简称"中线公司"），下辖 5 个分公司、44 个管理处。北京市境内暗涵和预应力钢筒混凝土管（Prestressed Concrete Cylinder Pipe，PCCP）段受中线公司委托，由北京市南水北调干线管理处管理。

2. 调度运行特点

（1）调水线路长，建筑物运行安全要求高。中线工程总干渠输水渠线长 1432.493km，经过豫冀京津 4 省（直辖市），连接长江、淮河、黄河、海河四大流域，穿越大小河流 700 多条，与众多高等级公路、铁路以及灌溉渠道等交叉，共有各类建筑物 2387 座。总干渠沿线经过人口密集区，与当地的经济社会活动存在交叉影响。沿线每一个渠段都相当于一座满蓄的小型水库，如果出现安全问题，将对沿线人民生命财产和其他基础设施带来不利影响。

（2）控制建筑物多，调度难度大。中线工程总干渠上共设有 64 座节制闸（含惠南庄泵站）、61 座各类控制闸、97 座分水闸、54 座退水闸，共计 276 座控制性建筑物。各节制闸以闸前常水位控制运行。全线各控制建筑物需要同步联动控制，才能保持水位基本恒定，实现满足供水要求的自流输水。可见，中线工程控制建筑物多，输水流量大，限制性条件多，调度、管理和控制十分复杂。

（3）控制系统一体化程度高。中线工程覆盖范围大，具有管理机构地域分布广、层次多、管理内容复杂等特点，必须依靠先进的管理平台和手段，使上传下达的管理信息及时、准确，保障整个工程管理的高效有序。总干渠调度运行管理按照"无人值班、少人值守"的原则，全线节制闸（泵站）、分水口门、退水闸均由总调度中心集中控制，涉及环节和部门多，控制水平要求高。

（4）供水安全要求高。总干渠向北京、天津以及冀豫两省的邯郸、邢台、石家庄、保定、衡水、廊坊、南阳、平顶山、漯河、周口、许昌、郑州、焦作、新乡、鹤壁、安阳、濮阳等城市供水。供水安全性直接关系到这些地区的经济社会发展。尤其是近年来，随着供水量的逐步增加，目前北京城区的 70％以上供水、天津主城区全部供水都是南水北调的水，沿线受水城市对中线工程水资源的依赖程度也在增加，因此，对中线工程供水安全性的要求也在逐步提高。

（5）常规实时调度和应急响应调度情况复杂。中线工程调度运行系统核心任务为依据自动化调度硬件及软件系统的调度手段，遵循集中控制、统一调度、分级管理的调度原则，以满足"足量、保质、及时、平稳、安全"供水的目标。调度运行系统包括常规实时调度和应急响应调度。因水质污染事件、洪水灾害、公共安全问题等造成的突发事故、特殊情况多，紧急性高、后果严重，且易造成次生危害，调度运行系统需应对这些特殊情况作出快速响应，迅速制定响应方案，尽量把损失降到最低。

1.4　中线工程安全鉴定管理办法及评价导则

1.4.1　鉴定管理办法

1．必要性

目前在水库、水闸等领域已普遍开展了安全鉴定工作，并制定有《水库大坝安全鉴定办法》（水建管〔2003〕271 号）、《水闸安全鉴定管理办法》（水建管〔2008〕214 号），这类鉴定办法形成了较为成熟的水工建筑物安全鉴定机制，为找准安全隐患和病险问题，有针对性地提出治理措施提供了重要依据。

但是，中线工程线路长、建筑物多且分散、工程穿越区环境和地质条件复杂，是一个复杂而庞大的系统工程。按现有的各类水工建筑物的安全鉴定程序和方法开展，需要投入巨大的人力、财力和设备，工作周期长，导致安全鉴定工作难以实施。同时，中线工程是一个串联弱联结系统，任何一个节点的隐患都可能影响供水安全。

结合中线工程实际，制定出一套科学合理、切实可行的南水北调中线干线工程安全鉴定管理办法可以指导安全鉴定工作，从而完善中线工程运行管理机制，保障工程安全运行，提升安全管理和科学决策水平。近年来的全国水利工作会议均明确提出，在南水北调工程建设运行上，应保障工程运行安全、供水安全、水质安全，持续提升工程运行管理水平，强化管理、提质增效，在运行管理规范化和标准化方面提档升级。

为此，根据《中华人民共和国水法》《中华人民共和国防洪法》《中华人民共和国河道管理条例》《中华人民共和国防汛条例》《南水北调工程供用水管理条例》等法律法规及相关地方性法规规定，针对性研究，制定统筹兼顾、科学合理的安全鉴定办法，以确定中线工程安全鉴定机制，明确停水检修标准和方式。主要体现为：需要明确中线工程安全鉴定责任主体、定期安全鉴定制度、安全鉴定程序与组织、停水检修标准和方式等总体思路；构建中线工程安全鉴定的技术体系。

目前，国内外缺少长距离调水工程这类单线、串联弱联结系统工程的安全鉴定办法，这就需要根据中线工程的特点，构建安全鉴定的技术体系，研究分析安全鉴定的现场安全检查、安全评价、分类标准和处理建议等主要工作内容。通过梳理总结大型调水工程运行管理的相关法规制度和技术标准，结合中线工程运行管理情况调研成果，分析中线工程特点，编制提出《南水北调中线干线工程安全鉴定管理办法》，对南水北调中线干线工程安全鉴定类别及安全状况分类、鉴定组织及职责、鉴定基本程序、鉴定工作内容等方面进行规定，为安全鉴定管理提供基础。

2. 主要内容

安全鉴定遵循系统评价、突出重点、分级负责、定期鉴定、科学分类的原则。安全鉴定应在全面排查的基础上，对工程安全状况进行客观、公正的全面评价；以运行中暴露质量缺陷、影响安全输水的建筑物和设备设施为评价重点，优先安排安全鉴定计划；各级运行管理单位根据职责分工，分级落实安全鉴定管理工作；安全鉴定工作定期开展，特殊情况适时开展；综合工程安全评价、风险等因素，对安全状况进行分类[22-23]。

安全鉴定在安全年度报告的基础上开展安全鉴定，分为单项安全鉴定、专项安全鉴定、专门安全鉴定和全面安全鉴定。

（1）安全年度报告是对本调水年度的调度运行、检查检测、安全监测、维修养护、应急管理等工作进行分析评估，为开展安全鉴定工作提供基础。

（2）单项安全鉴定以设计单元为基础，原则上以三级运行管理单位所管辖范围内的工程为一个单项，定期进行安全鉴定。

（3）专项安全鉴定是对特殊地段渠道、单体建筑物、特定金属结构、机电设备等进行的安全鉴定。

（4）专门安全鉴定是工程运行中遭遇强烈地震、极端气温、特大暴雨以及出现影响工程安全运用的突发事件等特殊情况后进行的安全鉴定。

（5）全面安全鉴定是在单项、专项、专门等安全鉴定的基础上，对中线干线工程全线定期进行的安全综合评价。

一级运行管理单位全面负责中线干线工程安全鉴定管理工作，成立安全鉴定委员会负责安全鉴定成果技术审查，一级运行管理单位安全生产委员会负责安全鉴定报告书的审定工作。二级运行管理单位经授权负责开展单项、专项、专门等安全鉴定工作，负责安全年度报告中相关专业资料的收集和整编上报，组织工程安全检查，组织或参与安全评价报告审查会，做好相关安全鉴定信息台账等工作。三级运行管理单位负责工程日常安全检查，做好相关专业资料的收集和整编上报，协助做好安全鉴定工作。安全评价单位受组织单位委托，负责安全评价工作。开展相关的工程安全检测、安全复核，编制安全评价报告等工作。安全鉴定委员会负责安全鉴定成果技术审查工作。开展现场工程察看，审查安全评价报告，出具审查意见。

安全鉴定的基本程序包括安全评价、安全鉴定成果技术审查和安全鉴定意见审定三个基本程序。

安全年度报告以调水年度进行编制。内容主要以工程运行基本情况、运行调度、检查检测、安全监测、维修养护、安全生产、应急管理、专题研究等报告为基础，结合上一年度存在问题的整改落实情况，通过初步评估，提出安全年度报告和下一年度安全鉴定工作计划建议。

安全评价应根据安全年度报告、安全检查报告、安全检测报告和安全复核报告等，对工程安全状况进行综合分析，评价工程安全状况，编写工程安全评价报告，提出工程存在的主要问题和处理措施建议等。

单项和专项安全评价应基于安全年度报告，按照工程安全检查意见，做好安全检测和安全复核，重点分析各类重大隐患、缺陷问题及其处置情况和效果，综合评价工程安全状况，提出安全状况类别，编制安全评价报告。

专门安全评价应根据工程损坏的具体情况，针对性地开展安全检测和安全复核，提出安全状况类别，编制安全评价报告。

全面安全评价应基于鉴定周期内的各单项安全鉴定成果，结合专项、专门安全鉴定成果和各年度安全年度报告，总结分析各类重大隐患、缺陷问题及其处置情况和效果，综合评价中线干线工程安全状况，提出安全状况类别，编制安全评价报告。

1.4.2 安全评价导则

1. 必要性

安全评价是安全鉴定过程中最主要的技术工作。水库、水闸等水利工程已制定有《水库大坝安全评价导则》（SL 258）、《水闸安全评价导则》（SL 214）等行业标准，这些配套的技术标准形成了较为成熟的水工建筑物安全评价技术体系。

《南水北调中线干线工程安全评价导则》是《南水北调中线干线工程安全鉴定管理办法》配套使用的技术标准。《南水北调中线干线工程安全评价导则》对规范与指导中线工程安全评价工作、确保停水检修更具针对性、提升应急抢险水平等，有不可替代的重要作用。

为此，研究分析不同类型建筑物安全评价的现场安全检查、安全评价、分类标准和处理建议等主要工作内容。对安全评价相关的适用范围、基本原则、基本规定（技术路线、主要内容、评定等级、停水检修标准和方式）、安全评价（各建筑物现状调查、安全检测、补充地质勘察、工程质量评价、安全复核计算分析、评定等级及标准）、综合评价（综合评价方法和停水检修方式、建议等）方面进行规定，制定《南水北调中线干线工程安全评价导则》，构建以风险控制为导向的工程系统安全综合评价的方法和技术体系，为安全鉴定提供技术支撑。

依据已有的《水库大坝安全评价导则》（SL 258）、《水闸安全评价导则》（SL 214）、《渡槽安全评价导则》（T/CHES 22）、《泵站安全鉴定规程》（SL 31）、《堤防工程安全评价导则》（SL/Z 679），结合长距离调水工程的特征，针对水闸、渡槽、倒虹吸、暗渠、隧洞、泵站等输水建筑物，研究提出了各类建筑物现场检查、安全检测、复核计算的基本原则和适用方法。

针对中线工程的河渠、渠渠、铁路、公路等交叉建筑物，超大口径 PCCP，高填方、膨胀土（岩）、穿越煤矿采空区渠道，穿黄隧洞工程等开展重点研究，依据初步设计技术规定、施工期技术标准等，对这些重点建筑物的安全评价内容、技术方法等进行研究。提出上述中线工程中特色鲜明的建筑物的现场检查、安全检测、复核计算的基本原则和适用方法。

依据已有的国家标准和行业标准对防洪标准、过流能力、运行管理、金属结构和机电设备、安全监测系统等的评价内容和技术方法进行研究。

借鉴系统工程、风险管理等方面的理论和方法，体现基于风险的差别化管理要求，提出中线工程安全综合评价方法。结合南水北调的相关规定和调度运行方式，对应提出停水检修标准和方式等。

2. 主要内容

南水北调中线干线工程安全评价主要技术工作包括基础资料收集、工程安全检查、安全检测、安全监测资料分析、工程质量评价、防洪能力复核、水力复核、渗流安全评价、结构安全评价、抗震安全评价、金属结构与机电设备安全评价、运行管理评价等，并分别编写各专项报告，在此基础上编写工程安全综合评价报告，对工程安全状况进行综合分析和评价，提出工程安全类别及建议。

安全评价应在安全年度报告基础上，研究制定工作大纲，并按工作大纲要求组织开展工程安全检查和资料收集，进行必要的建筑物安全检测、金属结构和机电设备检测测试、自动化系统检测测试，分析安全监测资料，复核现状工程质量及实际工作条件，对工程防洪能力、水力安全、渗流安全、结构安全、抗震安全、金属结构与机电设备安全及运行管理等进行评价，并综合上述复核与评价结果，对工程安全状况进行综合评价。复核计算的荷载和参数应反映工程现状。首次安全鉴定应按导则要求进行全面评价，后续安全鉴定应重点针对运行中暴露的质量缺陷和安全问题进行专项论证。

安全综合评价是在安全年度报告、工程安全检查、安全检测、安全监测资料分析的基础上，根据防洪能力、水力安全、渗流安全、结构安全、抗震安全、金属结构与机电设备安全等各项复核评价结果，并参考工程质量与运行管理评价结论，根据安全鉴定分类，对评价对象的安全状况进行综合评价，评定安全类别，并提出维修养护、加固、检修、更新改造和加强管理等建议。

不同类别的安全评价应按以下原则提出评价结论：

（1）专项安全评价仅需对特殊地段渠道、单体建筑物、特定金属结构与机电设备等评价对象的安全状况进行综合评价和安全分类。

（2）专门安全评价仅需对运行中遭遇强烈地震、极端气温、特大暴雨等突发事件后出现重大险情或安全隐患的特殊地段渠道、单体建筑物、特定金属结构与机电设备等的安全状况进行综合评价和安全分类。

（3）单项安全评价应对三级运行管理单位管理范围内的所有建筑物安全状况分别进行评价，在此基础上提出单项安全综合评价结论，评定单项安全状况类别。

（4）全面安全评价应基于鉴定周期内的各单项、专项、专门安全鉴定成果，对中线干线工程全线安全状况进行综合评价，评定整个中线干线工程安全状况类别。

渠道、建筑物的安全类别分为一类、二类和三类，金属结构与机电设备的安全类别分为A、B、C三级。

进行专项安全评价和专门安全评价时，根据需要对评价对象进行安全检查、安全检测（勘探）、安全监测资料分析和安全复核，并参考工程质量与运行管理评价结论，对评价对象的安全状况进行综合评价，提出专项安全评价和专门安全评价结论，评定安全状况类别，并提出维修养护、加固、检修、更新改造和加强管理等建议。

单项安全评价以三级运行管理单位所管辖范围内的工程为一个单项，基于安全年度报告及专项、专门安全鉴定成果，结合单项安全鉴定开展的工程安全检查与必要的安全检测（勘探）、观测资料分析等成果，对管理范围内的所有建筑物及其附属设备安全进行复核评价，并参考工程质量与运行管理评价结论，提出单项安全综合评价结论，评定安全状况类别，并提出维修养护、加固、检修、更新改造和加强管理等建议。单项安全类别评定应符合下列规定：①正常，所有建筑物安全评价结论为一类，金属结构与机电设备安全评价结论为安全，无影响工程正常运行的明显隐患、缺陷问题和设备故障，运行管理规范，按常规维修养护即可保证正常运行；②基本正常，有一座以上（含一座）建筑物安全评价结论为二类，或金属结构与机电设备安全评价结论为基本安全，或存在的隐患、缺陷问题和设备故障，运行管理规范或基本规范，经维修养护或局部更新改造后可实现正常运行；③不正常，有一座以上（含一座）建筑物安全评价结论为三类，或金属结构与机电设备安全评价结论为不安全，或运用指标达不到设计标准，存在严重隐患、缺陷问题和设备故障，运行管理基本规范或不规范，工程不能正常运行。

全面安全评价应基于鉴定周期内的各单项、专项、专门安全鉴定成果，并结合全面安全鉴定开展的工程安全检查与必要的安全检测、观测资料分析、安全年度报告等成果，对中线干线工程防洪能力、过流能力、渗流安全、结构安全、抗震安全、金属结构与机电设备安全，以及工程质量、运行管理等分别进行评价，在此基础上，对中线干线工程全线安全进行综合评价，提出安全评价结论，评定安全状况类别。全面安全评价应通过安全检查、安全检测和监测资料分析，总结分析鉴定周期内各单项、专项、专门安全鉴定发现的各类重大隐患、缺陷问题及其处置意见落实情况和效果。中线干线工程全面安全评价的安全状况类别评定应符合下列规定：①正常，鉴定周期内各单项安全鉴定结论均评定为正常，各专项、专门安全鉴定结论均评定为一类或安全，或发现的各类隐患、缺陷问题处置效果良好，现状无影响中线干线工程正常运行的明显隐患、缺陷问题和设备故障，按常规维修养护即可保证正常运行；②基本正常，鉴定周期内有一项以上（含一项）单项安全鉴定结论评定为基本正常或基本安全，各专项、专门安全鉴定结论均定为二类或基本安全，且相应的隐患、缺陷问题和设备故障尚未处置或处置效果未达到正常运行要求，部分工程输水能力下降，或部分重要受水区不能供水；③不正常，鉴定周期内有一项以上（含一项）单项、专项、专门安全鉴定结论评定为不正常、不安全或三类，且相应的重大隐患、缺陷问题和设备故障尚未处置或处置效果不满足安全运行要求，工程不能正常输水。

对安全状况评价为基本正常和不正常的工程，或安全状况评价为不安全与基本安全的特殊地段渠道、单体建筑物、特定金属结构与机电设备，应提出维修养护、加固、更新改造和加强管理等建议，及时进行处置，确保南水北调中线干线工程输水安全。

第 2 章

安 全 年 度 报 告

2.1 国内外安全年度报告制度

安全年度报告制度是一种重要的安全管理机制，对于保障工程安全、预防事故发生、促进工程安全管理具有重要意义。工程安全年度报告制度是指企业或单位每年对工程安全情况进行总结，形成报告，以便于对工程安全情况进行监督、检查、督促和考核。为了更好地推动工程安全管理工作，许多行业将建立工程安全年度报告制度作为促进工程安全管理的一项重要手段。

工程安全年度报告制度的实施情况在不同行业中有较大的差异。在有些行业中，安全年度报告制度已十分盛行并取得良效、积累了一定的经验，但在有些行业中安全年度报告制度仍处于探索阶段。

国内外的工程安全年度报告制度也存在一定的差异。发达国家由于工业起步早，安全管理等方面较为严格，在年度报告制度方面的法令法规及相关规定都比较完善。而在国内，工程安全年度报告制度的发展相对缓慢，但一些行业已开始建立工程安全年度报告制度，并逐步发展、完善。

2.1.1 安全年度报告制度在各行业的应用

我国越来越多的行业都实施年度报告制度，一般是对年度工作总结，通过公示制度，使之成为回应相应监管领域民众需求和主动接受监督的新制度依托。如核与辐射安全年度报告制度、制药业安全年度报告制度、矿产资源年度报表等。

1. 射线与辐射管理

核技术与射线装置在许多行业有所应用，如油气开采建设工程中射线探伤、医疗行业中的射线检查和治疗等，然而放射源和射线作业存在对人和环境的辐射风险。为了保障安全、抑制辐射危害，我国出台了一系列管理条例，如 2005 年 12 月 1 日起实施的《放射性同位素与射线装置安全和防护条例》，2006 年 3 月 1 日起实施的《放射性同位素与射线装置安全许可管理办法》（环保部令第 3 号）[12]，2011 年 5 月 1 日起实施的《放射性同位素与射线装置安全和防护管理办法》（环保部令第 18 号）等。根据上述法规条例，我国施行安全防护状况年度评估制度，要求生产、销售、使用放射性同位素和射线装置的单位针对本单位辐射安全和防护状况进行年度评估，发现安全隐患应当立即进行整改。

根据相关法律法规要求，辐射安全和防护年度评估报告的主要内容需要包括单位信息、放射性同位素与射线装置的安全状况、辐射安全和防护设施的运行与维护情况、辐射安全和防护制度及措施的建立和落实情况、事故应急准备响应和管理（如有事故发生的话）等[13]。

年度评估报告是对辐射工作单位一年中放射性同位素与射线装置安全和防备状况的全面评估，由本单位的环保、辐射设备使用或看管者结合负责编写。依据国家相关法律法规要求，使用放射性同位素与射线装置的单位[14]，均应当对本单位的放射性同位素与射线装置的安全防护的组织管理、控制措施、防护状况等进行年度评估，并于每年 1 月 31 日前向发证机关提交上一年度的评估报告。

2. 矿产资源管理

为了合理开发和有效保护矿产资源，及时掌握矿产资源变化，我国国土资源行政管理部门通过严格的储量动态管理，加强对矿产资源开发利用的监管力度，并出台相关法规，规定了矿产资源储量年度报表的编制。这些举措有利于保护国家矿产资源不流失，有助于矿业秩序的健康稳定发展。

2008 年，原国土资源部印发了《矿产资源动态管理要求》（国土资发〔2008〕163 号），进一步规范了年度矿产储量报告的编制要求、内容、形式和技术方面。对于储量年度报告的管理、编制和审核工作都进行了较大程度上的统一和完善。

储量年度报告的编制主要包括以下内容：矿山概况，包括矿石分布、采矿方式、生产能力、矿井年产矿石状况、主要开采矿种等方面；矿山地质测量；探采对比；资源储量估算等。

有学者指出，年度报告编制在实践中暴露了无法管理矿山开采、管理困难等不合理的内容参数[15]。年度报告编制程序和技术要求尚不明确，导致年度报告编制工作出现混乱现象。建议国土资源部门根据矿山实际管理需要和矿山服务需要，制定年度报告编制专项标准，以改变和完善年度报告编制内容，进一步明确年度报告编制工作的程序、年度报告的技术要求和编制时间等，对于年度报告编制报告工作进行规范化，以提高年报编制质量。

3. 制药业

在制药行业，我国对药品年度报告也有规定，要求制药企业建立安全年度报告制度。这些企业会对制药工艺和生产过程进行全面评估，及时发现和处理可能存在的安全隐患，确保生产的药品质量和安全。

我国于 2019 年 8 月 26 日修订《中华人民共和国药品管理法》，自 2019 年 12 月 1 日起施行，规范了药品上市许可持有人年度报告管理。法律规定，药品上市许可持有人是年度报告责任主体，应当建立并实施年度报告制度。药品上市许可持有人需要按自然年度收集所持有药品的生产销售、上市后研究、风险管理等情况，按照规定汇总形成报告。

药企的年度管理报告一般包括两个部分的内容，即公共部分和产品部分。公共部分包括持有人信息、持有产品总体情况、质量管理概述、药物警戒体系建设及运行情况、接受境外委托加工情况、接受境外药品监管机构检查情况等；产品部分包括产品基础信息、生产销售情况、上市后研究及变更管理情况、风险管理情况等。

2.1.2 国外水利工程安全年度报告制度

水利工程安全年度报告制度是指水库运行和管理单位对水利工程的安全状况进行定期评估和汇报的制度，旨在提高水利工程的安全管理水平和风险防范能力。水库大坝年度报告制度是国际成熟经验，美国、加拿大、澳大利亚、瑞士等国家和地区已经建立了较为完善的水利工程安全年度报告制度。

1. 美洲

美洲以美国和加拿大为例。

美国水库大坝年度安全报告发展起步较早。1972年，美国国会通过了《全国水坝安全计划法案》，该法案建立了一个全国性的计划，以促进水坝安全，并为各州开发自己的水坝安全计划提供资金。作为该计划的一部分，联邦紧急事务管理局制订了水坝安全检查和年度报告的指南。这些指南后来被纳入《全国水坝安全指南》，该指南于1996年首次出版。1996年，联邦能源监管委员会制定了规定，要求水坝业主提交水电站的年度安全报告。这些报告必须包括有关大坝状况、上一年度进行的任何维护或修理以及大坝运行中的任何变化的信息。美国大坝年度报告的具体内容可能因各州和大坝的特定情况而异，但这些报告通常会要求大坝业主提供大坝的结构、安全评估、维护计划、应急响应计划等方面的详细信息。

在加拿大，水库大坝根据溃坝后果严重程度而划分为极高风险、高风险、低风险和极低风险4个风险等级，对不同风险等级的大坝，其安全运行管理的要求也不同。对所有类型的水库，加拿大均要求至少每年进行一次正式检查和泄水设施、泄洪闸门及其他机械装置的检测，委托有能力的人员或机构开展大坝安全监测资料分析，形成年度报告后反馈业主[16]。

2. 大洋洲

以澳大利亚为例，澳大利亚政府为联邦制，有6个州和2个领地，水资源的管理责任主要在于各个州，各州负责大坝安全管理。在已立法的州，大坝的业主负责大坝的安全，并由专门的政府机构监督大坝业主对大坝安全法律法规的执行情况。

澳大利亚大坝委员会于1976年主持制定了《大坝安全管理导则》（第1版），之后分别于1994年和2003年进行了两次修订，形成了一个大坝长期安全巡检复查的体制，澳大利亚各州的大坝安全管理以此导则为基础制定规定或直接管理。如在新南威尔士州，大坝业主必须在大坝运行第一年提供大坝监察报告，之后每5年提供一次大坝监察报告。此外，大坝业主必须在每年的3月31日前为名下的每一座大坝提交一份单独的年度大坝安全标准报告，主要包括大坝信息、大坝失事后果分级、大坝安全管理系统（包括社会和个人风险评级）以及其他安全要求，包括事故报告、安全检查、大坝重大变更及应急演练等内容。对于正在设计、建设施工、试运行、退役阶段的大坝，年度安全标准报告中还需要说明大坝安全管理系统是否涵盖了设计和建设施工阶段，并且由质量管理体系的专业人员说明如何保证符合质量要求。

3. 欧洲

许多欧洲国家，如瑞士、奥地利、法国、英国、德国、芬兰等，已建立了高效的大坝安全管理体系，其中许多地区都要求编制水库年度报告，无论水库的规模大小。

瑞士已形成了职责明确、实用高效的大坝安全管理体系，被认为是传统方法和现代理念相融合的典范，在这一管理模式下，瑞士历史上从未发生过任何溃坝事故，因此备受国际大坝委员会的推崇和肯定[17]。

瑞士大坝安全管理采用四级安全监控体系，其中L1层为大坝管理员，负责持续检查和测试大坝，确保大坝运行正常；L2层为合格工程师，负责每年或随时监测评估大坝的安全情况，编制大坝安全年度报告，并在第二年前6个月内提交至监管机构；L3层为资深专家，负责每5年进行一次深入的安全评估，并提供决策建议；L4层为监管人员，负责监督管理各层次人员的工作，以确保安全监控持续有效。

瑞士大坝安全年度报告是监管大坝安全的重要依据之一，也是实现日常监督检查的基础性报告。该报告主要包括闸门操作测试、安全监测、现场检查等情况，并解释这些运行情况。同时，报告还需分析大坝和附属设施、库岸边坡等的监控结果，并评估工程是否安全，提出必要的维修、加固、监测等措施建议。瑞士大坝安全年度报告具有一目了然、清新简洁的特点，通常只有20～30页，最简洁的只有1页。

在安全监控中，L2层合格工程师不仅在年底和第二年年初提交一个年度报告，而且每个月都要对观测资料进行分析，包括任何较大异常，是否出现异常的变化趋势，是否存在一些迅速增加的测值，以及进行地震、洪水等特殊检查。发现任何异常情况时，需快速通知所有有关人员重视这个问题。如果发现极其异常的监测结果，合格工程师不能单独做决策，需要上报L3层资深专家和L4层监管人员，共同制定措施。这种多层次、分工合作的安全监控体系，可以有效确保瑞士大坝的安全运行。

与瑞士类似，奥地利也形成了严格且高效的大坝安全监管模式。奥地利对大坝安全提出了非常严格的要求并制定了最高安全标准。这些标准适用于大坝的整个操作运行期间，并且采取预防性措施来应对可能发生的可预见的事件或者事故。为了确保已有大坝的安全，奥地利采用了一种"三级原则"，包含了大坝运营人员（第一级）、省级大坝监管（第二级）和联邦大坝监管（第三级）。大坝运营人员有责任保障大坝安全。他们有责任开展大坝监测，并在必要时采取措施对大坝进行加固以达到最佳状态。公共事务需要指派负责大坝安全相关的所有技术和组织问题的大坝安全工程师。为了实现24小时全天候管理，还需要指定适当数量的大坝安全工程师副手。各省大坝监管受邀参与大坝安全工程师的年度检查和奥地利大坝委员会下属小组委员会开展的每5年一次的大坝评估。如果发生紧急情况，省级大坝监管将收到通知，大坝安全工程师必须配合那些根据洪水波警报计划采取的措施。联邦大坝监管检查大坝安全工程师撰写的年度大坝报告，并在坝址处开展每5年的大坝安全评估。这些评估由奥地利大坝委员会下属的小组委员会开展。小组成员为农业、地区和旅游部的代表和具有地质、岩土和大坝工程方面专业知识和经验的外部专家。

4. 亚洲

亚洲以日本为例，其大坝运行管理事权分明，定位准确。

日本河川上的大坝开发建设由国土交通省统一规划，以防洪、生态环境保护功能为主的水库由国土交通省下属河川局与各地方整备局（如关东地方整备局）建设和管理，其他大坝由业主（如独立行政法人水资源机构）自主建设和管理[18]。

日本水库大坝实行点检、定检制度，即日常检查、定期检查制度，《河川管理设施等建筑物法令》规定定期点检，按照规定的频次进行大坝漏水量、变形量、扬压力测量和日常巡视检查，对工程设施和各类设备进行必要的维修养护，要求针对大洪水、4级以上地震等特殊情况进行临时点检。工程管理单位或委托专业公司每年对观测资料进行整编与分析，以水资源机构下属三重用水管理所为例，每年对本年度大坝安全监测资料进行整编分析，成果上报国土交通省和水资源机构有关部门确认与备案，相当于大坝安全年度报告。

2.1.3 国内水利工程安全年度报告制度

在水利工程行业，安全年度报告有助于管理单位和主管部门对工程安全情况进行了解和监督，在我国，水利工程安全年度报告在不断发展和完善中。

能源行业目前注册或备案的水电站有 600 多座，2000 年以来结合水电站大坝安全远程自动化监控系统建设，逐步建立了水电站大坝安全运行管理年度报告制度。根据《水电站大坝运行安全监督管理规定》《水电站大坝安全注册登记监督管理办法》《水电站大坝运行安全信息报送办法》等规章制度，每年 2 月中旬之前要求各水电站运行管理单位向国家能源局大坝安全监察中心报送安全年度报告，包括大坝安全年度报表、大坝安全注册登记自查报告、大坝安全年度详查报告，均采用电子化报送，无须寄送纸质材料。大坝安全监察中心按照分片监管原则，结合水电站大坝管理单位填报的年度安全等信息，对水电站大坝安全运行实施监督管理，跟踪水电站大坝安全状况和管理状况，提出恰当的监督意见。监督意见形成过程中，以分片监督专家提出的初步监督意见为基础，通过集体审查决策方式确定最终监督意见。审查过程中经常会遇到初步意见中认为严重的问题通过集体决策认为不必处理，而不严重的问题通过集体决策认为问题比较严重且必须及时处理的情况，确保不夸大小问题、不遗漏大问题，确保每一分钱都能够"花在刀刃上"。

对于水库大坝而言，我国水库大坝年度报告制度的发展主要分为两个阶段。第一阶段是 2015 年前，相当一部分水库大坝实行年度总结制度，部分大中型水库大坝则实施安全监测资料年度整编分析报告制度，江浙等省份率先提出了年度报告制度；第二阶段是2016 年后，水利部提出大坝安全年度报告制度并带头试行。2016 年水利部提出大坝安全年度报告编制提纲，在部属 15 座大型水库试行年度报告制度，2017 年进一步扩大试点，在全国 48 座大中型水库试行，效果良好。

对于水利工程安全年度报告的内容，水利部大坝安全管理中心结合管理的需求和现状[19]，提出了符合实际的年度报告编制提纲，主要内容包括工程基本情况、调度运行、安全检查测试、大坝安全监测、维修养护、安全鉴定与安全生产、应急管理、结论，以及下一年度的工作安排。

水库大坝安全年度报告的编制要求，对于大中型水库大坝以及有条件的小型水库，水库大坝安全年度报告的编报应由管理单位内部技术负责人负责，或委托有技术能力的单位编制。对于小型水库责任主体，按照《小型水库管理办法》规定，农村集体经济组织所属的小型水库安全主管部门职责由所在地乡镇人民政府承担。当乡镇人民政府（街道办事处）不具备专业技术能力时，可以委托有技术能力的单位承担[20]。水库管理单位年内定期向水库大坝主管部门提交报告并接受审查审定。此外，县、市、省每年提出本行政区年度报告，按时提交并向市、省、部汇报。

考虑汛期前便于工程安全管理指导和本年度资金安排，年度报告应当在次年汛前完成年度报告的报送。从养护修理和运行管理两项经费预算角度，当年年底应完成报告编制工作。

2.2 中线工程安全年度报告制度

2.2.1 组织与实施

国内外水库大坝年度报告经验均表明，年度报告编制应遵循简单实用、一目了然的原则。年度报告的内容应紧扣工程安全这一主题，重点关注安全监测、巡视检查、工程结构和金属结构检测等与安全直接相关的信息。中线工程这类长距离引调水工程线路长、建筑物众多，更应当遵循这一原则。

为此，长距离引调水工程年度报告应以汇总、梳理分析年度内各专业运行管理资料中与工程安全有关的内容，重点分析巡视检查、安全监测中发现的隐患缺陷及其影响，组织专业技术人员对巡视检查、安全监测中发现隐患、缺陷的建筑物和渠段进行安全检查，必要时对重点风险部位进行安全检测、水下检查，总结年度内的维修养护、安全生产、应急管理等方面的主要成效、经验和存在的主要问题，评价上一年度的安全年度报告建议及存在问题落实情况，全面评判工程安全性态，提出下一年度的维修养护、检修计划及改进运行管理的建议，编制年度报告。

尽管年度报告制度适合长距离引调水工程安全管理，但是鉴于长距离线性工程的复杂性，对组织实施仍有很高的要求。

1. 工程安全检查

工程安全检查由年度报告编制单位和运行管理单位配合完成。运行管理单位开展日常巡视检查、汛前汛后检查、各类特别检查等，在年度结束时整编巡视检查、各类专项检查成果。

年度报告编制单位组织水工、地质、岩土、管理、金属结构与机电设备等专业技术人员，会同管理单位技术人员，重点检查巡视检查、安全监测中发现的异常及风险渠段、关键建筑物。安全检查过程中收集工程相关的管理办法、技术标准，有关的设计、施工和安全评估等基础资料，以及本年度开展的防洪复核、调度运行、巡视检查、安全监测、维修养护、加固防护、停水检修及与工程安全有关的专题分析等各专业年度报告（或总结）。

安全检查还应当充分利用水下机器人开展水下检查，通过水下观察、拍照录像、断面扫描等技术手段，对水流态异常渠段、渠道和建筑物重要部位水下损坏、水生生物繁殖情况进行专项检查。

基于工程安全检查，结合各专业年度资料，总结运行管理情况，重点分析本年度巡视检查和监测资料异常及处理效果，评价维修养护、加固防护成效，判别工程运行存在风险，初步评判工程安全状况，提出安全检测建议。

2. 安全检测

年度报告编制单位在工程安全检查基础上，对巡视检查、安全监测分析还不能判断安全状况的渠段、风险建筑物，开展安全检测。可以针对不同的检测目的，综合采用高密度电法、三维高密度电阻率法、地质雷达法、地震波法、浅层地震检、无人测量船等开展隐患、缺陷检测。

3. 安全评估

年度报告编制单位依据历史年度报告、各专项年度（总结）报告，充分利用安全检查、安全检测和安全监测成果，评估运行管理保障体系，评判工程的安全性态；提出运行管理建议，以及下一年度的维修养护、检修和安全鉴定计划。

考虑到长距离引调水工程的特点，将其安全状况分正常、基本正常和不正常三类。正常为工程正常运行和输水，或经局部维修后可正常运行；基本正常为基本正常运行，部分工程输水能力下降，或部分重要受水区不能供水；不正常为工程不能正常运行，工程不能输水。

2.2.2 安全年度报告主要内容

中线工程安全年度报告包括以下主要内容：

（1）基本情况。包括工程概况、管理情况、管理设施及上一年度安全年度报告建议及存在问题的落实情况。

（2）调度运行。包括运行调度简况、调度依据、年度调度和应急处理情况；年度运行调度工作评价、主要成效和存在问题及建议。

（3）安全检查。包括日常巡视检查、年度检查、定期检查和特别检查等的时间、背景、人员和内容，检查结论和处理情况；上级部门监督检查的时间、背景和内容，检查结论和主要问题，整改措施落实情况及成效；基于安全检查的工程安全状况的初步判断。

（4）安全检测。包括土建、金属结构、机电设备及电力系统、自动化调度系统和其他重要设备等年度检测结果；存在问题和整改情况。

（5）安全监测。包括安全监测资料整编分析，以及异常数据的成因分析和处理情况，工程安全状况的初步判定；今后的监测重点部位和监测项目。

（6）维修养护。包括工程维修养护计划和实施情况，存在的问题或遗留问题；新发现的问题、现象以及维护情况；提出初步评价以及对下年度维修养护计划的建议。

（7）安全鉴定。包括本年度安全鉴定的组织实施及主要结论，主要问题处置意见及落实情况；下一年度的安全鉴定计划。

（8）安全生产。包括重大隐患排查治理情况、重大风险辨识管控情况、工程安全事故处理等年度安全生产情况。

（9）应急管理。包括应急预案编制和演练情况；应急准备；突发事件及应急响应、处置情况，主要成效、经验及教训；进一步完善应急预案的建议。

（10）专题研究。包括年度开展的与工程安全有关的专题研究分析工作及主要结论意见。

（11）结论与工作计划。包括总结年度运行调度、安全检查、安全检测、巡视检查和安全监测、维修养护、安全生产、应急管理等方面的主要成效、经验和存在的主要问题，提出下一年度安全管理工作计划。

2.3 首次安全年度报告编制（2020 年度）

以中线工程首次年度报告编制为例，阐述长距离引调水工程年度报告编制的组织实施与主要内容[21-24]。

2.3.1 报告编制实例

2.3.1.1 安全检查

安全检查分为日常巡查、专项检查（如汛前检查、水下检查、排空检查）及年度报告安全检查等。中线工程制定有运行期工程巡查管理办法及巡查技术标准，根据危害程度大小将巡查中常见问题分为一般、较重、严重三个等级。其中，较重问题指暂不影响工程正常运行、暂不危害工程安全和供水安全，但需密切关注发展趋势、专项制定处理方案的问题；严重问题指影响或可能影响工程正常运行、危害或可能危害工程安全和供水安全，需专项评估、专项制定处理方案并尽快或紧急处理的问题。

汛前检查，主要检查防汛风险项、影响工程安全度汛隐患项及整改情况。排空检查主要利用冬季供水量减小时机，对多孔输水建筑物进行排空检查。水下检查利用水下机器人对水流流态异常渠段和输水建筑物、重要部位的水下损坏情况进行检查，对水生生物（藻类、壳菜）进行查看。

以 2020 年为例，汛前安全检查发现了大型河渠交叉建筑物河道地形变化、左岸排水建筑物积水淤积与出口不畅等风险问题。日常巡视检查发现，加大流量输水期间新增渗水点，个别渠段渗压异常。如渠首分局辖区共发现新增渗水点 22 处 [图 2.3-1 (a)]，随大流量输水结束，8 处已无洇湿、渗水现象，13 处渗水点洇湿、渗水现象逐渐减小；天津干线箱涵超出地面建筑物（通气孔、保水堰）渗水点 9 处 [图 2.3-1 (b)]。

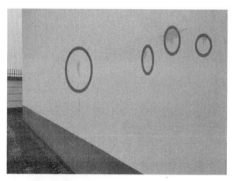

（a）坡脚渗水点   （b）通气孔渗水

图 2.3-1　安全检查发现的异常问题

年度报告编制安全检查主要对风险渠段和关键建筑物进行检查。日常巡视检查发现的渠道变形异常问题，已经针对性地采取卸载、放缓边坡、增设抗滑桩、增设排水等措施，渠坡渐趋稳定。交叉建筑物存在的问题尚不影响建筑物的结构安全和总干渠输水安全。

水下检查发现（见图2.3-2），水下衬砌板存在裂缝、隆起、错台损坏，以及衬砌板上出现白色斑状物和淡水壳菜聚集等问题。其中，非膨胀土、高地下水、深挖方渠段问题占比较大。总体上看，水下损坏问题未见持续增加趋势。

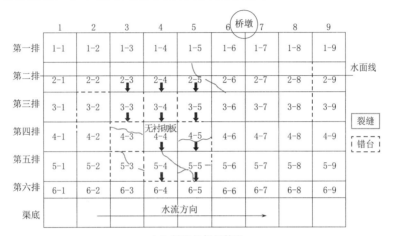

（a）衬砌板损坏情况

（b）3-5 衬砌板

图 2.3-2　水下检查主要成果

综合各类安全检查成果可知，渠道主要问题有变形、外坡渗水及混凝土衬砌板损坏等，异常变形主要是由强降雨、排水不畅等原因造成。交叉建筑物主要问题有裹头、结构缝渗水及河道冲刷等，裹头渗水大多是结构局部裂缝或结构缝止水问题。安全检查中发现的防汛风险项已进行检修维护，无须加固处理的防汛风险项已加强监测和工程巡查。

2.3.1.2 安全检测

鉴于中线工程长期通水运行，巡视检查和安全监测发现的异常问题多采用无损检测（隐患探测）形式开展。以黄金河倒虹吸为例，地方政府为消除交叉断面处河道积水，沿河床中线方向开挖深沟疏通河道，施工完成后，河床露出，襄头部多处渗水（见图 2.3-3）。渗水水样检测为渠水外渗。采用水下机器人对倒虹吸管身进行检查，管身结构稳定，无错台、不均匀沉降、止水脱落等现象。对倒虹吸进、出口段采用流场法检测，结果表明，渗漏由出口渐变段伸缩缝 5、伸缩缝 6 及其间部分渠底板、渠底板间接缝渗水引起；进口段渗漏主要为渐变段伸缩缝 5 及明渠间结合部渗漏引起。

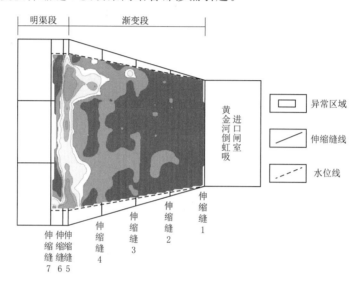

图 2.3-3 襄头渗水探测成果图

2020 年年度报告对 16 处关键建筑物、重点渠段及存在安全风险的工程部位进行了安全检测，主要为典型高填方、高地下水位、中强膨胀土、区域沉降、砂土筑堤段、测值异常、运行期出现过隐患的渠段，以及存在渗水的输水建筑物和渠道结合部、存在冲刷破坏隐患的退水渠等。

以叶县小保安桥上游右岸 187+850 为例（见图 2.3-4），探地雷达和高密度电法综合探测表明，TS187+834~TS187+853 段在深度 0.2~2.0m 区域、TS187+869~TS187+880 段深度 0.2~2.1m 区域高填方土体含水率高，渗流来自坡脚下方。

安全检测结果表明，所检测存在渗水点的高填方渠段渠身、渠坡局部含水率高，有存在形成渗漏通道的可能。所检测高地下水渠段存在局部不密实、松散情况。所检测中强膨胀土渠段部分存在局部土体不密实、衬砌板下方局部不密实现象。所检测区域沉降渠段（李河进口及附近渠段范围内）的河床总体未见不均匀沉降现象。所检测渗流异常点（易县西支干渠倒虹吸附近），渠身、西支干渠倒虹吸周边土体密实性较好，未发现质量隐患。所检测运行期出现过隐患的渠段（卫辉金灯寺内水外渗渠段），渠堤下部 3.5~8m 局部存在不密实区域，推断为渠堤内部穿堤建筑物（空洞）缺陷。上述隐患尚不影响中线工程正常输水。

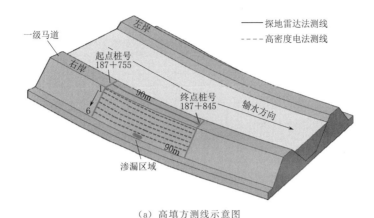

（a）高填方测线示意图

（b）三维高密度电法成果

图 2.3 - 4　叶县小保安桥上游右岸 187＋850 探测成果

2.3.1.3　安全监测资料分析

中线工程建立了一套较完整的安全监测制度标准，制定了《安全监测技术标准（试行）》，原国务院南水北调工程建设委员会办公室（以下简称"国调办"）还制定有《南水北调东、中线一期工程运行安全监测技术要求（试行）》，规范了安全监测工作。

2019 年，中线工程对安全监测设施进行了评价优化。现共有内观监测设施 34207 支，外观监测设施 32325 个测点。截至 2020 年 10 月底，异常问题总数为 51 项，其中重点关注 8 项。主要为部分渠道变形未收敛、少数输水建筑物和渠道结合部不均匀沉降及渗水、少数渠段沉降量超设计警戒值、个别输水建筑物沉降未收敛、个别输水建筑物应力应变值增大等。例如：测斜管 IN01 - 11762 位于右岸二级边坡坡脚处，A 方向孔口以下 1m 深度范围内的变形较大，截至 2020 年 10 月 25 日，孔口处变形达 77.93mm，且未完全收敛。该区域二级边坡坡脚土体拱起。

截至 2020 年 10 月的安全监测数据表明，中线工程渠道和各建筑物变形、渗流、结构内力、预应力锚索（杆）荷载、土压力等监测物理量测值变化总体平稳，符合一般变化规律和实际情况，工程运行性态总体正常。

2.3.1.4　其他各专业运行管理资料

1. 调度运行

参与运行的控制建筑物、渠段均有一定运行要求，如对于高地下水位渠段，适当采用蓄水平压方式缓解高地下水位对渠段稳定的不利影响。因此，可通过调度运行资料分析从侧面判断工程安全状况。

中线工程输水调度分为冰期（12 月至次年 2 月）、正常（11 月及次年 3—10 月）输水调度，工况包括正常、冰期和应急调度。可能造成应急调度的突发事件主要有工程事故、水质污染、设备设施故障及自然灾害等，其中，工程事故主要为渠道决口、滑坡、堰塞及 PCCP 爆管等。

2019—2020 年度调度总干渠各渠段、输水建筑物、64 座节制闸、各分水口及退水闸运行良好。2020 年 4 月 29 日至 6 月 20 日，成功实施了加大流量输水运行，无影响工程安全的险情发生。

穿黄隧洞年度过流量为 $96.45 \sim 321.76 m^3/s$，其中 2019 年 11 月 1 日至 2020 年 3 月 13 日，A 洞维护，B 洞单洞运行，其他时段均双洞运行。

惠南庄泵站年度过流量为 $0 \sim 60 m^3/s$。2019 年 11 月 1 日至 2020 年 5 月 17 日停水检修工作。5 月 18—31 日，配合北京段恢复供水、启泵输水试验。6 月 1 日至 10 月 31 日，采用两侧各 3 台机组运行，向北京供水流量基本控制在 $50 m^3/s$。

PCCP 管道设计流量为 $60 m^3/s$，2019—2020 年度因调试需要，单管最大流量为 $30 m^3/s$，双管最大流量为 $60 m^3/s$。

2019—2020 年度属于典型暖冬气象现象，整个冰期仅京石段出现部分岸冰和零星流冰，三岔沟分水口至北拒马河暗渠约 1.8km 渠道因静水出现冰盖。冰期岗头节制闸、天津干线输水流量控制在 $48 m^3/s$、$31 m^3/s$。

加大流量输水期间工程未发生异常，全年调度运行总体正常。

2. 维修养护

中线工程制定了渠道工程、输水建筑物、左岸排水建筑物、泵站土建工程、清污机、融冰系统、液压启闭机、单轨移动式启闭机、闸门（弧形、平面）、机电设备、绿化工程、水质和安全生产设施等各专业维修养护标准。

2020 年土建维修完成了停水检修（穿黄隧洞 A 洞、惠南庄泵站、北京 PCCP 管道）、水下衬砌面板修复、渡槽渗水处理（如刁河、十二里河渡、漕河、沸和渡槽）、交叉河道上下游河道整治及防护（如刁河渡槽、黄金河倒虹吸）、进出口裹头渗水处理（如黄金河倒虹吸）、隧洞进出口边坡维修（岗头隧洞出口、釜山隧洞进口闸站及边坡）、深挖方渠道边坡修复（如东楼山西桥下游段）等项目。

总体上，停水检修改善了工程的运行性态，提升了设备设施的运行可靠性。对发现的老化破损问题，及时维修养护，使得工程处于安全和完整的工作状态。

3. 安全生产

2020 年度推动作业安全设施标准化，44 个现地管理处中控室、296 个闸站已完成实体达标建设。编制完成了建（构）筑物及生产设备设施、作业活动、安全风险管理清单。

经评估，全线固有重大风险 801 项、较大风险 6307 项、一般风险 10072 项，经采取相关措施后，全部降低为可接受低风险。2020 年度全线未发生生产安全事故。

4. 应急管理

2020 年全线防汛风险项目共 172 个，其中，1 级有 2 个，2 级有 11 个，3 级有 159 个。对此，有针对性地编制了 2020 年工程度汛方案和防汛应急预案。沿线配备 8 支应急抢险队伍，在 17 个重点部位现场驻守，驻守人员 178 人、各类设备 61 台，严格执行 24 小时应急值班。加大流量输水期间，开展了土建工程安全事故、机电金属结构自动化安全事故、水污染事件、应急调度、消防等各类应急演练 114 次。整个汛期组织防汛演练 27 次，跨区域调动拉练 2 次，发布预警通知 10 次。汛期工程安全平稳运行。稳封期对融冰、扰冰、拦冰、退冰、排冰等设备设施加强了隐患排查和维护管理，确保了正常使用；2 月融冰期加强了对衬砌面板的巡视检查，发现隐患及时处理，保障了输水平稳运行。

2.3.1.5 年度安全评估

综合安全检查、安全检测、安全监测及各专业资料可知，中线工程运行管理规范。

加大流量输水期间，中线工程渠道、建筑物及信息机电设备设施无异常，总体运行正常。已开展的渠道重点部位水下检查成果表明，工程水下部位情况良好，水下损坏问题未见持续增加趋势。年度报告编制安全检查发现，对巡视检查和安全监测中发现的异常问题，及时采取了维修养护、加固防护、停水检修等措施，当前工程结构和输水安全。

风险渠段和关键建筑物检测成果表明，各风险渠段及建筑物安全性态总体正常，存在的个别部位不密实、含水率高等隐患，尚不影响中线工程正常输水。

工程维修养护、加固防护、停水检修及时，使得工程处于安全和完整的工作状态；2019 年 11 月至 2020 年 5 月，中线工程开展了穿黄隧洞 A 洞检查维护、惠南庄泵站全面检修和功能完善及北京段工程停水检修，改善了工程的运行性态，提升了设备设施的运行可靠性。

截至 2020 年 10 月的安全监测数据表明，中线工程渠道和各建筑物变形、渗流、结构内力、预应力锚索（杆）荷载、土压力等监测物理量测值变化总体平稳，符合一般变化规律和实际情况，工程运行性态总体正常。

2.3.2 经验认识

长距离引调水工程一般线路长，会定期进行全线安全鉴定，虽然年度报告工作量小，但是其资料梳理分析难度很大。因此，需要运行管理单位和委托的咨询单位通力合作。运行管理单位开展日常巡视检查、各类专项检查，统计防汛风险、巡视检查和安全监测发现的异常；委托单位重点对异常问题及其维修养护、加固防护效果进行安全检查、综合分析，必要时应进行安全检测，从而综合各专业运行管理资料判断工程安全性态。

宜以调水年度进行年度报告编制，相应地，以调水年度总结分析各专业运行管理。

考虑到长距离引调水工程线路长、建筑物众多，宜相对固定年度报告编制单位，以便更清楚地掌握工程特点、运行性态的动态变化情况等。

第3章

安 全 检 查 检 测

3.1 目的与重点

工程安全检查的目的是检查工程是否存在安全隐患，并为安全评价工作提供指导性意见。工程安全检查内容应包括工程日常安全检查资料收集、安全检查和现状分析。工程安全检查应对土建工程和设备设施进行全面检查和评价，重点检查工程关键部位或薄弱环节，评价穿跨（越）邻接建筑物对工程安全的影响等。对检查中发现的问题、缺陷或不足，应初步分析其成因和对工程安全运用的影响。专门安全鉴定时应重点检查工程因遭遇强烈地震、极端气温、特大暴雨而引起的裂变表现。

安全检测项目应根据安全年度报告和安全检查成果，结合工程运行情况和影响因素综合研究确定，重点对验收遗留工程施工质量、质量缺陷处理效果和运行中发现的质量缺陷进行安全检测，主要包括下列内容：地质勘察、混凝土结构检测、砌体结构检测、PCCP检测、金属结构检测、机电设备检测、水下检测与隐患探测、安全监测及自动化系统有效性测试、细部构造检测、其他有关设施专项测试。

3.2 安全检查

3.2.1 安全检查的组织与实施

工程安全检查应根据安全评价的实际情况，组织水文、地质、水工、金属结构、机电设备、安全监测、信息和运行管理等相关专业的专家，重点查阅工程设计、施工、运行管理、验收等基础资料，检查和评估工程的外观状况、结构安全、运行条件，以及穿跨（越）邻接建筑物对干线工程安全的影响等，初步判断工程运行状况，提出安全评价工作的重点和建议，明确安全检测、安全复核的具体部位和内容，为安全评价提供依据。

3.2.2 安全检查方法

工程安全检查宜采用常规检查方法和量测工（器）具相结合的方式，应充分利用水下机器人进行水下检查，必要时可采用钻孔取样、注水或抽水试验等特殊检查方法。如存在影响工程运行安全的水下隐患缺陷时，应经专家论证并经主管部门批准后停水开展必要的安全检查。

3.2.3 建筑物安全检查的主要内容

总体上，陶岔渠首、惠南庄泵站以及各类倒虹吸与暗涵（渠）、左岸排水倒虹吸与排水涵洞、渡槽、隧洞等建筑物安全检查依据相应安全监测技术的行业规范的现场检查内容开展，但应结合中线工程的特点，应重点检查工程的关键部位和薄弱环节。

倒虹吸与暗涵（渠）应重点检查以下项目和内容：①进出口连接段翼墙有无不均匀沉陷、错台、止水拉裂，填土有无沉陷；②进出口连接段及裹头外坡有无裂缝、沉陷、滑塌、孔洞、洇湿、渗水、冲刷，排水沟有无淤堵、破损等；③管身段顶部防护工程有无沉陷、损坏、冲刷破坏，地面沉陷、渗水等，上下游防护工程是否破损，河道采砂控制范围是否明确；④进口检修闸、出口控制闸进出水流流态是否正常等；⑤管身内有无混凝土裂缝，斜管段结构缝有无拉开、平管段结构缝有无挤压，伸缩缝填充材料有无损坏、渗水、不均匀沉降，以及有无生物附着物；⑥进口检修闸、出口控制闸闸室有无混凝土裂缝、不均匀沉降等情况；⑦防护设施是否破损，有无异常变形。

左岸排水倒虹吸、排水涵洞等安全检查还应重点检查下列项目和内容：①进出口翼墙有无裂缝、倾斜，翼墙平台有无塌陷；②进出口底板及翼墙墙体有无洇湿、渗水；③进出口过流通道有无淤堵，出口地势有无变化，能否畅通排水；④管身混凝土或结构有无裂缝、破损、渗水，有无不均匀沉降；⑤进出口周边及上下游的渠道外坡有无渗水、裂缝、沉陷和滑塌等。

渡槽安全检查应重点检查以下项目和内容：①进出口渐变段翼墙有无不均匀沉降、错台、止水拉裂，填土沉陷；②进出口闸室有无混凝土剥落、裂缝、不均匀沉降等；③进出口连接段和裹头外坡有无裂缝、沉陷、滑塌、孔洞、洇湿、渗水、冲刷，截流沟、排水沟有无淤堵、破损等；④槽身段槽壁混凝土有无空鼓、裂缝、洇湿、渗水等缺陷，结构缝填充材料和止水材料有无损坏、渗水，槽内有无生物附着物；⑤梁式渡槽支座结构是否存在老化、破裂、变形、错位、脱空等损坏现象，支座钢板是否发生锈蚀；⑥梁式渡槽槽墩和下部支承结构混凝土是否存在裂缝、损坏，墩柱周边填土是否沉陷或存在空洞，防护体是否损坏、坍陷，河道主槽有无出现严重冲刷造成的承台、桩基础外露；⑦涵洞式（或箱基）渡槽混凝土结构有无裂缝、不均匀沉降，结构缝填充材料有无损坏、剥落，止水设施工作状况是否正常；⑧跨越河流、公路或铁路等的渡槽工程梁底安全超高是否满足规范和安全运行要求；⑨进出口水流流态是否正常；⑩防护设施是否破损，有无异常变形。

左岸排水与灌溉跨渠渡槽安全检查应重点检查下列项目和内容：①进出口过流通道有无淤堵，排水出口地势有无变化，能否排泄畅通；②槽内有无积水或水流有无溢出风险等；③渡槽附近渠道边坡截排水设施是否破坏，其边坡有无冲刷；④槽身有无裂缝、破损、渗水，有无不均匀沉降。

隧洞安全检查应重点检查以下项目和内容：①进出口渐变段有无不均匀沉降、错台，结构缝开合情况，止水设施的完好性与渗漏情况，墙后有无沉陷、流失等；②地表及洞口边坡支护有无破损、滑塌，边坡排水是否通畅，洞顶地表是否有沉降、人为破坏；③洞内混凝土是否有裂缝、损坏、止水伸缩缝材料损坏，洞顶岩体是否变形、脱落、垮塌；④对混凝土及钢筋混凝土衬砌的顶拱、边墙设置排水孔的无压隧洞，应检查排水孔的有效性；⑤进出口水流流态是否正常。

穿黄工程安全检查应重点检查以下项目和内容：①洞内渗水量变化情况，混凝土是否有裂缝、伸缩缝填充材料是否损坏，聚脲防渗体有无鼓包、脱落，碳纤维布有无鼓包、脱落，内壁有无生物附着物；②隧洞纵向有无不均匀沉降，衬砌防排水有无破损和淤堵，排水有无异常，内外衬间渗压和渗漏量是否超过技术警戒值或监控指标；③进口边坡有无垮塌、裂缝等，平台有无沉降，边坡有无雨淋沟，排水沟有无淤积，排水是否通畅；④出口竖井流态是否正常，混凝土是否有裂缝、损坏，止水伸缩缝材料是否损坏；⑤岸坡段和河滩地段洞轴线上方地面土体有无沉降、洞轴线上下游保护区范围内有无违规采砂、取土、违章建筑物等。

天津干线箱涵工程安全检查应重点检查以下项目和内容：①箱涵顶部覆土有无沉陷、渗水，顶部防护设施有无损坏、冲刷破坏、非法占压等，保护区范围内有无取土、采砂、挖坑等危及工程安全的问题；②保水堰、通气孔、进出口闸、分水口等建筑物混凝土表面有无破损，是否存在裂缝、不均匀沉降，保水堰流态是否正常，掺气是否均匀；③箱涵混凝土结构有无裂缝、伸缩缝填充材料损坏、渗水、不均匀沉降、生物附着物；④明渠段混凝土有无裂缝、损坏，边墙有无错台、倾斜，墙体附近回填土有无沉陷等；⑤陡槽段流态是否正常，混凝土是否冲刷、剥蚀；⑥高地下水位段的箱涵有无异常抬升，伸缩缝有无错台和不均匀变形。

PCCP 安全检查应重点检查下列项目和内容：①管顶地面沉陷、渗水情况，防护工程有无沉陷、损坏、冲毁，顶部是否裸露；②管身混凝土裂缝情况，伸缩缝填充材料损坏、聚脲鼓包和脱落、碳纤维布脱落、生物附着物等情况；③调压塔井、泄水井、补排气井的混凝土构筑物（如侧墙、底板等）是否有裂缝或异常变形，补排气阀、调压阀门设备有无锈蚀、老化或松动情况，是否可以正常使用，阀井仪表是否正常示值，元器件是否老化，管道与阀井建筑物连接处是否漏水，止水材料是否老化，阀井建筑物盖板、检修孔是否完好；④通气孔有无阻塞、检修孔有无损坏等情况；⑤通气阀井设备有无锈蚀情况，是否可以正常使用。此外，阴极保护测试桩是否完好，铭牌是否清晰，接线是否牢固，阴极保护探头、内置 MnO_2 参比电极、数据采集器工作等装置是否完好、正常运行。

闸室（房）安全检查应重点检查下列项目和内容：①闸室闸墩、胸墙有无不均匀沉降和裂缝，门槽埋件有无破损，启闭机房有无破损，不均匀沉降等；②闸室左右侧楼梯间有无不均匀沉降、倾斜等，闸室周边回填土有无沉陷、裂缝等问题；③闸后翼墙、底板有无洇湿、渗水；④闸前是否有泥沙和藻类等淤积，门槽有无生物附着物。

3.2.4 渠道安全检查的主要内容

渠道安全检查的主要内容应包括内坡衬砌板、渠道运行维护道路路面、内外渠坡、防洪堤及渠道管理和保护设施，应重点检查工程的关键部位和薄弱环节。

渠道安全检查的项目和内容、方法和要求应按照《工程巡查技术标准》（Q/NSBDZX 106.01）、《安全监测技术标准（试行）》（Q/NSBDZX 106.07）、《土石坝安全监测技术规范》（SL 551）、《堤防工程安全监测技术规程》（SL/T 794）、《衬砌与防渗渠道工程技术管理规程》（SL 599）等有关巡视检查的规定执行。

渠道安全检查应重点检查下列项目和内容：①内坡衬砌板有无冻融、冻胀、裂缝、破损、滑塌、隆起及生物附着物等情况，变形缝填充材料有无脱落、开裂等；②渠道运行维护道路路面有无裂缝、沉陷、破损，路缘石、界桩、界碑有无损坏，路面与路缘石结合部位缝隙有无张开，渠肩线是否顺直等；③一级马道以上渠坡坡面是否有雨淋沟、裂缝、塌坑、孔洞、滑坡、渗水，坡面排水沟是否完好、顺畅，排水孔是否堵塞，排水量有无变化，坡面或平台支护材料有无变形、裂缝等；④填方渠道外坡是否有塌坑、雨淋沟、裂缝，坡脚是否有渗水、隆起或开裂等；⑤渠道内外坡有无白蚁活动痕迹、蚁穴等；⑥流速较大或存在跨渠建筑物墩柱的渠道流态是否正常，有无淘刷问题；⑦防护设施是否破损、遗失，有无异常变形；⑧保护范围内是否有危及工程安全的挖坑、挖塘和其他危害工程安全的侵占行为等。

特殊渠段安全检查还应包括下列项目和内容：①深挖方渠段重点检查防洪堤是否存在塌陷、缺口和溃口等，坡顶截流沟是否淤堵、破损或排水不畅等，地面是否存在裂缝等；②高填方渠道外坡面是否有管涌、渗水、裂缝、塌坑、孔洞、冲刷等，坡脚是否隆起、开裂或长期积水、浸泡等，反滤体是否存在塌陷和土体流失等；③砂土筑堤段重点检查内坡衬砌板有无冻融、冻胀、裂缝、破损、滑塌、隆起等情况，外坡面重点检查混凝土防护板有无冻融、裂缝、破损、滑塌、隆起、渗水等情况；④煤矿采空区渠段重点检查是否有裂缝、塌陷、不均匀沉陷、渗漏等情况；⑤高地下水位渠段重点检查渠道集水井水位是否正常，渠道外水水位是否超过渠道水位，抽排水设施是否完好，逆止阀堵塞、损坏情况；⑥中强膨胀土换填段重点检查换填方是否塌陷、滑塌等，排水设施是否完好，抗滑桩上部连系梁是否变形、开裂。

渠道与穿渠、跨渠建筑物结合部应重点检查以下项目和内容：①渠道与穿渠建筑物结合部位外坡侧有无渗水，反滤排水设施是否完好，穿渠建筑物变形缝有无错动、渗水；②跨渠建筑物墩柱与渠道结合部位是否有不均匀沉陷、错缝等，有无渗漏现象等；③跨渠建筑物墩柱结构对渠道水流流态的影响；④穿跨（越）邻接建筑物管理运行情况，穿跨（越）邻接建筑物有无损坏，能否安全运用，是否影响干渠安全运行。

退水渠安全检查范围包括岸坡护砌、底板和消能防洪设施等，应重点检查工程的关键部位和薄弱环节。退水渠安全检查应重点检查下列项目和内容：①退水渠底板有无渗水、破损情况；②退水渠护砌工程是否平整，护坡表面有无冲刷、坍塌、滑动等情况，勾缝是否完整，根石或护脚是否稳定；③渠身有无明显不均匀沉陷、裂缝和滑动等现象；④退水渠与退水闸结合部有无开裂、脱空、错位、渗漏等现象；⑤消能防冲设施（防冲槽、护坦等）有无冲蚀、损坏；⑥退水是否通畅，下游河道有无因新建工程、泥沙冲淤、采砂活动等导致河道断面形态变化。

3.2.5 穿跨邻接等工程安全检查的主要内容

穿跨邻接工程重点检查影响渠道运行安全的进出口结构运行状况，条件具备的还应当检查管涵内部情况。

穿跨邻接工程安全检查的项目和内容、方法和要求应按照《工程巡查技术标准》（Q/NSBDZX 106.01）、《安全监测技术标准（试行）》（Q/NSBDZX 106.07）等相关技术标准的规定执行。

穿跨邻接工程安全检查应重点检查以下项目和内容：①穿越渠道的管涵是否有淤堵、裂缝、渗水、不均匀沉陷和鼓包等缺陷；②跨越工程结构是否存在裂缝、渗水和异常变形等现象；③与渠道交叉的进出口结合部是否存在裂缝、渗水，变形是否正常，进出口周边及上下游 50m 范围内的渠道外坡有无洇湿、渗水、冒水、裂缝、沉陷、滑塌。

3.2.6 工程实例

以辉县管理处辖区工程为例，阐述现场安全检查的具体内容[25]。

工程现状安全检查：对辉县管理处辖区内工程进行全线检查，并重点对渠道、输水和控制建筑物的薄弱环节和存在安全隐患的部位进行检查。重点检查渠段包括饱和砂土地基、河滩段、高地下水位、膨胀岩土渠段。

下文以桩号 K597＋248～K597＋323、K597＋323～K597＋853、K597＋853～K599＋155 高地下水位渠段为例进行分析。

桩号 K597＋248～K597＋323、K597＋323～K597＋853、K597＋853～K599＋155 渠段属辉县市段，为上黏性土、下软岩土岩双层结构。挖方为主，半挖半填次之。挖方深 8～15m，最大为 23.5m。渠坡土主要由黄土状重粉质壤土、粉质黏土、卵石和黏土岩组成。渠底板主要位于卵石层底部或黏土岩顶部。粉质黏土具弱膨胀潜势。

桩号 K597＋248～K597＋323 渠段，挖深 15～40m，一级马道以下为弱膨胀土，换填水泥改性土；桩号 K597＋323～K597＋853 渠段，挖深 15～40m，一级马道以下为弱膨胀土，设置边坡排水系统；桩号 K597＋853～K599＋155 渠段，挖深 15～30m，一级马道以下为弱膨胀土。该渠段的主要运行风险是暴雨时边坡冲刷、滑塌。

设计桩号 104＋200～105＋606.5 段，在小官庄排水渡槽到韭山路公路桥之间，为高地下水位段。设计桩号 103＋936～103＋977 段左岸边坡，渠道开挖成型后，在 2010 年 3 月 26 日发生第一次滑塌，2010 年 3 月 26 日至 7 月 23 日发生 4 次滑塌，经过 2011 年 8—11 月多次降雨后，滑塌体范围持续扩大，最终滑塌范围为设计桩号 103＋898～104＋037.6 渠段。滑塌成因主要是下部黏土岩经干湿交替后发生胀缩变形破坏，造成边坡下部失稳滑塌，滑动类型为膨胀性软岩浅层滑动。施工时对该段滑塌体采取挖至滑塌体后缘后放缓坡，然后用黏性土回填至原渠道设计断面。

桩号 K597＋783～K599＋190 渠段为高地下水位渠道，主要风险为地下水位超过设计水位变幅，衬砌板局部隆起和失稳等。桩号 K597＋853～K599＋155 渠段，挖深 15～

30m，一级马道以下为弱膨胀土，2016 年 7 月 9 日遇强降雨，发生大范围变形，对此进行了应急处理和加固处置。应急处理主要为加强排水，对滑移衬砌板采用石子袋压重，加高险情处渠道运行水位。加固处理对该部分渠道衬砌、一级马道道路、纵横向排水沟、换填土体进行修复与加固，在一级马道纵向排水沟外侧设置排水盲沟；采用预应力伞型锚杆。经现场安全检查发现，坡顶截流沟排水通畅，地面无裂缝。抽排水设施完好，逆止阀无堵塞、损坏情况。桩号 K597＋783～K599＋190 渠段形象面貌如图 3.2-1 所示。

（a）渠顶抽排井

（b）外侧截流沟

（c）桩号 K598＋500 右岸

（d）桩号 K598＋500 右岸坝顶路面裂缝

图 3.2-1　桩号 K597＋783～K599＋190 渠段形象面貌

2021 年"7·20"特大暴雨期间，韭山桥左岸上游渠道衬砌面板发生变形破坏（设计桩号 104＋954～105＋114），有 2 处 13 排衬砌面板发生隆起错台，一级马道出现裂缝后发展为换填土体沉陷。该渠段险情的应急处置情况如图 3.2-2 所示，具体措施包括：衬砌板采用钢丝绳拉拽固定，衬砌面板锚固；对破坏部位衬砌面板采用碎石袋压重；排水井仍处于高水位状况，采用汽油泵、潜水泵、发电机，进行持续抽水，降低外水水位；增设降水井。

2021 年"7·20"特大暴雨期间，小官庄渡槽左岸下游 80m（设计桩号 104＋375）衬砌板滑移，应急处置措施如图 3.2-3 所示，具体包括：衬砌板采用钢丝绳拉拽固定，衬砌面板锚固；对破坏部位衬砌面板采用碎石袋压重。

2021 年"7·20"特大暴雨期间，百泉村公路桥上游约 300m 处（设计桩号约Ⅳ103

+700)边坡局部滑塌。应急处置措施如图 3.2-4 所示,主要对滑塌部位进行卸载处理,并采用彩条布覆盖。

(a)韭山段截流沟防护

(b)移动泵持续抽排

(c)维护路面和衬砌板应急处置

(d)衬砌板应急处置

(e)排水井高水位

(f)桩号 598+400 处横向波纹管排水

图 3.2-2 桩号 104+954~105+114 渠段险情的应急处置情况

渠道和建筑物的抗震设计烈度同工程区地震基本烈度。地震动参数按国家地震局分析预报研究中心《南水北调中线工程沿线设计地震动参数区划报告(2004 年 4 月)》成果,其中勒马河北—黄水河支流以东(设计桩号 19+800~98+440),地震动峰值加速度为0.15g,相应的地震基本烈度为Ⅶ度区;黄水河支流以东—羑河北(设计桩号 98+440~196+752),地震动峰值加速度为 0.20g,相应的地震基本烈度为Ⅷ度区。本设计单元地

震动峰值加速度为 $0.15g \sim 0.20g$，地震基本烈度属Ⅶ度和Ⅷ度 2 个区。

图 3.2-3　小官庄渡槽左岸下游 80m 衬砌板　　　图 3.2-4　百泉村公路桥上游约 300m 处
　　　　　　应急处置措施　　　　　　　　　　　　　　边坡局部滑塌应急处置措施

　　设计烈度为Ⅶ度或Ⅷ度的主要建筑物要进行抗震计算，设计烈度为Ⅶ度的高填方、高边坡和特殊类土或饱和砂层等不良地质段的渠道和设计烈度为Ⅷ度的渠道要进行抗震设计，对地震液化的地基需进行处理。

　　基于辉县管理处辖区工程单项安全鉴定项目（2021 年度）工程现场安全检查和 2021 年"7·20"特大暴雨后的补充现场安全检查，结合通水运行以来已经开展的巡视检查、水下检查检测、安全监测、维修养护、加固防护和专题分析研究等工作成果，初步判断了工程运行状况，得到以下主要结论：

　　（1）渠道过水断面衬砌板、运行维护道路路面、一级马道以上渠坡坡面、坡面排水和支护、外坡等总体完好，仅局部存在衬砌板裂缝、错缝，运行维护道路路面裂缝、路面与路缘石结合部缝隙张开等现象，但能通过巡查发现并及时处理。此外，也存在高填方渠段沉降未稳定，深挖方渠段如刘店干河暗渠出口段、韭山公路桥上游左岸受高地下水位影响显著等问题。

　　（2）渠道倒虹吸与暗渠进出口连接段翼墙无不均匀沉降，管身段顶部防护工程无沉陷、冲刷破坏等，进出口闸进出水流流态总体正常。但峪河出口段流态呈波浪状态，黄水河支渠道倒虹吸出口渐变段沉降未收敛，且已超设计初判值，但未出现不均匀沉降；峪河暗渠及午峪河、王村河等倒虹吸河道交叉断面仍有采砂现象，下游河床下切，2021 年"7·20"特大暴雨期间，交叉断面洪峰流量和洪水位均低于 20 年一遇，但仍造成较严重的冲刷；峪河暗渠、午峪河渠道倒虹吸和王村河渠道倒虹吸管身顶部与下游河床的跌差较大，下游河道河床溯源冲刷演变将会继续，危及输水交叉建筑物的工程安全。

　　（3）左岸排水倒虹吸进出口翼墙无裂缝、倾斜，进出口周边及上下游的渠道外坡无渗水、裂缝、沉陷和滑塌等；左岸排水渡槽槽身无裂缝、破损、渗水，无不均匀沉降。但百泉北沟排水渡槽、三里庄沟排水渡槽和五里屯沟左岸排水倒虹吸等存在进出口排水不畅问题。

　　（4）退水闸闸室、启闭机房无破损、不均匀沉降，闸后翼墙、底板无洇湿、渗水；退水渠底板无渗水、破损，护砌工程平整且无坍塌、滑动等情况；渠身无明显不均匀沉陷，退水渠与退水闸结合部无开裂、脱空、错位、渗漏等现象，退水通畅。仅峪河退水闸闸室外混凝土地面有裂缝。

（5）金属结构与机电设备总体运行正常，仅少数存在牛腿附近混凝土表面剥落、液压油缸和管路轻微渗油、橡胶止水挤压变形和老化开裂、闸门局部锈蚀和涂层脱落等现象。

（6）自动安全监测仪器工作正常，监测系统能正常采集数据，人工观测设施完整，通信设备运行正常，监控系统和闸门控制系统操作灵活、可靠，应急设施完备、可靠，管理范围内的防护设施完整，但由于运行时间的增长，自动化系统的故障率有一定程度的增加。

（7）桥头与渠顶运行维护道路三角地带无塌陷、不均匀沉降等，桥头及桥面截排水设施、桥梁排水管、桥梁接缝等无破损，桥墩周边渠道混凝土衬砌板无破损、塌陷等，桥梁防撞护栏、桥梁防抛网无破损、缺失和封闭不严等。

（8）工程保护范围内无未经许可的穿（跨）越渠道、邻接工程或施工情况，无影响工程安全的爆破、打井、采矿、取土、钻探、挖塘、挖沟等作业，无影响工程安全的水体颜色异常、浑浊等情况。

对饱和砂土地基渠段、河滩渠段、高地下水位渠段、膨胀岩土渠段进行检测。饱和砂土地基渠段重点是基础渗流状况检测；河滩渠段、高地下水位渠段探测渠道边坡的变形和地下水情况，对是否存在隐患及隐患性质做出判断；膨胀岩土渠段探测挖方渠段换填层和渠坡的稳定、变形和排水情况，对是否存在隐患及隐患性质做出判断。

结合通水运行以来的运行情况、出现的异常及本次现场安全检查、2021年"7·20"特大暴雨中水毁情况，建议进行安全检测的渠段列于表 3.2-1。

表 3.2-1 建议进行安全检测的渠段

编号	探测对象	探 测 内 容	检测渠段	探测方法
1	河滩渠段	主要探测渠道边坡的变形和地下水情况，对是否存在隐患及隐患性质做出判断	K562+600～K562+800	探地雷达法、地震反射波法、瞬变电磁法
2	高填方渠段	主要探测土体的填筑质量，渗流稳定状态，渗漏通道规模、位置、埋深等，并对是否存在隐患及隐患性质做出判断	K572+700～K572+900	探地雷达法、高密度电法
3	饱和砂土地基渠段	主要探测基础渗漏状况、砂土含水率，对是否存在隐患及隐患性质做出判断	K590+000～K590+300	探地雷达法、地震反射波法
4	高地下水位渠段	探测渠道边坡的变形和地下水情况，对是否存在隐患及隐患性质做出判断	K598+300～K598+500	探地雷达法、地震反射波法、高密度电法
5	膨胀岩土渠段	探测挖方渠段换填层和渠坡的稳定、变形和排水情况，对是否存在隐患及隐患性质做出判断	K599+900～K600+400	探地雷达法、地震反射波法

着重开展饱和砂土地基渠段、河滩渠段、高地下水位渠段、膨胀岩土渠段渗流和结构安全复核，以及饱和砂土地基渠段抗震安全复核；对存在异常的建筑物进行结构安全复

核。对设计烈度为Ⅶ度或Ⅷ度的主要建筑物进行抗震计算，选取饱和砂土段抗震安全复核，复核工程的抗震措施是否合适和完善，以及是否存在地震液化的可能。

此外，结合现场安全检查，还提出以下复核计算的建议：

（1）防洪标准方面，复核防洪标准，重点关注 2016 年"7·19"特大暴雨、2021 年"7·20"特大暴雨造成管身、裹头及交叉断面下游河床冲刷的渠道暗渠、倒虹吸，复核交叉断面的设计洪水，评判管身埋深是否满足工程安全运行要求。

（2）水力复核方面，峪河暗渠出口段流态呈波浪状态，可结合近年来开展的渠段、渠道倒虹吸等水下检查成果，以及通水运行以来取得水位-流量实测数据，复核峪河暗渠、典型渠道断面等的过流能力。

（3）渗流安全评价方面，重点是高填方渠段、河滩砂卵石段、高地下水位渠段，渗流安全复核应结合安全监测设施布置较完善的重点监测断面，并参考实际运行中遭遇工况和安全检测情况，选取典型断面进行。如高填方渠段可以选取Ⅳ79＋238 断面，饱和砂土段可选取Ⅳ93＋450 断面，高地下水位渠段可选取Ⅳ104＋292、Ⅳ105＋443 断面。渗流安全评价应在工程安全检查、工程地质勘察、安全检测、渗流监测资料分析的基础上，综合采用监测资料分析、渗流反演分析和渗流数值计算，对渠道和建筑物渗流性态进行安全评价。

（4）结构安全评价方面，原则上选取断面同渗流安全评价，并可以考虑 2021 年"7·20"特大暴雨水毁情况，如峪河暗渠出口左岸渠坡稳定计算。结构计算应在现场安全检查、工程地质勘察、安全监测、安全检测等资料分析的基础上，综合采用监测资料分析与结构计算方法对结构安全性进行评价。对运行中暴（揭）露的影响结构安全的裂缝、孔洞、空鼓、腐蚀、塌陷、滑坡等问题或异常情况应作重点分析。

（5）抗震安全评价方面，选取饱和砂土段抗震安全复核，复核工程的抗震措施是否合适和完善，以及是否存在地震液化的可能。

3.3 安全检测

3.3.1 安全检测的组织与实施

安全检测项目主要是根据安全年度报告和安全检查成果的需求，结合工程运行情况和影响因素综合研究确定，重点对验收遗留工程施工质量、质量缺陷处理效果和运行中发现的质量缺陷进行安全检测。

安全检测项目要和工程质量评价、结构和渗流安全评价内容相协调。同时，检测测点应能真实反映工程实际安全状态，且满足相关规范要求。检测选在对检测条件有利和对工程运行干扰较小的时段进行，尽量以无损检测方法为主，尽可能减少对检测对象结构的扰动与不利影响。

检测工作结束后，及时修补因检测造成结构或构件的局部损伤，修补后的结构构件要达到原结构构件承载力的要求。

安全检测完成后，完成安全检测报告的编制，并给出安全检测的主要结论及建议，为安全复核和安全评价提供依据。

3.3.2 安全检测方法

从检测对象来看，按水工结构可分为建筑物、渠道、天津箱涵、PCCP 及穿跨邻接等；按类型可分为土体结构、混凝土结构、砌体结构、PCCP 结构、金属结构、机电结构等。

根据检测对象、检测目的等的不同选择适宜的检测方法。

3.3.3 补充地质勘察

当缺少工程地质资料时，或已有资料不能对工程质量作出准确评价结论时，应补充工程地质勘察；或当工程存在可疑质量缺陷或运行中出现异常时，且已有资料不能满足安全评价需要，应补充钻探试验，以取得工程现状参数，为质量评价和安全复核提供依据。

补充开展的钻探应重点针对工程质量问题或缺陷，在满足相关规程规范要求的基础上，尽量减小对工程现状的影响。

补充地质勘察应按《南水北调中线一期工程总干渠初步设计工程勘察技术规定》（NSBD-ZGJ-1-1）、《水利水电工程地质勘察规范》（GB 50487）、《引调水线路工程地质勘察规范》（SL 629）及《土工试验方法标准》（GB/T 50123）的相关规定执行，取得相应参数和分析成果。

3.3.4 建筑物安全检测

3.3.4.1 建筑物安全检测的主要内容

建筑物安全检测包括混凝土结构检测、金属结构检测、机电设备安全检测。

1. 混凝土结构检测

混凝土结构检测的目的是通过安全检测，评定混凝土结构工程质量现状，为工程可靠性评定提供相关数据。检测内容包括构件强度检测、外部缺陷和内部缺陷、钢筋锈蚀率检测及细部构件检测。

混凝土结构检测内容主要包括：①混凝土外观质量和内部缺陷检测，包括破损、露筋、蜂窝麻面、裂缝、孔洞、空蚀、冲刷、渗漏等；②混凝土性能指标检测，主要包括碳化深度、碱活性、抗压强度、抗渗和抗冻性能等；③混凝土保护层厚度检测、钢筋分布和锈蚀程度检测；④结构缝变形和尺寸检测、基础不均匀沉降检测；⑤预应力混凝土检测，包括钢束锚固区段的裂缝和沿预应力筋的混凝土表面纵向裂缝等；⑥当结构因侵蚀性介质作用而发生腐蚀时，应按《水工混凝土试验规程》（SL 352）的规定测定侵蚀性介质的成分、含量，并检测其腐蚀程度。

混凝土结构检测各项内容及检测方法如下：

（1）混凝土外观质量和内部缺陷检测时，应对缺陷的类型、位置、尺寸、形态和数量进行量测。内部缺陷检测宜采用超声波法、冲击回波法、探地雷达法等非破损方法，必要时可采用局部破损方法对非破损检测结果进行验证。以上检测方法应按《水工混凝土试验规程》（SL 352）、《水工混凝土结构缺陷检测技术规程》（SL 713）的规定执行。

（2）混凝土裂缝深度检测可采用超声波法，必要时可钻取芯样予以验证，检测操作应按《水工混凝土试验规程》（SL 352）、《水工混凝土结构缺陷检测技术规程》（SL 713）的规定执行。裂缝长度可采用量测法进行，宽度可采用读数放大镜法或裂缝宽度比对卡进行。裂缝灌浆效果可采用骑缝超声检测法验证。

（3）混凝土碳化深度采用酒精酚酞法检测，具体按《回弹法检测混凝土抗压强度技术规程》（JGJ/T 23）的规定执行。

（4）混凝土抗压强度检测可采用回弹法、超声回弹综合法、射钉法或钻芯法等方法，应优先采用无损检测方法，具体可根据现场条件选择。检测操作应分别按《回弹法检测混凝土抗压强度技术规程》（JGJ/T 23）、《超声回弹综合法检测混凝土强度技术规范》（CECS 02）、《钻芯法检测混凝土强度技术规程》（CECS 03）及《水工混凝土试验规程》（SL 352）的规定执行。

（5）混凝土抗渗、抗冻性能、碱活性等应现场取芯后进行室内试验检测，检测操作应按《水工混凝土试验规程》（SL 352）的规定执行。

（6）混凝土保护层厚度、钢筋分布检测宜采用非破损的电磁感应法或雷达法，检测操作应按《混凝土中钢筋检测技术规程》（JGJ/T 152）的规定进行。钢筋锈蚀程度检测可采用电化学测试方法，检测操作应按《水工混凝土试验规程》（SL 352）及《建筑结构检测技术标准》（GB/T 50344）的规定执行。

（7）混凝土结构缝变形量测应按《混凝土结构试验方法标准》（GB/T 50152）的规定执行。

（8）检测混凝土内部空洞、不密实和低强度等缺陷可选择探地雷达、超声横波反射三维成像法、脉冲回波法、单孔声波法、穿透声波法或声波 CT 法。

（9）侵蚀性介质成分、含量及结构腐蚀程度检测，应根据具体腐蚀状况，参照《水工混凝土试验规程》（SL 352）及其他相应技术标准的规定进行。

2. 金属结构检测

金属结构检测依据《水工钢闸门和启闭机安全检测技术规程》（SL 101），对混凝土建筑物的金属结构（包括金属预埋件）进行检测，内容包括：锈蚀检测、外形尺寸与变形检测、无损检测、材料材性检测、电机检测、液压系统检测及巡视检查与外观检查等内容。

金属结构包括钢闸门、拦污栅和启闭机等，安全检测宜包括以下项目和内容：①外观（含生物影响）检测；②腐蚀检测；③材料检测；④无损探伤；⑤应力检测；⑥振动检测；⑦闸门启闭力检测；⑧启闭机运行状况检测；⑨其他项目检测。其中外观（含生物影响）检测为必检项目，其余为抽检项目。

金属结构安全检测项目、检测操作、检测报告，抽检项目抽样要求参照应按《水工钢闸门和启闭机安全检测技术规程》（SL 101）、《泵站现场测试与安全检测规程》（SL 548）的规定执行。

金属结构安全检测可采用下列方法进行：

（1）外观（含生物影响）检测可采用卷尺、直尺、测深仪、深度游标卡尺等量测仪器和量测工具进行。必要时可采用摄像、拍照等辅助方法进行记录和描述。

（2）腐蚀检测可采用测厚仪、测深仪、深度游标卡尺等量测仪器和量测工具进行。

（3）材料检测宜采用先进可靠的无损检测方法进行。

（4）焊缝表面有疑似裂纹缺陷时，可选用磁粉检测或渗透检测。焊缝内部缺陷可选用射线检测或超声波检测。

（5）应力检测前，应根据材料特性、结构特点、荷载条件等，按《水利水电工程钢闸门设计规范》（SL 74）和《水利水电工程启闭机设计规范》（SL 41）对闸门和启闭机主要结构进行应力计算分析，了解结构应力分布状况，确定测点位置和数量。检测宜在设计工况下进行。

（6）结构振动（位移、速度、加速度、动应力等）检测可采用位移传感器、速度传感器、加速度传感器或电阻应变计等，自振特性检测可采用激振器激励、冲击激励等方法使结构产生振动，宜采用测振传感器测量自振响应信号。

（7）启闭力检测包括启门力检测、闭门力检测和持住力检测。启闭力检测宜在设计工况下进行。根据启闭机的型式和现场条件，启闭力检测可采用直接检测法或间接检测法。直接检测法宜采用测力计或拉压传感器直接测量启闭力。间接检测法宜采用动态应力检测系统，通过测量吊杆（吊耳）、传动轴的应力换算得到启闭力。

金属结构应定期进行安全检测。安全检测周期应按《水工钢闸门和启闭机安全检测技术规程》（SL 101）执行，闸门和启闭机投入运行后 5 年内进行首次全面检测，以后应每隔 10 年进行定期专项安全检测，并可根据闸门和启闭机的运行时间及运行状况适当调整。

3. 机电设备安全检测

机电设备安全检测包括水轮机或水泵、主阀、调速器、电站辅助设备、柴油机、电气设备发电机或电动、励磁系统、主变压器、高压开关、避雷针、低压电器、蓄电池、计算机监控与信息系统等。

电气设备检测包括接入系统与电气主接线、发电机或电动机、主变压器、高压配电设备、厂（站、闸）供电、过电压保护及接地、照明、电缆等电气一次，以及计算机监控系统、继电保护、励磁系统、直流电源、火灾报警等电气二次。

机电设备检测方法应按照《小型水电站安全检测与评价规范》（GB/T 50876）、《泵站现场测试与安全检测规程》（SL 548）等规定执行。机电设备应定期进行安全检测。主要机电设备的专项安全鉴定周期为 5 年，辅助设备的专项安全鉴定周期为 10 年，并可根据运行时间和状况适当调整。

3.3.4.2 工程实例

以辉县辖区孟坟河退水闸工程为例，工程位于孟坟河倒虹吸进口上游右岸，与总干渠中心线交点为桩号 K609+016 处。工程担负总干渠运行、检修、事故时退水，采用开敞式平板闸门结构。

工程由进口连接段、闸室段、消力池、海漫段以及退水渠等组成，闸底板顺水流方向长 13m，单孔净宽 5.0m。闸室上部布置交通桥、检修桥、工作桥。退水闸工作门采用露顶式平板滚动焊接钢闸门，用固定卷扬式启闭机控制，孔口尺寸为 5m（宽）×7.9m

（高）。工作门前设叠梁式检修门，用电动葫芦控制。闸室右岸设一检修门库。退水闸设计流量为所处渠段设计流量的 50%，即 130m³/s，闸前水深 7m。

1. 运行现状

孟坟河退水闸与退水渠外观质量整体较好，闸墩、翼墙、检修桥等未见破损、锈胀露筋现象；工作桥表面附有装修材料，未见缺陷。退水渠外观质量整体较好，浆砌石结构未见明显缺陷。具体外观如图 3.3-1～图 3.3-10 所示。

图 3.3-1　孟坟河退水闸整体外观

图 3.3-2　退水闸工作桥底部外观

图 3.3-3　退水闸上游翼墙外观

图 3.3-4　退水闸闸墩外观

图 3.3-5　退水闸检修桥外观

图 3.3-6　退水闸检修桥面板外观

图 3.3-7　退水闸交通桥外观

图 3.3-8　退水闸下游翼墙外观

图 3.3-9　退水渠整体外观

图 3.3-10　退水渠浆砌石结构外观

2. 检测与分析

（1）混凝土抗压强度。采用回弹法抽测闸墩、检修桥等混凝土抗压强度，共完成 30 个测区的回弹法测试。闸墩所处环境为三类，检修桥所处环境为二类，混凝土最低强度等级均为 C25。检测结果见表 3.3-1。

表 3.3-1　　　　　　　回弹法检测混凝土抗压强度检测结果

构件名称	测区数/个	测区混凝土抗压强度换算			推定值/MPa	设计值
		平均值/MPa	标准差/MPa	最小值/MPa		
左边墩	10	43.5	3.75	37.3	37.3	C25
上游检修桥横梁	10	34.5	3.44	29.7	28.8	C25
下游检修桥面板	10	35.1	4.78	28.3	27.2	C25

检测结果表明：抽检构件混凝土抗压强度推定值均满足设计要求及耐久性最低强度要求。

（2）混凝土碳化深度。抽测闸墩、检修桥等混凝土碳化深度，共完成 9 个碳化深度值。混凝土碳化深度检测结果见表 3.3-2。

检测结果表明：抽检构件混凝土碳化深度为一般碳化。

表 3.3 - 2　　　　　　　　　　　混凝土碳化深度检测结果

检 测 部 位	碳化深度/mm			平均值/mm
	①	②	③	
左边墩	8.5	8.0	9.0	8.5
上游检修桥横梁	10.0	9.0	10.0	9.5
下游检修桥面板	7.5	7.5	7.0	7.5

（3）混凝土保护层厚度。采用电磁感应法对混凝土保护层进行检测，抽测闸墩、检修桥，共完成 30 个测点。依据《水利水电工程单元工程施工质量验收评定标准——混凝土工程》（SL 632—2012）规定，保护层厚度局部偏差为±1/4 净保护层厚度。检测结果见表 3.3 - 3。

表 3.3 - 3　　　　　　　　　　　混凝土保护层厚度检测结果　　　　　　　　单位：mm

构件名称	测 试 值					平均值	设计值	合格区间
	①	②	③	④	⑤			
左边墩	59	62	66	66	66	66	60	45~75
	70	68	72	74	56			
上游检修桥横梁	24	35	24	29	35	31	30	22~38
	32	35	39	34	27			
下游检修桥面板	55	48	49	45	44	43	30	22~38
	41	40	38	36	37			

检测结果表明：下游检修桥面板混凝土保护层厚度平均值正偏，不影响结构耐久性；其他构件混凝土保护层厚度满足规范要求。

（4）钢筋间距。采用电磁感应法对混凝土保护层进行检测，共完成 30 个测点钢筋间距检测。依据《水利水电工程单元工程施工质量验收评定标准——混凝土工程》（SL 632—2012），允许偏差±0.1 倍排距。检测结果见表 3.3 - 4。

表 3.3 - 4　　　　　　　　　　　钢筋间距检测结果　　　　　　　　　　单位：mm

测试部位	测 试 值					平均值	设计值	合格区间
	①	②	③	④	⑤			
左边墩	180	185	193	204	188	198	200	180~200
	194	215	206	217	201			
上游检修桥横梁	200	191	181	216	211	200	200	180~200
	195	191	194	205	212			
下游检修桥面板	200	201	203	185	183	200	200	180~200
	187	209	208	210	216			

检测结果表明：抽检构件钢筋间距满足设计要求。

（5）腐蚀电位。对退水闸墩及检修桥进行腐蚀检测。根据《水工混凝土结构缺陷检测技术规程》（SL 713—2015）规定，采用半电池电位法检测钢筋锈蚀程度，评定标准见表 3.3 - 5。

表 3.3 - 5　　　　　　　　　　　钢 筋 锈 蚀 评 定 标 准

钢筋电位状况/mV	钢筋锈蚀状况判别	钢筋电位状况/mV	钢筋锈蚀状况判别
＞-200	钢筋发生锈蚀的概率小于 10%	-200～-350	钢筋锈蚀性状不确定
＜-350	钢筋发生锈蚀的概率大于 90%		

对构件进行了钢筋腐蚀电位检测，电位分布如图 3.3 - 11～图 3.3 - 13 所示。

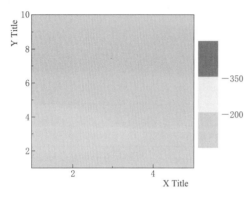

图 3.3 - 11　左边墩电位分布

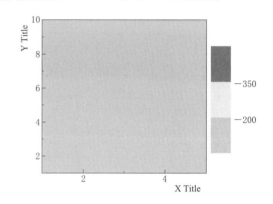

图 3.3 - 12　上游检修桥横梁电位分布

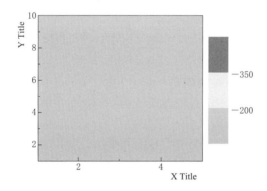

图 3.3 - 13　下游检修桥面板电位分布

综合混凝土外观质量、混凝土保护层厚度、混凝土抗压强度、混凝土碳化深度和钢筋腐蚀电位检测成果，抽检构件混凝土结构钢筋未发生锈蚀。

（6）垂直位移。孟坟河退水闸共 4 个沉降点，评定标准为不大于监测设计值 50mm，检测结果见表 3.3 - 6。

（7）地质雷达检测。地质雷达测线沿着渠道右岸路面纵向方向共布置 2 条测线，测线 1 的起点桩号为 K608＋997，测线终点桩号为 K608＋037，测线长度为 40m；测线 2 的起点桩号为 K608＋997，测线终点桩号为 K608＋037，测线长度为 40m；沿着孟坟河退水闸左、右两侧方向各布置 2 条测线，测线 3 长度为 20m，测线 4 长度为 20m，测线 5 长度为 16m，测线 6 长度为 12m，如图 3.3 - 14 所示。

表 3.3－6 孟坟河退水闸垂直位移检测结果

序号	部 位	初始高程 /m	上次高程 /m	本次高程 /m	本次间隔 变化量/mm	变化速率 /（mm/d）	累计沉降量 /mm
1	TSZ－Z1	100.66765	100.65726	100.65740	－0.14	－0.002	10.25
2	TSZ－Z2	100.69882	100.68695	100.68740	－0.45	－0.007	11.42
3	TSZ－Y1	100.66310	100.65274	100.65340	－0.66	－0.010	9.70
4	TSZ－Y2	100.67344	100.66176	100.66240	－0.64	－0.009	11.04

注 上次高程观测日期为 2021－06－26，本次高程观测日期为 2021－09－03。

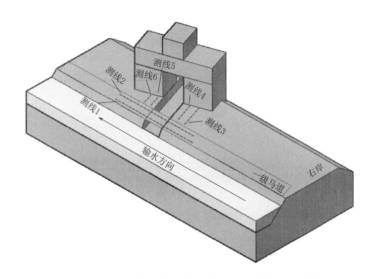

图 3.3－14 孟坟河退水闸地质雷达检测测线布置图

孟坟河退水闸地质雷达检测成果如图 3.3－15 所示。

由图 3.3－15（a）和（b）可知，孟坟河退水闸 K608＋997～K609＋037 段路面下方总体雷达波同相轴总体连续，振幅、频率、波向一致性均较好，表明雷达波在路面下方土体中传播时速度恒定，能量均匀衰减；但 K609＋007～K609＋013 段深度 5.0～8.5m 范围雷达波存在强反射面，垂直截面断面波也异常，雷达反射波波形不平稳，推断表明该段路面下方土质不均匀异常。

由图 3.3－15（c）和（f）可知，测线 4 所探测部位地质雷达存在显著的不规则散射波，探测区域内存在强反射面，垂直截面断面波也异常，雷达反射波波形不平稳。由此推断：孟坟河退水闸测线 4 所探测部位 6.0～16.0m 段深度 2.5～4.0m 范围土体土质不密实，局部土质疏松异常；测线 3、测线 5、测线 6 所探测部位均无异常。

（8）检测小结。

1）建筑物外观质量整体较好，未有破损、锈胀露筋等缺陷；退水渠浆砌石结构外观质量较好。

2）抽检构件混凝土抗压强度推定值均满足设计要求及耐久性最低强度要求。

3）抽检构件混凝土碳化深度为一般碳化。

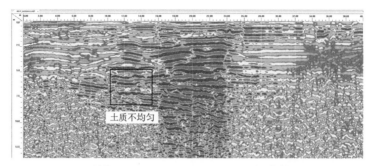

（a）测线 1（K608＋997～K608＋037）雷达解译图

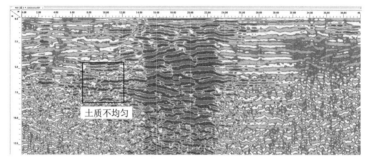

（b）测线 2（K608＋997～K608＋037）雷达解译图

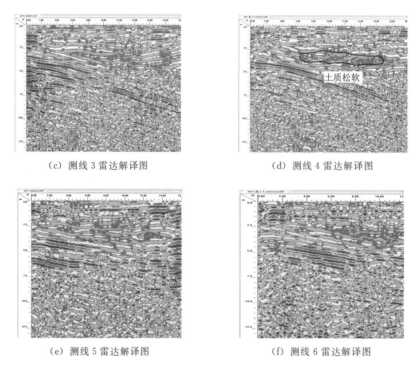

（c）测线 3 雷达解译图　　　　　　　　（d）测线 4 雷达解译图

（e）测线 5 雷达解译图　　　　　　　　（f）测线 6 雷达解译图

图 3.3－15　孟坟河退水闸地质雷达检测成果

4）下游检修桥面板混凝土保护层厚度平均值正偏，不影响结构耐久性；其他构件混凝土保护层厚度满足规范要求。

5）抽检构件钢筋间距满足设计要求。

6）综合混凝土外观质量、混凝土保护层厚度、混凝土抗压强度、混凝土碳化深度和钢筋腐蚀电位检测成果，抽检构件混凝土结构钢筋未发生锈蚀。

7）孟坟河退水闸各沉降点数据变化量较小，累计沉降量低于设计值，沉降已趋于稳定。

8）孟坟河退水闸一级马道路面 K609＋007～K609＋013 段深度 5.0～8.5m 范围雷达波存在强反射面，垂直截面断面波异常，雷达反射波波形不平稳，推断该段路面下方土质不均匀异常。

9）孟坟河退水闸测线 4 所探测部位 6.0～16.0m 段深度 2.5～4.0m 范围土体土质不密实，局部土质疏松异常。

3.3.5　渠道隐患探测

3.3.5.1　渠道隐患探测主要内容

渠道结构检测部位包括渠身、渠道与输水建筑物结合部、渠坡、防渗体。重点检测渠身有无明显渗漏通道、洞穴等内部缺陷（隐患），浸润线是否正常，以及换填土质量、砂土含水率情况等土体物理力学性能，渠道衬砌板是否脱空。

渠道结构安全检测单元、测区（测线、测点）布置和数量要求参照《水利工程质量检测技术规程》（SL 734）的规定执行。

1. 渠身检测

渠身检测包括渠身填筑土体物理力学性能检测和内部缺陷（隐患）探测：

（1）渠身填筑土体物理力学性能包括土性分析（颗粒分析、液塑限）、压实度、相对密度和渗透性，反滤料的颗粒级配。土性分析（颗粒分析、液塑限）、压实度、相对密度和渗透性等检测方法按《土工试验方法标准》（GB/T 50123）的规定执行。

（2）内部隐患探测按《水利水电工程物探规程》（SL 326）和《堤防隐患探测规程》（SL 436）的规定执行，应做到普查与详查相结合，重点突出。进行安全检测时宜先进行普查，可选用高密度电法、充电法、磁电阻率法、激发极化法、伪随机流场法、瞬变电磁法、自然电位法、探地雷达法、地震反射法；然后根据普查资料确定若干主要异常区域进行详查，可选用电磁波 CT 法、弹性波 CT 法、水下机器人、地球物理测井等。

内部隐患探测应符合下列规定：①探测内容包括渠坡中的洞穴、裂缝、高含砂层、护坡脱空、渗漏、管涌等；②普查探测宜以电剖面法、瞬变电磁法和探地雷达法为主，详查探测宜以面波法、高密度电法、探地雷达、弹性波法、自然电场法、磁电阻率法、流场法、温度场法为主；③探测浸润线以上的洞穴、裂缝和高含砂层宜选用面波、高密度电法、探地雷达法等，探测浸润线以下的洞穴、渗漏、裂缝宜选用瞬变电磁法。

2. 渠道与输水建筑物结合部的渗漏探测

渠道与输水建筑物结合部渗漏探测宜采用多种能互相验证的物探方法。可按以下方式进行：

（1）渗漏探测宜包含渗漏出口与渠水的连通情况，进口、出口、裂隙、破碎带、砂层、孔洞等渗漏缺陷的规模、位置与埋深。

（2）探测时宜先进行普查，可选用高密度电法、充电法、磁电阻率法、激发极化法、伪随机流场法、瞬变电磁法、自然电位法、探地雷达法、地震反射法；然后根据普查资料确定若干主要异常区域进行详查，可选用电磁波 CT 法、弹性波 CT 法、水下机器人、地球物理测井等。

（3）当渗漏存在多个进口或出口时，宜选用充电法、磁电阻率法、伪随机流场法在各进口、出口处分别通电探测。

（4）渗水量在某一渠道水位附近变化较大时，宜在水位变化区采用时移探测法。

3．渠坡检测

渠坡检测包括外观检测和衬砌板检测。

（1）外观检测。渠坡外观检测主要测量坡面平整度、裂缝、洞穴，以及排水孔反滤、排水孔位置。平整度、裂缝长度、宽度检测采用尺量方法。

（2）衬砌板检测。衬砌板检测主要包括衬砌板强度、裂缝、脱空、抗冻和抗渗性能。采用以下检测方法：①混凝土抗压强度、抗冻和抗渗性能检测方法按《水工混凝土试验规程》（SL 352）的规定执行；②裂缝长度、宽度检测采用尺量方法，必要时选用超声波法检测裂缝深度，检测技术要求按《水工混凝土结构缺陷检测技术规程》（SL 713）的相关规定执行；③脱空检测普查可选用红外热成像，局部详查可采用超声横波反射三维成像、声波反射法、脉冲回波法、探地雷达法等。

4．防渗体检测

防渗体检测内容包括防渗墙质量、防渗土工合成材料质量及防渗效果，采用以下检测方法：

（1）防渗墙质量检测包括防渗墙的完整性（连续性）与墙体深度和厚度等。防渗墙的完整性（连续性）宜采用普查和详查相结合的方法，普查可采用垂直反射波法、探地雷达法、浅层地震波法、直流电法等，对于普查发现异常处，应采用跨孔声波、弹性波 CT、全孔壁光学成像进行检测。墙体深度检测方法按《水利水电工程物探规程》（SL 326）的规定执行，墙体厚度宜采用现场取样检测。

（2）防渗土工合成材料质量检测包括力学性能、焊黏接质量和厚度等，应按《土工合成材料试验规程》（SL 235）的规定执行，取样制样宜结合破损衬砌板拆除时进行。

（3）防渗效果应按照《水利水电工程注水试验规程》（SL 345）的规定进行压（注）水试验检测。

3.3.5.2 工程实例

选择辉县高地下水位渠道左岸起点桩号 K598＋200 与终点桩号 K598＋600 之间的区域进行渠道隐患探测[26]。

地质雷达探测法沿着一级马道路面纵向方向分别布置 2 条测线，测线起点桩号为 K598＋200，测线终点桩号为 K598＋600，每条测线长度为 400m；高密度电阻率法沿着二级马道边缘纵向方向布置 1 条测线，测线起点桩号为 K598＋270，测线终点桩号为 K598＋750，测线长度为 480m；地震波法沿着一级马道边缘纵向方向布置 1 条测线，测线起点桩号为 K598＋300，测线终点桩号为 K598＋582，测线长度为 282m，具体布置如图 3.3－16 所示。

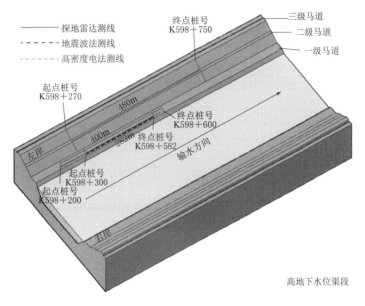

图 3.3－16　渠段左岸 K598＋200～K598＋600 检测测线布置图

渠道左岸 K598＋200～K598＋600 一级马道（探测长度 400m）雷达解译图如图 3.3－17 所示。

由图 3.3－17（a）分析表明，渠道左岸 K598＋200～K598＋600 一级马道渠坡侧部位地质雷达总体无不规则散射波，垂直截面无断面波等显著异常特征，探测区域总体存在雷达反射波波形不平稳分布特征，由此推断该范围（K598＋200～K598＋600 段深度 4.0～8.0m 区域）地质体为高含水土质，依据雷达强反射原理，进一步推断该区域为土体高含水区域。

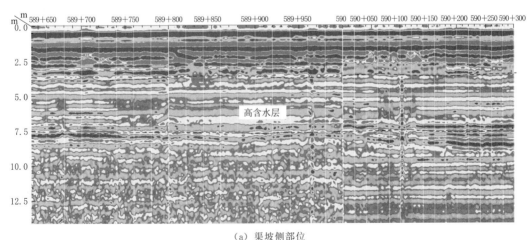

（a）渠坡侧部位

图 3.3－17（一）　渠道左岸 K598＋200～K598＋600 一级马道雷达解译图

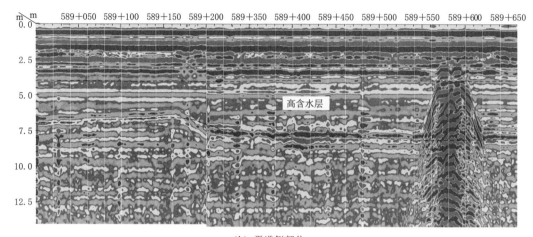

（b）渠道侧部位

图 3.3-17（二）　渠道左岸 K598＋200～K598＋600 一级马道雷达解译图

由图 3.3-17（b）分析表明，渠道左岸 K598＋200～K598＋600 一级马道渠道侧部位探测区域总体存在雷达反射波波形不平稳分布特征，由此推断该范围（K598＋200～K598＋600 段深度 4.0～7.5m 区域）地质体为高含水土质，依据雷达强反射原理，进一步推断该区域为土体高含水区域。

渠道左岸 K598＋270～K598＋750 二级马道（探测长度 480m）高密度电阻率法反演图如图 3.3-18 所示。

由图 3.3-18（b）分析表明，二级马道部位的视电阻率分布不均，呈现上部较高、中部较低、下部较高的分布特征，浅层为高电阻率区域，下层为低电阻率区域，深层又为高电阻率区域，表明土层的含水率由表层到下层再到深层均不同；同一高度水平方向上视电阻率分布也不均匀，呈现多个低阻闭合区，说明土层土性或密实度沿着水平方向分布不均匀。由此推断渠道左岸 K598＋220～K598＋272 段深度 12.0～31.0m 范围、K598＋480～K598＋524 段深度 11.0～36.0m 范围、K598＋544～K598＋588 段深度 14.0～26.0m 范围呈现单个整体低阻闭合区，且视电阻率极低，该区域存在渗漏异常，为典型深层部位渗漏区域。

渠道左岸 K598＋300～K598＋582 一级马道（探测长度 282m）地震波法解译图如图 3.3-19 所示。

由图 3.3-19 分析表明，地震波法检测剖面图像浅层部位（深度 0～8.5m）地震波同相轴总体分布均匀，振幅、频率、连续性、波形一致性均较好。检测剖面图像中层部位（深度 8.5～30.0m）地震波同相轴总体分布不均，振幅、频率、连续性、波形一致性均较差，地震反射波同相轴波幅较强，波形扭折，表明地层介质的波阻抗差异增强，地震反射波成层性差，推断渠道左岸 K598＋220～K598＋380 段深度 8.5～30.0m 范围、K598＋544～K598＋588 段深度 10.0～30.0m 范围堤身土体不密实，为软弱土层。

综合以上，辉县管理处辖区工程高地下水位渠道隐患探测表明：

（1）依据雷达强反射原理反映堤身土体密实状况，渠道左岸 K598＋200～K598＋600

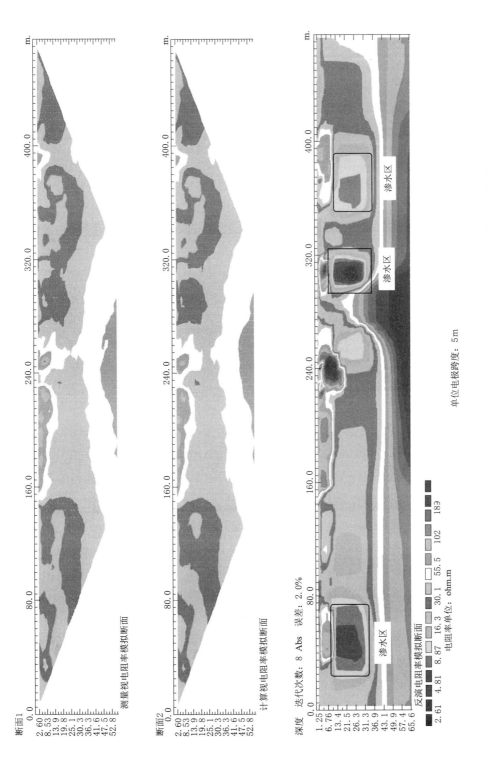

图 3.3-18 渠道左岸 K598+200～K598+600 二级马道高密度电阻率法反演图

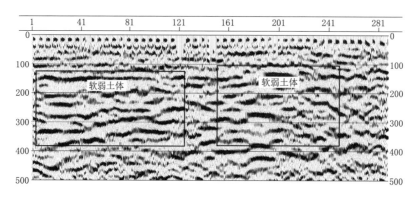

图 3.3-19　渠道左岸 K598＋300～K598＋582 一级马道地震波法解译图

段深度 4.0～8.0m 区域地质体为高含水土质，该区域土体高含水，且密实性差。

（2）渠道左岸 K598＋220～K598＋272 段深度 12.0～31.0m 范围、K598＋480～K598＋524 段深度 11.0～36.0m 范围、K598＋544～K598＋588 段深度 14.0～26.0m 范围呈现单个整体低阻闭合区，视电阻率极低，该区域存在渗漏异常，为典型深层部位渗漏异常病害。

（3）地震检测剖面图像中层部位（深度 8.5～30.0m）地震波同相轴总体分布不均，地震反射波同相轴波幅较强，波形扭折，地层介质的波阻抗差异增强，地震反射波成层性差，渠道左岸 K598＋220～K598＋380 段深度 8.5～30.0m 范围、K598＋544～K598＋588 段深度 10.0～30.0m 范围堤身土体不密实，为软弱土层。

3.3.6　管涵安全检测

管涵安全检测主要包括箱体混凝土检测及管涵可能存在的渗漏检测两个方面。

（1）混凝土检测方法见 3.3.4.1 节"建筑物安全检测的主要内容"中混凝土结构检测的相关内容，主要包括构件强度检测、外部缺陷和内部缺陷、钢筋锈蚀率检测及细部构件检测等内容。

（2）渗漏检测方法主要可参考 3.3.5.1 节"渠道隐患探测主要内容"中内部隐患及渗漏探测的相关内容。由于管涵线路较长，应做到普查与详查相结合，检测时先进行普查，确定可能存在的渗漏区域后再进行详查，选用适宜的方法确定精确的渗漏位置及渗漏严重程度。

3.3.7　PCCP 安全检测

PCCP 安全检测应包括下列项目和内容：

（1）管芯混凝土和保护层砂浆的外观检测和内部缺陷检测可参照混凝土结构检测相关内容；管芯混凝土强度检测应按照《高强混凝土强度检测技术规程》（JGJ/T 294）的规定执行，且宜采用无损检测方法；保护层砂浆检测参照《贯入法检测砌筑砂浆抗压强度技术规程》（JGJ/T 136）的规定执行。

（2）当 PCCP 混凝土管芯内表面出现较长的纵向裂缝，接头出现渗漏水，砂浆保护层出现开裂、空鼓，PCCP 发生过超载使用，外界环境和运行条件改变造成 PCCP 损坏等情况时，应检测预应力钢丝的完整性情况。检测方法及检测操作应按照《预应力钢筒混凝土管防腐蚀技术》（GB/T 35490）的规定执行。

（3）对碳纤维布黏结加固的 PCCP 段，应抽样检测有效黏结面积，必要时检测黏结强度，检测方法及检测操作应按照《碳纤维片材加固混凝土结构技术规程》（CECS 146）的规定执行。

（4）对采用聚脲防护加固的 PCCP 管段，应检测聚脲涂层厚度，必要时检测黏结强度，检测方法及检测操作应按照《预应力钢筒混凝土管防腐蚀技术》（GB/T 35490）的规定进行，评价聚脲防渗处理效果。

PCCP 阴极保护检测可参照《埋地预应力钢筒混凝土管道的阴极保护》（GB 28725）的规定执行，重点检测通电时的保护电位、瞬时断电时的保护电位、汇流点处的保护电位、PCCP 的腐蚀电位、阴极极化值、保护电位和土壤电阻率。

对通水使用 5 年以上的 PCCP 应进行首次安全检测，以后每隔 5～10 年进行专项安全检测，并可根据运行时间和状况做适当调整。

3.3.8 穿跨邻接建筑物安全检测

预应力渡槽的实际预应力和孔道密实度检测可按《桥梁预应力及索力张拉施工质量检测验收规程》（CQJTG/TF 81）的规定执行；梁式渡槽的槽壁混凝土有无剥离破坏检测可按《冲击回波法检测混凝土缺陷技术规程》（JGJ/T 411）的规定执行。

梁式渡槽的基础灌注桩完整性检测可采用低应变法，可按《建筑基桩检测技术规范》（JGJ 106）的规定执行。

采用碳纤维布加固或聚脲加固防护的渡槽槽壁，应抽样检测有效黏结面积，必要时检测正拉黏结强度，检测方法及检测操作应按照《碳纤维片材加固混凝土结构技术规程》（CECS 146）和《预应力钢筒混凝土管防腐蚀技术》（GB/T 35490）的规定执行。

3.3.9 水下检测

3.3.9.1 水下检测主要内容

对长期通水未做过水下检测的、工程存在流态和渗流异常的、水下结构发生异常变形的，都可进行水下检测。根据建筑物重要性、病害程度与水环境条件，可采用水下目视检测、水下摄像、水下超声波检测、探地雷达检测等技术。必要时，经专家论证后排除局部或全部水体以及清除淤泥，对原水下结构进行直接检测。

水下检测内容应包括缺陷、形态结构、状态等。缺陷检测宜包括以下内容：①混凝土表面蜂窝、麻面、孔洞、露筋、腐蚀、裂缝、疏松区、剥蚀、脱落及冲坑等情况，以及缺陷的分布、数量、走向、长度、宽度等；②钢筋锈蚀情况；③结构缝充填材料破损情况；④点、线或面渗漏情况；⑤水下排水设施（逆止阀）损坏情况。

形态结构、状态等检测宜包括外观尺寸、沉降变形、生物附着物、淤积物、平整度以及表面磨蚀、空蚀情况。

水下检测应根据安全鉴定对象重要性、病害程度与水环境条件，选择水下摄像、二维图像声呐、三维成像声呐、多波束声呐、侧扫声呐等方法，并符合下列规定：①进行小范围的局部检测，宜采用水下摄像；②进行大面积缺陷检测宜先采用多波束声呐、侧扫声呐扫描普查，再在重点部位或检测异常部位采用水下摄像或二维图像声呐、三维成像声呐进行详查；③隧洞、闸门及其门槽等。

水下检测方法的选择宜符合下列规定：①宜采用水下机器人搭载水下高清摄像头进行检查；②水下场地条件允许时，可采用三维成像声呐进行整体扫描，再采用水下机器人搭载水下摄像头或成像声呐进行局部检查；③水下阻塞、堆积、沉积物检测宜采用多波束声呐、侧扫声呐、浅地层剖面法等方法。

对水流流态异常渠段水下部位和渠道重要部位水下损坏情况进行水下检测，同时查看渠段衬砌板附着水生生物（藻类、壳菜），利用水下机器人配备水下摄像头、水下声呐，通过分断面扫描、水下观察、拍照、录像等技术手段，对前期已发现存在水下损坏且尚未修复的部位、已修复过的水下损坏部位、典型断面等开展检查，内容包括水下衬砌板损坏情况、水下已修复部位修复效果和衬砌板表面水生动（植）物生长情况等。

3.3.9.2 工程实例

以长葛和叶县管理处局部渠段水下检查为例，检查发现的问题主要包括水下衬砌板裂缝、隆起、错台损坏，原水下衬砌板损坏修复过程中产生垃圾未及时清理，衬砌板上出现白色斑状物和淡水壳菜聚集等。水下检查发现的主要问题如图 3.3-20 所示。

（a）衬砌板接缝处聚硫密封胶脱落

（b）衬砌板错台

（c）衬砌板裂缝

（d）衬砌板隆起

图 3.3-20（一）　水下检查发现的主要问题

（e）坡脚建筑垃圾　　　　　　　　　　　（f）藻类及壳菜

图 3.3-20（二）　水下检查发现的主要问题

第4章

安全监测资料分析

4.1 目的与重点

4.1.1 安全监测设施布置概况

中线干线工程安全监测开展的工作主要有 8 项：工程巡查，安全监测数据采集、整编分析，安全监测系统评价优化，安全监测自动化系统维护，安全监测自动化系统升级改造，安全监测培训，安全监测运行监控指标研究，安全监测专项检（排）查。

1. 渠首分局

渠首分局安全监测设计范围主要包括陶岔渠首大坝、64 个重点渠道监测断面、146 个一般渠道监测断面、23 座河渠交叉建筑物、53 座左岸排水建筑物、1 座铁路交叉建筑物和 3 座跨渠公路桥。安全监测项目包括变形、应力应变及温度、渗流渗压和水位。安全监测仪器包括渗压计（含测压管中渗压计）、钢筋计、土压力计、应变计、无应力计、锚索测力计、温度计、多点位移计、测缝计、测斜管、沉降管和测压管等内观仪器 4598 余支（套），垂直位移测点、水平位移测点、工作基点、高程控制点等外观设施 8693 余个（座）。

2. 河南分局

河南分局安全监测设计范围主要包括 274 个渠道重点监测断面、若干个渠道一般监测断面、83 座河渠交叉建筑物、198 座左岸排水建筑物、31 座渠渠交叉建筑物、4 座铁路交叉建筑物、3 座跨渠桥梁、41 座控制性建筑物。安全监测项目包括温度、开合度、应力应变、渗透压力、渗流压力、预应力锚索荷载、表面垂直位移和水平位移、内部垂直位移和水平位移等。安全监测仪器包括渗压计（含测压管中渗压计）、钢筋计、土压力计、应变计、无应力计、锚索（杆）测力计、温度计、多点位移计、测缝计、测斜管、测压管和沉降管等内观仪器 31287 支（套），垂直位移测点、水平位移测点、工作基点、高程控制点等外观设施 22186 个（座）。

3. 河北分局

河北分局安全监测设计范围主要包括 31 座大型河渠交叉建筑物，12 座大型排洪交叉建筑物，3 条隧洞，48 座控制性建筑物，168 座左排建筑物及渠渠交叉建筑物，8 座公路、铁路交叉建筑物。安全监测项目包括温度、开合度、应力应变、渗透压力、渗流压力、围岩变形、围岩锚杆应力、预应力锚索荷载、表面垂直位移和水平位移、内部垂直位移和水平位移等。安全监测仪器包括渗压计（含测压管中渗压计）、钢筋计、土压力计、应变计、无应力计、锚索（杆）测力计、温度计、多点位移计、测缝计、测斜管、沉降管和测压管等内观仪器 7823 支（套），垂直位移测点、水平位移测点、工作基点、高程控制点等外观设施 9304 个（座）。

4. 天津分局

天津分局安全监测设计范围：明渠段包括 3 个渠道典型监测断面（均位于高填方渠段）、41 座左排建筑物（其中排水倒虹吸 1 座、排水渡槽 1 座、公路涵洞 1 座、排水涵洞 8 座）、1 座控制性建筑物（西黑山节制闸）以及 2 座跨渠桥梁；天津干线包括西黑山进口闸枢纽（含排冰闸）、西黑山沟排水涵洞、东黑山陡坡、文村北调节池、4 号分水口、Rt31 通气孔上浮箱涵、王庆坨连接井、子牙河北分流井、外环河出口闸、3 座检修闸、8 座保水堰井、19 座分水口及通气孔附近箱涵、10 座倒虹吸、4 座铁路涵、5 座公路涵、2 座穿越土坑段箱涵。安全监测项目包括温度、开合度、倾斜、应力应变、外水压力、内水压力、水位、表面垂直位移和水平位移等。安全监测仪器包括渗压计（含测压管中渗压计）、内水压力计、钢筋计、土压力计、应变计、无应力计、锚索测力计、温度计、单点位移计、测缝计、错缝计、倾斜仪和测压管等内观仪器 2472 支（套），垂直位移测点、水平位移测点、工作基点、高程控制点等外观设施 1207 个（座）。

5. 北京分局

北京分局安全监测设计范围包括：25 个渠道典型监测断面（其中高填方渠段 9 个、深挖方渠段 7 个、半挖半填渠段 9 个）、15 座大型输水建筑物（其中输水渡槽 1 座、输水倒虹吸 9 座、输水隧洞 3 座、暗渠 1 座、泵站 1 座）、41 座左排建筑物（其中排水倒虹吸 22 座、排水渡槽 9 座、排水涵洞 10 座）、10 座控制性建筑物（其中节制闸 5 座、退水闸 4 座、分水闸 1 座）以及 8 座跨渠桥梁。安全监测项目包括温度、开合度、应力应变、渗透压力、渗流压力、围岩变形、围岩锚杆应力、预应力锚索荷载、表面垂直位移和水平位移等。安全监测仪器包括渗压计（含测压管中渗压计）、钢筋计、土压力计、应变计、无应力计、锚索测力计、锚杆应力计、温度计、多点位移计、测缝计和测压管等内观仪器 2235 支（套），垂直位移测点、水平位移测点、工作基点、高程控制点等外观设施 1269 个（座）。

6. 北京段（惠南庄泵站至永定河倒虹吸末端）

中线干线工程惠南庄泵站至永定河倒虹吸末端（含 PCCP 管道工程、西甘池及崇青隧洞工程、大宁调压池工程及永定河倒虹吸工程），监测项目包括混凝土应力应变、结构钢筋应力、土压力、基础应力、接触压力、渗流、地下水位、管道接缝位移、锚杆应力、沉降变形等。卢沟桥暗涵至团城湖末端闸段监测项目包括暗涵衬砌结构钢筋应力、衬砌混凝土应力应变、衬砌接触压力、围岩变形、暗涵外水压力（地下水位）、土压力、接缝开合度、基础渗压及沉降变形等。按照永久监测设计要求，惠南庄泵站至团城湖末端闸段共埋设各类永久内观监测仪器 2241 支。北京段 PCCP 管道工程、大宁调压池工程至团城湖末端闸段沿线布置外观变形测点 67 个（均为沉降测点），目前存留工作基点 25 个，分布于 PCCP 管道工程、大宁调压池、永定河倒虹吸、卢沟桥暗涵及团城湖末端闸段工程。

4.1.2　安全监测制度体系

安全监测是保障工程安全运行的重要手段。中线干线工程以问题为导向，建立了一套较完整的安全监测制度标准，为工程运行管理提供支撑。

在技术标准方面，南水北调中线干线工程建设管理局（以下简称"中线建管局"）制定了《安全监测技术标准（试行）》（Q/NSBDZX 106.07—2018），规定了内观数据采集、外观观测、监测资料整理整编、监测资料分析、仪器设施维护、测量仪表维护及安全监测自动化维护的要求。

在管理标准方面，中线建管局制定了《安全监测管理标准（试行）》（Q/NSBDZX 206.05—2017），规定了中线干线工程安全监测管理的职责，工程监测数据采集、资料整理、整编与分析、安全监测自动化系统使用及维护、异常情况分析与处置、检查与考核、报告和记录等要求。

在岗位标准方面，中线建管局制定了《安全监测管理岗位工作标准（试行）》（Q/NSBDZX 332.30.03.06—2017）、《安全监测外观观测岗位工作标准（试行）》（Q/NSBDZX 332.30.03.07—2017）、《安全监测自动化维护岗位工作标准（试行）》（Q/NSBDZX 332.30.03.08—2017），分别规定了相关岗位的职责与权限、相关技术要求等。

在规章制度方面，中线建管局制定了《工程运行安全监测管理办法（试行）》（Q/NSBDZX 406.05—2018），规定了中线干线工程监测数据采集、资料整理整编与分析、安全监测自动化系统使用维护、异常情况分析与处置等工作的管理。

此外，为指导和规范南水北调工程东、中线一期工程运行安全监测工作，保障工程运行安全，原国务院南水北调工程建设委员会办公室（以下简称"国调办"）还制定有《南水北调东、中线一期工程运行安全监测技术要求（试行）》（NSBD 21—2015），对监测数据采集、监测资料整编与分析、运行与维护做了相应规定。

4.1.3　目的与重点

安全监测资料分析的目的是通过水位、气温、降雨量等环境量与变形、裂缝开度、应力应变、渗流压力、渗流量等效应量监测资料的分析，评估工程安全性态是否正常。水力学观测根据工程具体情况参照有关专业规定进行。

安全监测资料分析内容包括安全监测设施可靠性评价、安全监测系统完备性评价、监测资料正反分析以及工程安全性态评估。

安全监测设施可靠性评价包括监测考证资料评价、现场检查与测试评价、历史测值评价及综合评价。安全监测设施可靠性评价应按《大坝安全监测系统鉴定技术规范》（SL 766）的规定执行。

安全监测系统完备性评价在安全监测设施可靠性评价的基础上，对其能否满足工程安全监控需求进行评价。监测系统完备性评价应按《南水北调中线一期工程总干渠初步设计安全监测技术规定》（NSBD-ZGJ-1-5）、《水利水电工程安全监测设计规范》（SL 725）、《大坝安全监测系统鉴定技术规范》（SL 766）的规定执行。

安全监测资料分析一般采用比较法、作图法、特征值统计法及数学模型等方法。渠道可参照《堤防工程安全监测技术规程》（SL/T 794）、《土石坝安全监测技术规范》（SL 551）的规定执行；混凝土坝宜按《混凝土坝安全监测技术规范》（SL 601）的规定执行；节制闸、退水闸、排冰闸、分水口门等宜按《水闸安全监测技术规范》（SL 768）的规定执行；隧洞宜按《水工隧洞安全监测技术规范》（SL 764）的规定执行；其他建筑物可参照上述规范和相关标准执行。

复杂地质条件上的建筑物、不同建筑物接合面及结合部，以及运行中出现异常现象等部位附近的监测资料应作为分析的重点；对因加固或监测系统更新改造造成监测资料不连续的，应分阶段进行分析，并注意前后系列资料之间的对比和衔接。

4.2 监测设施可靠性评价

4.2.1 主要内容

监测资料的可靠性直接影响到分析成果，监测界普遍认为监测资料分析首先应进行监测设施精度测试，结合历史测值对监测资料的可靠性进行评价。安全监测设施可靠性评价包括监测设施考证资料评价、现场检查与测试评价、历史测值评价及综合评价。监测设施可靠性评价应收集工程特性、监测设施考证及安全监测等资料。监测设施可靠性评价以测点为评价单元。

1. 监测设施考证资料评价

监测设施考证资料评价应包括资料完整性、监测仪器选型适应性和安装正确性。

（1）主要评价以下内容：

1）监测设施考证资料尤其是监测设施安装位置信息或物理量计算所需的参数是否完整。

2）监测仪器选型是否适应工作环境条件，技术性能指标是否满足被测工程物理量监测的要求，监测仪器静态特性参数是否满足《南水北调中线一期工程总干渠初步设计安全监测技术规定（试行）》（NSBD-ZGJ-1-5）、《大坝安全监测仪器检验测试规程》（SL 530）的相关规定。

3）监测仪器安装是否满足《大坝安全监测仪器安装标准》（SL 531）和设计要求。

（2）监测设施考证资料评价标准应符合下列规定：

1）监测资料完整性合格，仪器选型合适、安装合格、评价为可靠。

2）监测资料完整性不合格，或仪器选型不合适、或安装不合格，评价为不可靠。

3）其他情形，评价为基本可靠。

2. 现场检查与测试评价

监测设施现场检查与测试应包括监测设施的外观、标识、线缆及连接、数据采集设备、工作状态、运行环境和观测条件等。现场测试仪器仪表与被测监测仪器应适配，应经检定/校准合格并在有效期内，且工作正常。监测设施现场检查与测试评价结果分为可靠、基本可靠、不可靠。变形、渗流、应力应变及温度、环境量、强震等各类监测设施检查和测试内容、方法及评价标准按《大坝安全监测系统鉴定技术规范》（SL 766）规定的内容执行。各类监测设施监测精度测试主要包括以下项目：

（1）变形监测设施包括变形监测控制网、视准线装置、垂线装置、静力水准装置、内部沉降装置、测斜装置、双金属标装置、位移传感器，以及各种基准点、工作基点、表面位移测点、表面测缝标点等内容。

（2）渗流监测设施包括测压管、渗压计、量水堰及堰上测量设施等。

（3）应力应变监测设施包括差动电阻式和振弦式监测仪器，其他类型监测设施参照执行。

（4）环境量监测设施包括水位计、雨量计、温度计和气压计等。

3. 历史测值评价

历史测值评价宜采用监测物理量进行评价，以过程线分析为主，可结合相关性图、空间分布图、特征值分析等方法。当监测物理量测值存在异常时，应对仪器测读值进行分析评价。仪器测读值评价宜根据仪器工作特性及测读值变化情况判定数据可靠性。评价标准应符合下列规定：

（1）数据变化合理，过程线呈规律性变化，无系统误差或虽有系统误差但能够排除，评价为可靠。

（2）数据变化基本合理，过程线能呈现出明确的规律，仪器可能存在系统误差但可修正，评价为基本可靠。

（3）数据变化不合理，过程线无规律或系统误差频现，难以处理修正，测值无法分析和利用，评价为不可靠。

4. 综合评价

监测设施可靠性综合评价标准应符合下列规定：

（1）监测设施考证资料评价和历史测值评价结果为可靠或基本可靠，现场检查与测试评价结果为可靠，综合评价为可靠。

（2）监测设施考证资料评价和历史测值评价结果为可靠或基本可靠，现场检查与测试评价结果为基本可靠，综合评价为基本可靠。

（3）监测设施考证资料评价、历史测值评价、现场检查与测试评价结果中一项为不可靠，综合评价为不可靠。

应对所有监测设施的可靠性进行统计整理。可靠的监测设施应继续进行监测；基本可靠的监测设施可继续监测，应在分析的基础上进一步评价其可靠性；不可靠的监测设施应按《大坝安全监测仪器报废标准》（SL 621）的规定停测、封存或报废。

4.2.2　工程实例

以河南分公司辉县管理处为例，开展监测设施可靠性评价。

4.2.2.1　监测概况

辉县管理处工程安全监测范围包括 172 个一般渠道监测断面、26 个重点渠道监测断面。主要监测项目有：表面垂直位移、表面水平位移、内部水平位移、扬压力、渗透压力、地下水位、接缝变形、结构应力（混凝土应力、钢筋应力）、土压力（地基反力、墙后土压力）。布设的主要监测仪器设备有：沉降标点、测斜管、沉降计、土体位移计、多点位移计、测缝计、渗压计、土压力计、钢筋计、应变计、无应力计和 MCU 等。安全监测仪器设施安装共 4652 支（套/个），其中渗压计 554 支、土压力计 309 支、钢筋计 708支、应变计 524 支、无应力计 136 套、多点位移计 339 套、测缝计 264 支、测斜管 36 套、沉降仪 10 套、垂直位移测点 1411 个、垂直位移工作基点 317 个、水平位移 41 个、水平位移工作基点 3 个、集线箱 78 台。

辉县管理处共安装埋设各类监测设施 4652 个（支），其中外观测点 1772 个，内观仪器 2880 支。监测设施优化后，封存停测测点 425 个，报废测点 725 个，继续观测测点3502 个，封存停测和报废的测点总数占全部测点总和的 24.72%。在 1772 支外观测点中，封存停测测点 273 个，报废测点 19 个，继续观测测点 1480 个，封存停测和报废的测点总数占外观测点总数和的 16.48%。在 2880 支内观仪器中，封存停测仪器 152 支（测斜管2 个），报废仪器 706 支，继续观测仪器 2022 支，内观仪器接入安全监测自动化系统仪器2151 支，接入率为 75.6%，封存停测和报废的仪器总数占全部内观仪器总和的 29.79%。

4.2.2.2 监测设施考证资料评价

1. 监测仪器考证表

根据资料收集情况，辉县管理处各段现有监测仪器考证表完备，监测仪器类型、仪器编号、埋设桩号、埋设轴距、埋设高程、埋设日期以及埋设位置等信息齐全。

2. 仪器选型

（1）内观观测精度。辉县段工程安全监测仪器技术指标见表 4.2-1，石门河渠道倒虹吸工程安全监测仪器技术指标见表 4.2-2。

表 4.2-1　　　　　　　　　　辉县段工程安全监测仪器技术指标

序号	仪器名称	仪器型号	技术指标			
			量程	分辨率	精度	温度范围
1	渗压计	BGK4500S	0.35MPa	0.025%F·S	±0.5%F·S	−25~70℃
2	土压力计	BGK4810	0.7MPa	0.025%F·S	±0.1%F·S	−20~80℃
3	钢筋计	BGK4911A	210MPa	0.05%F·S	±0.25%F·S	−25~80℃
4	应变计	BGK4200	3000$\mu\varepsilon$	0.5~1$\mu\varepsilon$	±0.1%F·S	−25~80℃
5	位移计	BGK4500	200mm	0.02%F·S	±0.1%F·S	−20~60℃
6	测缝计	BGK4400	50mm	0.025%F·S	±0.1%F·S	−20~80℃
7	测斜管	GK6000	20m	0.005mm/0.5m	±7mm/30m	−25~80℃

表 4.2-2　　　　　　　　　石门河渠道倒虹吸工程安全监测仪器技术指标

序号	仪器名称	仪器型号	量程	分辨率	精度	温度范围
1	渗压计	BGK4500S	0.35MPa	0.025%F·S	±0.5%F·S	−20~60℃
2	土压力计	BGK4810	0.7MPa	0.025%F·S	±0.1%F·S	−20~60℃

序号	仪器名称	仪器型号	量程	分辨率	精度	温度范围
3	钢筋计	BGK4911A	210-320MPa	0.05%F·S	±0.25%F·S	-25~80℃
4	应变计	BGK4200	3000με	0.5~1με	±0.1%F·S	-25~80℃
5	位移计	BGK4450	100mm	0.02%F·S	±0.1%F·S	-20~60℃
6	测缝计	BGK4400	25mm	0.025%F·S	±0.1%F·S	-20~60℃

（2）外观观测精度。工程外部变形监测的精度指标为：

1）表面垂直位移监测。按照招投标文件和设计要求，渠道垂直位移监测宜采用二等水准观测要求施测，混凝土、浆砌石等建筑物宜采用一等水准观测要求施测。根据《国家一、二等水准测量规范》（GB 12897—2006），一、二等水准观测精度要求见表 4.2-3。

表 4.2-3　　　　　　　一、二等水准观测精度要求　　　　　　单位：mm

等级	每千米高差中数中误差		检测已测段高差之差	路线、区段、测段往返测高差不符值	附合路线或环线闭合差
	M_Δ	M_w			
一等	±0.45	±1.0	$3\sqrt{R}$	$1.8\sqrt{K}$	$2\sqrt{L}$
二等	±1.0	±2.0	$6\sqrt{R}$	$4\sqrt{K}$	$4\sqrt{L}$

注　K 为测段、区段或路线长度，km，当测段长度小于 0.1km 时，按 0.1km 计算；L 为符合路线（环线）长度，km；R 为检测测段长度，km。

2）表面水平位移监测。

（a）水平位移测量中使用的仪器、施测方法和精度等应满足相关规程、规范的要求。

（b）输水建筑物水平位移点观测精度相对于临近工作基点不大于±1.5mm。

（c）渠道及其他建筑物水平位移观测精度相对于临近工作基点不大于±3.0mm。

3. 仪器安装

辉县段安全监测设施安装埋设方式及流程如下：

（1）安装埋设工作基点。工作基点是对监测点进行周期性监测的基准，垂直位移工作点位应设置在观测点便于观测的稳定区域内，测点设观测墩，墩顶安装不锈钢标点及保护罩。

（2）埋设安装渗压计。渗压计在埋设前用土工布包裹，土工布内装满干净的中粗砂，并将包裹后的渗压计在水中浸泡 2h 以上，使其饱和；在设计位置挖直径 30cm、深 0.8m 的圆坑，底部填 10cm 厚中粗砂，放入包裹好的渗压计，最后再用 10cm 厚的中粗砂填平。浇筑混凝土时观测人员在现场盯仓，浇筑混凝土前认真测读，读数三次，取其平均值作为初始值。

（3）埋设安装土压力计。土压力计下部为 10cm 厚砂基床，上表面与基础层面平齐，并直接接触底板混凝土，仪器安装埋设位置应符合设计图纸要求。浇筑混凝土时观测人员在现场盯仓，浇筑混凝土前认真测读，读数三次，取其平均值作为初始值。

（4）埋设安装测缝计。测缝计安装前，用棉纱将套筒外部擦干净，使其与混凝土良好结合。倒虹吸伸缩缝埋设测缝计时，在先浇的混凝土块上，按设计位置在模板上定出埋设点位置，预埋测缝计套筒，为保证套筒的方向，用细铅丝将套筒固定在模板上，套筒位置用油漆在模板上做出标记，以便拆模后在混凝土表面找到套筒位置。

（5）埋设安装钢筋计。钢筋计焊接在同一直径的受力钢筋并保持在同一轴线上，受力钢筋的绑扎接头距仪器 1.5m 以上。钢筋计的焊接采用对焊。焊接时及焊接后，在仪器部位浇水冷却，使仪器温度不超过 60℃，但不在钢筋计焊接缝处浇水。混凝土浇筑时做好仪器和电缆保护工作，混凝土浇筑后再次进行测读和检查。混凝土浇筑后再次进行测读和检查。

（6）埋设安装无应力计。无应力计埋设前，先将无应力计筒内放置的应变计用细铅丝固定在无应力计筒内中心位置上，无应力计筒内用混凝土将仪器埋设断面周围空隙人工填满，回填过程中应保持应变计的位置，用人工振捣使混凝土密实，然后将无应力计筒固定在埋设位置。

（7）安装埋设应变计。应变计随所在部位的混凝土一起埋设，采用在钢筋上绑扎定位。在混凝土浇筑到仪器埋设高程时，将应变计按设计要求的位置和方向定位，埋设仪器的角度误差不超过 1°。

（8）埋设安装三点位移计。三点位移计采用钻孔法埋设，在仪器埋设部位开挖完成后按设计的孔向、孔深钻孔，钻孔孔径为 110mm。钻孔偏差应小于 1°，孔深比最深测点深 1.0m，孔口保持稳定平整。在孔口水泥砂浆固化后，进行封孔灌浆，水泥砂浆灰砂比为 1∶1，水灰比为 1∶0.5，灌浆压力不大于 0.5MPa，灌至孔内停止吸浆时，持续 10min 结束，确保最深测点锚头处浆液饱满。

综上，辉县管理处监测设施监测资料完整性合格，仪器选型合适、安装合格，监测设施考证资料评价为可靠。

4.2.2.3 监测设施现场检查与测试评价

根据现场检查情况，辉县段监测设施外观良好，标识清晰，线缆及连接有序，数据采集设备工作状况良好。

依据历史测值过程线选取测值粗差相对较多的测点，共选取 60 个测点，所选测点均为 2018 年安全监测仪器设备鉴定中认为可靠的仪器。

所选仪器为振弦式仪器，采用便携式仪表对监测仪器的频率、温度进行测量，间隔 10s 以上记录一次数据，连续记录 3 次，评价其稳定性。采用 100V 电压等级的绝缘电阻表测量仪器电缆芯线的对地绝缘电阻，评价绝缘性是否符合要求。

1. 测值稳定性检测与评价

（1）采用便携式仪表测读仪器的频率、温度，间隔 10s 以上记录一次数据，连续记录 3 次，并计算频率极差和温度极差。

（2）频率稳定性评价标准。

当频率测值小于等于 1000Hz 时：频率极差小于等于 2Hz 为合格；频率极差大于 2Hz 为不合格。

当频率测值大于 1000Hz 时：频率极差小于等于 3Hz 为合格；频率极差大于 3Hz 为不合格。

（3）温度稳定性评价标准。温度极差小于等于 0.5℃ 为合格；温度极差大于 0.5℃ 为不合格。

2. 仪器绝缘电阻检测与评价

（1）采用 100V 电压等级的绝缘电阻表测量仪器电缆芯线的对地绝缘电阻。

（2）仪器绝缘电阻评价标准：绝缘电阻大于等于 $0.1M\Omega$ 为合格；绝缘电阻小于 $0.1M\Omega$ 为不合格。

3. 频率测值可靠性与温度测值可靠性评价标准

振弦式仪器可靠性评价标准见表 4.2 - 4。

表 4.2 - 4 　　　　　　　　　　振弦式仪器可靠性评价标准

序号	频 率 极 差		温 度 极 差		绝 缘 电 阻		现场评价结论
	合格	不合格	合格	不合格	合格	不合格	
1	√		√		√		可靠
2	√		√			√	基本可靠
3	√			√	√		基本可靠
4	√					√	基本可靠
5		√	√		√		不可靠
6		√	√			√	不可靠
7		√		√	√		不可靠
8		√				√	不可靠

经现场检测，60 支监测仪器有 8 支工作性态为可靠，1 支钢筋计为不可靠，3 支多点位移计为不可靠（多点位移存在 2 个方向为不可靠时定义该测点为不可靠），其余为基本可靠。

4.2.2.4 历史测值可靠性评价

通过对长期观测资料进行对比分析，了解监测物理量变化情况，结合监测仪器现场检测结果，根据经验判断观测值的过程曲线是否符合正常规律，根据观测资料的规律性判别观测值的合理性。删除明显粗差后的测值变化见过程线附图，可以看出：

（1）垂直位移测点观测值可靠，观测成果显示沉降变形范围和变化规律合理。

（2）现完好的三点位移计均在进行正常观测，测值可靠，沉降变形数值范围和变化规律合理，能有效反映相应监测部位的内部垂直位移状态。

（3）现完好的测缝计均在进行正常观测，裂缝开合度测值可靠，测缝开合度数值范围和变化规律合理，能有效反映相应监测部位的接缝变形状态。

（4）现完好的渗压计渗透压力测值可靠，渗透压力数值范围和变化规律合理，能有效反映相应监测部位的渗流状态。

（5）现完好的土压力计土压力测值可靠，土压力数值范围和变化规律合理，能有效反映相应监测部位的土压力状态。

（6）现完好的钢筋计钢筋应力测值可靠，钢筋应力数值范围和变化规律合理，能有效反映相应监测部位的钢筋应力状态。

（7）现完好的无应力计和应变计均在进行正常观测，混凝土应变测值可靠，观测成果数值范围和变化规律合理。

（8）渗压计等失效仪器均不存在某区域集中失效现象，同部位其他仪器满足综合分析要求，不影响对工程安全监测的分析。

4.2.2.5　监测设施可靠性综合评价

南水北调中线工程辉县管理处段监测仪器考证资料完整，选择的监测仪器在量程、精度、稳定性、可靠性等技术指标方面均满足要求。监测仪器安装工艺与流程规范，辉县段监测资料完整性评价为合格。

目前辉县段监测设施外观良好，标识清晰，线缆及连接有序，数据采集设备工作状况良好。现场检测 60 支监测仪器有 8 支工作性态为可靠，1 支钢筋计为不可靠，3 支多点位移计为不可靠，其余为基本可靠。综上，监测设施现场检查与测试评价结果为基本可靠。

通过对各测点的测值过程线进行检查，并参照同期气温和渠内水位过程线，渗压计、土压力计、钢筋计、应变计等仪器测值能够真实反映渠道、建筑物基础和混凝土结构内部各监测物理量的变化情况，符合一般规律；表面垂直位移观测成果数值范围和变化规律合理，能有效反映相应监测部位的表面变形状态。辉县段监测数据变化合理。

综上，南水北调中线工程辉县段监测设施可靠性综合评价为基本可靠。

4.3　监测设施完备性评价

4.3.1　主要内容

监测设施完备性评价遵循"立足现在、面向未来"的理念，主要针对现有监测系统是否满足当前及后续阶段监控工程现状安全的需要，由于监测仪器安装埋设后可能损坏、失效，起不到监测作用，因此完备性评价不能采用施工期的监测设施布置信息，应剔除不可靠的仪器设备进行评价。安全监测设施完备性评价的目的是基于可靠性为可靠或基本可靠的现有监测设施，对其能否满足工程安全监控需求进行评价。

安全监测设施完备性评价时，应明确被监测系统的重要监测项目和一般监测项目。《南水北调中线一期工程总干渠初步设计安全监测技术规定（试行）》（NSBD-ZGJ-1-5）规定了水闸、渡槽、倒虹吸、隧洞、重要桥梁、特殊渠段、盾构隧洞及进出口建筑物、泵站、管涵等的主要监测项目，主要用于设计阶段。安全鉴定在确定重要监测项目时，可结合《堤防工程安全监测技术规程》（SL/T 794）、《土石坝安全监测技术规范》（SL 551）、《混凝土坝安全监测技术规范》（SL 601）、《水闸安全监测技术规范》（SL 768）、《水工隧洞安全监测技术规范》（SL 764）等规范，依据工程的地形地质条件、环境条件、结构特点、运行方式、运行状况、工程运用需要等情况，分析工程在当前和后续阶段运行中面临的各项风险、最可能出现的潜在失效模式，视工程具体情况，明确监测系统的重要监测项目和一般监测项目。对渠道、不同类型建筑物、不同生命期间，重要监测项目、一般监测项目是可以转化的，如复杂混凝土结构施工期或运行初期的应力应变监测属于重点监测项目，但工程运行多年后建筑物应力场已趋于稳定，应力应变监测就显得不那么重要了，可以调整为一般监测项目。对于运行中出现的危害性裂缝、失稳、渗漏等现象，也应作为当前和后续阶段运行安全监控的重要监测项目。

1. 监测设施布置要求

监测设施布置应符合下列规定，否则评价为不完备。

（1）渠道典型断面处、地形突变处、地质条件复杂处、特殊渠段，以及有交叉建筑物、穿跨（越）邻接建筑物或可能异常处，应设置变形和渗流监测断面。

（2）不同建筑物类型结合处、不同结构段接缝处、已出现结构性裂缝处，应设置接（裂）缝监测。

（3）地下水位较高的隧洞或存在内水外渗可能的隧洞、倒虹吸、暗涵等建筑物应设置渗水压力监测项目。

（4）隧洞不良地质条件洞段，应设置围岩压力、围岩锚固力及支护结构的应力应变监测仪器。

（5）在渡槽、倒虹吸、暗涵（渠）、箱涵等大型混凝土结构受拉区、可能产生裂缝部位和裂缝可能扩展处，应设置应力应变监测仪器，预应力结构工程应设置预应力监测仪器。

2. 监测系统完备性评价标准

监测系统完备性评价宜以渠段、单体建筑物及其他相关建筑和设备为单位进行评价。监测系统完备性的评价标准应符合下列规定：

（1）重要监测项目无缺项，重要监测项目和一般监测项目布置均合理，评价为合格。

（2）重要监测项目缺项，或重要监测项目不缺项但其布置不合理，评价为不合格。

（3）其他不属于（1）、（2）的情形，评价为基本合格。

4.3.2 工程实例

以河南分公司辉县管理处为例，开展监测设施完备性评价。

4.3.2.1 安全监测布置

1. 渠道

辉县管理处辖区渠堤安全监测包括 26 个重点渠道监测断面和 172 个一般渠道监测断面。在断面布设渗压计、沉降仪、两点位移计、测斜管和沉降标点等监测设施对渠道渗流及变形进行监测。辉县段工程重点监测断面渠道类型和特性见表 4.3-1。另外，在渠道范围内，每隔 100~200m 布设 1 个沉降观测断面，在断面上布设沉降标点对渠堤沉降进行监测。

表 4.3-1 　　　　　　　　辉县段工程重点监测断面渠道类型和特性统计表

序号	桩　号	渠道类型	特　性
1	Ⅳ70+600	挖方渠段	卵石换填渠段
2	Ⅳ71+813.6	挖方渠段	卵石换填渠段
3	Ⅳ76+304	半挖半填渠段	中等湿陷性黄土渠段
4	Ⅳ79+238	填方渠段	中等湿陷性黄土渠段
5	Ⅳ81+813.6	挖方渠段	卵石换填渠段
6	Ⅳ82+713.6	挖方渠段	卵石换填渠段
7	Ⅳ83+613.6	半挖半填渠段	卵石换填渠段
8	Ⅳ84+492	挖方渠段	湿陷性黄土渠段

序号	桩 号	渠道类型	特 性
9	Ⅳ86+882	挖方渠段	湿陷性黄土渠段
10	Ⅳ93+280	半挖半填渠段	液化砂层渠段
11	Ⅳ93+450	半挖半填渠段	液化砂层渠段
12	Ⅳ100+165	深挖方渠段	挖深大于12.5m、膨胀岩（土）渠段
13	Ⅳ101+900	深挖方渠段	挖深大于17m
14	Ⅳ102+855	深挖方渠段	挖深大于33m
15	Ⅳ103+800	深挖方渠段	湿陷性黄土渠段
16	Ⅳ104+292	挖方渠段	膨胀岩（土）、湿陷性黄土渠段
17	Ⅳ104+800	挖方渠段	膨胀岩（土）、高地下水
18	Ⅳ105+000	挖方渠段	膨胀岩（土）、高地下水
19	Ⅳ105+443	深挖方渠段	挖深大于23m、膨胀岩（土）渠段
20	Ⅳ106+200	深挖方渠段	挖深大于25m
21	Ⅳ107+662	深挖方渠段	挖深大于17m、膨胀岩（土）渠段
22	Ⅳ108+986	深挖方渠段	挖深大于15m、膨胀岩（土）渠段
23	Ⅳ110+772	挖方渠段	膨胀岩（土）渠段
24	Ⅳ111+870	挖方渠段	膨胀岩（土）渠段
25	Ⅳ113+797	挖方渠段	膨胀岩（土）渠段
26	Ⅳ115+388	挖方渠段	湿陷性黄土渠段

高填方渠段埋设沉降仪2套，渗压计7支，沉降标点40个。半挖半填渠段埋设测斜管2根，渗压计13支，沉降仪4套，沉降标点136个。挖方渠段埋设测斜管26根，沉降标点516个，沉降仪4套，两点位移计32个，渗压计93个。

2. 大型河渠交叉建筑物

辉县段共有11座输水建筑，其监测项目主要包括：表面垂直位移、内部表面垂直位移、内部直位移（沉降仪）、内部水平测斜直位移（沉降仪）、内部水平测斜接缝变形（位错计）、接缝变形（位错计）、渗流（压计）、土压力、钢筋应变等。输水建筑物各安全监测项目监测仪器数量详见表4.3-2。

表4.3-2　　　　输水建筑物各安全监测项目监测仪器数量

建筑物名称	监测项目	仪器数量
峪河暗渠	渗流监测	渗压计28支
	应力应变监测	土压力计16支、钢弦式钢筋计34支、钢弦式应变计24支、钢弦式无应力计8支
	变形监测	钢弦式多点位移计8支（套）、钢弦式测缝计8支、垂直位移测点26个
刘店干河暗渠	渗流监测	渗压计28支

建筑物名称	监测项目	仪器数量
刘店干河暗渠	应力应变监测	土压力计 12 支、钢弦式钢筋计 34 支、钢弦式无应力计 8 支、钢弦式应变计 24 支
	变形监测	钢弦式多点位移计 4 支（套）、钢弦式测缝计 8 支、垂直位移测点 24 个
东河暗渠	渗流监测	渗压计 24 支
	应力应变监测	土压力计 10 支、钢弦式钢筋计 50 支、钢弦式无应力计 8 支、钢弦式应变计 34 支
	变形监测	钢弦式多点位移计 3 套、钢弦式测缝计 8 支、垂直位移测点 26 个
午峪河渠道倒虹吸	渗流监测	渗压计 36 支
	应力应变监测	土压力计 26 支、钢弦式钢筋计 62 支、钢弦式无应力计 8 支、钢弦式应变计 38 支
	变形监测	钢弦式多点位移计 8 套、钢弦式测缝计 32 支、垂直位移测点 32 个
早生河渠道倒虹吸	渗流监测	渗压计 36 支
	应力应变监测	土压力计 26 支、钢弦式钢筋计 61 支、钢弦式无应力计 8 支、钢弦式应变计 38 支
	变形监测	钢弦式多点位移计 2 套、钢弦式测缝计 32 支、垂直位移测点 32 个
小凹沟渠道倒虹吸	渗流监测	渗压计 29 支
	应力应变监测	土压力计 29 支、钢弦式钢筋计 60 支、钢弦式无应力计 42 支、钢弦式应变计 42 支
	变形监测	钢弦式多点位移计 6 支（套）、钢弦式测缝计 12 支、垂直位移测点 20 个
王村河渠道倒虹吸	渗流监测	渗压计 36 支
	应力应变监测	土压力计 30 支、钢弦式钢筋计 62 支、钢弦式无应力计 8 支、钢弦式应变计 38 支
	变形监测	钢弦式多点位移计 6 支（套）、钢弦式测缝计 32 支、垂直位移测点 32 个
黄水河倒虹吸	渗流监测	渗压计 32 支
	应力应变监测	土压力计 26 支、钢弦式钢筋计 62 支、钢弦式应变计 38 支、钢弦式无应力计 8 支
	变形监测	钢弦式多点位移计 10 支（套）、钢弦式测缝计 32 支、垂直位移测点 32 个
黄水河支渠渠道倒虹吸	渗流监测	渗压计 42 支
	应力应变监测	土压力计 28 支、钢弦式钢筋计 62 支、钢弦式应变计 38 支、钢弦式无应力计 8 支
	变形监测	钢弦式多点位移计 4 支（套）、钢弦式测缝计 32 支、垂直位移测点 41 个
小蒲河渠道倒虹吸	渗流监测	渗压计 36 支
	应力应变监测	土压力计 36 支、钢弦式钢筋计 62 支、钢弦式无应力计 8 支、钢弦式应变计 38 支

建筑物名称	监测项目	仪 器 数 量
小蒲河渠道倒虹吸	变形监测	钢弦式多点位移计 8 支（套）、钢弦式测缝计 32 支、垂直位移测点 32 个
孟坟河渠道倒虹吸	渗流监测	渗压计 42 支
	应力应变监测	土压力计 28 支、钢弦式钢筋计 62 支、钢弦式无应力计 8 支、钢弦式应变计 38 支
	变形监测	钢弦式多点位移计 6 支（套）、钢弦式测缝计 28 支、垂直位移测点 32 个

3．左岸排水建筑物和渠渠交叉建筑物

14 座左岸排水建筑物和 2 座渠渠交叉建筑物主要布置有渗压计 28 支、沉降标点 292 个、工作基点 35 个。

4．控制性建筑物

控制性建筑物包括郭屯分水口门与路固分水口，布置有沉降标点 12 个、渗压计 2 支。

5．石门河段

石门河渠道倒虹吸安全监测布设了以下监测断面：进、出口渐变段，进、出口闸室，管身段（2 号、13 号、40 号和 68 号管节）等部位，布置渗压计 44 支、测缝计 8 支、垂直位移测点 30 个、单向应变计 44 支、钢筋计 86 支、无应力计 14 支、应变计 6 支、三点位移计 15 套、土压力计 44 支。

4.3.2.2 安全监测观测频次

根据《南水北调东、中线一期工程运行安全监测技术要求》进行内外观仪器观测，观测频次见表 4.3-3。

表 4.3-3   通水运行期间安全监测观测频次一览表

序号	仪 器 名 称	观 测 频 次	序号	仪 器 名 称	观 测 频 次
1	渗压计	1 次/周，异常部位加密	5	测斜管	1 次/15 天
2	土压力计	1 次/周	6	垂直位移测点	1 次/月
3	应力应变等内观仪器	1 次/周	7	水平位移测点	1 次/月
4	位移计、测缝计等	1 次/周			

2018 年 8 月 20 日，南水北调中线建管局在北京组织召开安全监测系统优化调整原则讨论会，就安全监测系统优化调整原则进行了讨论，对监测设施、观测频次进行优化调整。

优化后观测频次如下：

（1）接入自动化的内观仪器人工观测频次为 1 次/季度。

（2）未接入自动化系统的内观仪器，渗压计观测频次为 1 次/周，应变计和无应力计的观测频次为 1 次/2 个月。

（3）可靠性评价为封存停测的内观仪器人工观测频次为 1 次/半年，用于数据比对。

（4）总干渠渠道和输水建筑物（含退水闸）表面变形监测设施观测频次为 1 次/2 个

月；其他建筑物表面变形监测设施观测频次 1 次/季度；沉降超限渠段测点（含临时测点）表面变形监测设施观测频次为 2 次/月。

（5）测斜管监测频次为 1 次/月。

（6）长期有水的测压管监测频次为 1 次/周；长期无水的测压管监测频次为 1 次/季度，强降雨或持续性降雨后应及时观测。

（7）外观数据采集由外观单位中国电建集团北京勘测设计研究院有限公司承担，采集频次为渠道、输水建筑物 1 次/2 个月、左排建筑物 1 次/3 个月。

（8）安全监测自动化系统数据采集频次为 1 次/天，数据传输基本正常，偶有延时上传情况。

4.3.2.3 监测资料整编分析

南水北调中线工程全线监测资料整编分析工作方式一致，管理处和外观观测单位分别负责内外观监测资料分析，中水东北勘测设计研究有限责任公司提供指导咨询。

工作流程如下：

（1）外观数据采集完成后由外观服务单位进行整编分析，编制监测月报，完成后交管理处进行审核。内观数据采集完成后由管理处进行整编分析，综合外观观测成果，编制监测月报。

（2）每月由咨询标技术人员对管理处编写的安全监测月报从格式的规范性、内容的完整性和分析方法与结论的正确性等方面进行审核，向管理处提出反馈意见供其修改完善，并对修改后的月报进行二次审核。

（3）咨询标每月梳理汇总各管理处安全监测月报中的主要成果，以分局为单元编制月监测咨询工作简报，每年编制 12 期，主要内容包括评价本月各管理处工程安全巡查、安全监测、异常分析、问题查改等工作开展情况，总结开展的安全监测咨询服务工作，以及监测成果反映的工程运行安全状况等。

（4）咨询标结合日常咨询服务过程中开展的安全监测月报审核、异常问题判识处置、现场检查和问题查改等工作所取得的成果，开展年度安全监测报告编写工作，以分局为编制单元分别完成相应的年度安全监测报告，最终汇总完成沿线的年度安全监测报告。

4.3.2.4 监测设施完备性评价

辉县管理处现有监测项目在渠道典型断面处、地质条件复杂处、特殊渠段以及有交叉建筑物、穿跨（越）邻接建筑物或可能异常处，设置有变形和渗流监测断面。不同建筑物类型结合处、不同结构段接缝处设置有接（裂）缝监测。地下水位较高的渠段设置了渗水压力监测项目。倒虹吸、暗渠等大型混凝土结构受拉区、可能产生裂缝部位和裂缝可能扩展处，设置了应力应变监测仪器。监测设施布置能监视建筑物和渠道的运行状况或安全运行程度，并进行预报，一旦发生异常现象及时采取补救措施。

各监测断面的布置结合工程具体条件，既能较全面地反映工程的运行状态，又能突出重点。除关键部位或重要监控项目外，不对同一部位或同一项目布置多种监测仪器的布置方式合适，重要监测项目无缺项，重要监测项目和一般监测项目布置均合理。除去已报废和封存的监测仪器，现阶段仪器布置不存在重要监测项目缺项问题，正常工作的监测设施完备性满足工程安全监测要求。

各类监测项目观测频次满足运行管理要求，监测资料由专业人员按规范要求及时整编分析。

综上所述，南水北调中线工程辉县段安全监测设施完备性评价为合格。

4.4 监测资料分析

4.4.1 监测资料分析主要内容

监测资料分析分为初步分析和系统分析。初步分析是在对监测资料进行整理整编后，采用历时过程线、分布图、相关图及特征值比较等对监测资料的合理性进行检查与分析。系统分析是在初步分析的基础上，采用多种方法进行定性、定量以及综合性的正反分析，并对工程性态作出评价。

在对监测资料进行初步分析时，应对由于测量因素（包括仪器故障、人工测读及输入错误等）产生的异常测值进行处理（删除或修订），以保证监测资料分析的有效性及可靠性。处理异常测值时，要特别注意不能简单地将异常值删除，应综合分析当时的环境量、相邻仪器测值大小及变化趋势，确定是测读或录入错误后才能删除。

每座工程、每个建筑物都有自身受力特性和运行特点，其警戒值一般由设计单位根据计算分析成果进行初步拟定，然后通过运行期验证、监测资料的延长分析进行修正。根据《南水北调中线工程安全鉴定管理办法（试行）》（Q/NSBDZX 409.35），每年都要对安全监测资料进行年度分析，因此，安全鉴定阶段监测资料分析的基础应对历年监测年度报告进行系统分析，重点关注报告中提到的测值异常的仪器，分析其变化规律和发展趋势。

1. 监测资料分析方法

监测资料分析方法有比较法、作图法、特征值统计法及数学模型法等。

（1）比较法，包括监测值与技术警戒值相比较、监测物理量之间的对比、监测成果与理论或试验的成果相对照等三种。

（2）作图法，包括各监测物理量的过程线及特征原因量卜的效应量（如变形量、渗流量等）过程线图，各效应量的平面或剖面分布图，以及各效应量与原因量的相关图等。由图可直观地了解和分析监测值的变化大小和规律，影响监测值的荷载因素及其对监测值的影响程度，监测值有无异常等。

（3）特征值统计法，对物理量的历年最大值和最小值（包括出现时间）、变幅、周期、年平均值及年变化趋势等进行统计分析。通过特征值的统计分析，可以看出监测物理量之间在数量变化方面是否具有一致性和合理性。

（4）数学模型法，建立效应量（如位移、渗流量等）与原因量之间的定量关系，可分为统计模型、确定性模型、混合模型及数值模型。使用数学模型法做定量分析时，应同时用其他方法进行定性分析，加以验证。当监测资料系列较长时，常用统计模型。

2. 监测资料分析工作内容

监测资料分析应包括以下内容：

（1）分析历年监测年度报告资料，通过外观异常部位、变化规律和发展趋势，定性判断与工程安全的相关性，为加强仪器监测和监测数据的系统分析提供依据。

（2）分析效应量随时间的变化规律（利用监测值的过程线图或数学模型），尤其注意相同外因条件下的变化趋势和稳定性，以判断工程有无异常和向不利安全方向发展的时效作用。

（3）分析效应量在空间分布上的情况和特点（利用监测值的各种分布图或数学模型），以判断工程有无异常区和不安全部位（或层次）。

（4）分析效应量的主要影响因素及其定量关系和变化规律（利用各种相关图或数学模型），以寻求效应量异常的主要原因，考察效应量与原因量相关关系的稳定性，预测效应量的发展趋势，并判断其是否影响工程的安全运行。

（5）分析各效应监测量的特征值和异常值，并与相同条件下的设计值、试验值、模型预测值以及历年变化区间相比较。当监测效应量超出技术警戒值时，应及时对工程进行相应的安全复核或专题论证。

4.4.2　工程实例

以河南分公司辉县管理处为例，介绍监测资料分析的主要内容。由于辉县管理处辖区建筑物数量多、渠道长，本次选取典型渠段进行分析。

4.4.2.1　挖方渠段

1. 渗流监测资料分析

选取韭山段Ⅳ104+292、Ⅳ104+800、Ⅳ105+000断面进行分析，渗压计测值变化过程线如图4.4-1～图4.4-3所示。

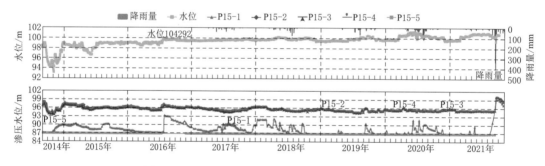

图 4.4-1　Ⅳ104+292 断面渗压计测值变化过程线

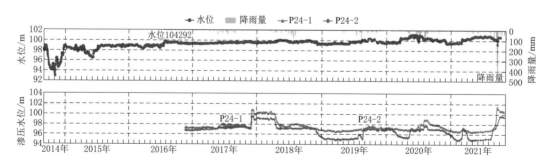

图 4.4-2　Ⅳ104+800 断面渗压计测值变化过程线

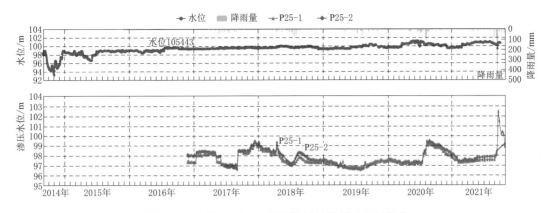

图 4.4-3 Ⅳ105+000 断面渗压计测值变化过程线

Ⅳ104+292 断面为膨胀岩土渠段，共埋设 5 支渗压计，5 支工作均正常。通水以来，渠坡和渠底测值在 100.53m（P15-1，2021 年 7 月 27 日）范围内，监测资料显示，渠底和渠坡渗流压力受降雨影响显著，各部位渗压计所测水位低于渠内水位，均在设计警戒值范围内，无异常现象。左渠坡 P15-1 测点渗流压力受降雨影响较为明显。2021 年"7·20"强降雨对渗压计测值影响显著，测值最大增长量达到 12.18m（P15-5），降雨过后测值有所减小，但相对降雨前仍然较大。左右岸渠坡水位分别维持在高于渠底板 5.9m 与 3.4m，对衬砌板抗浮影响很大。强降雨后开展的险情排查发现该断面附近衬砌面板存在不同程度损毁（Ⅳ104+375～Ⅳ104+403），主要原因在于强降雨造成渠坡地下水位的快速抬高，并且维持在较高水位。

Ⅳ104+800 断面为膨胀岩土、高地下水渠段，共埋设 2 支渗压计，2 支工作均正常。通水以来，渠坡和渠底测值在 101.42m（P24-1，2021 年 7 月 24 日）范围内，监测资料显示，渠坡渗流压力受降雨影响显著。2021 年"7·20"强降雨期间，左岸堤顶处 P24-1 测点地下水位测值高于渠道水位，超过设计警戒值范围，左岸一级马道渗压计测值与渠道水位接近，对衬砌板抗浮及边坡稳定影响较大。

Ⅳ105+000 断面为膨胀岩土、高地下水渠段，共埋设 2 支渗压计，2 支工作均正常。通水以来，渠坡和渠底测值在 102.46m（P25-1，2019 年 10 月 14 日）范围内，监测资料显示，渠坡渗流压力受降雨影响显著，2017 年 11 月所测地下水位高于渠道水位，近年来测值水位低于渠内水位，均在设计警戒值范围内，无异常现象。2021 年"7·20"强降雨对渗压计测值影响显著，最大测值超渠道水位 1.82m，渠坡水位较高，对渠坡及衬砌板稳定影响很大，需及时处理降低地下水位。

根据韭山段各断面渗压计测值绘制不同时期渠段地下水位线，如图 4.4-4～图 4.4-9 所示。2021 年"7·20"强降雨过程中，渠坡地下水位快速抬升，7 月 20—24 日，最大水位抬升 12.18m，其中Ⅳ105+000 断面渠坡地下水位已超过渠道水位，经现场巡视检查发现，初期一级马道排水孔冒水及二级坡局部点位冒水，判断局部存在承压水，对边坡稳定极为不利。高地下水位不仅使得土体容重增大，底部土体饱和后土体力学参数（黏聚力、内摩擦角）也会相应减小，使得渠坡抗滑稳定性降低。同时，根据渠道水位资料，在"7·20"

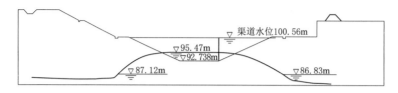

图 4.4－4　Ⅳ104＋292 断面低水位渠坡浸润线（2021 年 7 月 6 日）

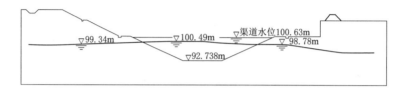

图 4.4－5　Ⅳ104＋292 断面高水位渠坡浸润线（2021 年 7 月 24 日）

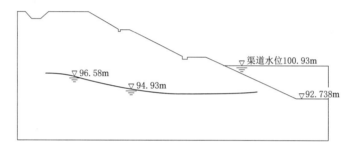

图 4.4－6　Ⅳ104＋800 断面左岸低水位渠坡浸润线（2021 年 6 月 15 日）

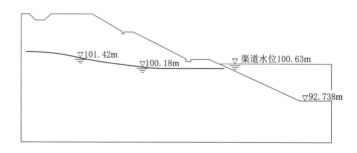

图 4.4－7　Ⅳ104＋800 断面左岸高水位渠坡浸润线（2021 年 7 月 24 日）

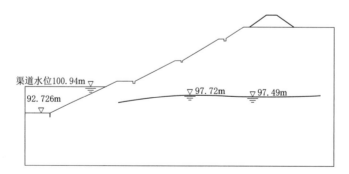

图 4.4－8　Ⅳ105＋000 断面右岸低水位渠坡浸润线（2021 年 6 月 15 日）

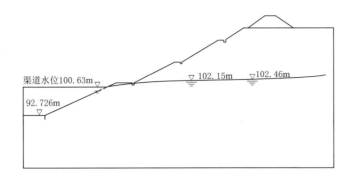

图 4.4 - 9　Ⅳ105＋000 断面右岸高水位渠坡浸润线（2021 年 7 月 24 日）

降雨期间，渠内水位发生较大变化：7 月 21 日 8 时渠道内水位为 99.98m，7 月 22 日 8 时渠道内水位为 99.14m，24h 内水位下降 0.85m，进一步降低了渠坡的抗滑稳定性。同时，地下水无法排出，持续高地下水位使得渠坡衬砌板承受的扬压力大于渠道内水压，会造成衬砌板隆起。

2. 变形监测资料分析

挖方渠段垂直位移整体性态正常，内部垂直位移基本保持稳定或随温度呈正相关周期性变化，测值整体无异常。

受 2021 年 "7·20" 降雨影响，Ⅳ103＋800 断面左岸测斜管测值当月变幅达 4.9mm，在 8 月测值变化稳定。同样受降雨影响的 Ⅳ104＋292 断面左岸、Ⅳ107＋662 断面左岸，当月变幅分别达 7.59mm、11.58mm，变幅较大，需加强观测。其余断面测值正常，符合一般变化规律。测斜管位移变化过程线如图 4.4 - 10～图 4.4 - 12 所示。

针对 Ⅳ103＋800 断面左岸、Ⅳ104＋292 断面左岸、Ⅳ107＋662 断面左岸测斜管位移最大部位进行统计分析。由渠坡水平位移时空分析可知，渠坡水平位移受水压、降雨、温度和时效等因素的影响。因此，将渠坡内部位移由水压分量、降雨分量、温度分量和时效分量等组成，即

$$\delta = \delta_H + \delta_P + \delta_T + \delta_\theta \tag{4.4-1}$$

（1）水压分量。在水压荷载作用下，渠坡产生位移，并结合土石坝坝坡实际情况，渠坡位移主要与上游水深的一次方、二次方和三次方有关，即

$$\delta_H = \sum_{i=1}^{3} a_i (H^i - H_0^i) \tag{4.4-2}$$

式中：a_i 为水压分量的回归系数；H 为监测日上游水深；H_0 为起测日上游水深。

（2）降雨分量。降雨对渠坡位移变化有一定影响，降雨对渠坡位移的变化影响有一定的滞后现象。因此，降雨分量表达式取为

$$\delta_P = \sum_{i=1}^{6} b_i P_i \tag{4.4-3}$$

式中：P_i 为监测日当天、前 1 天、前 2～3 天、前 4～7 天、前 8～15 天、前 16～30 天的上游平均水位（$i = 1 \sim 6$）；b_i 为降雨分量因子回归系数（$i = 1 \sim 6$）。

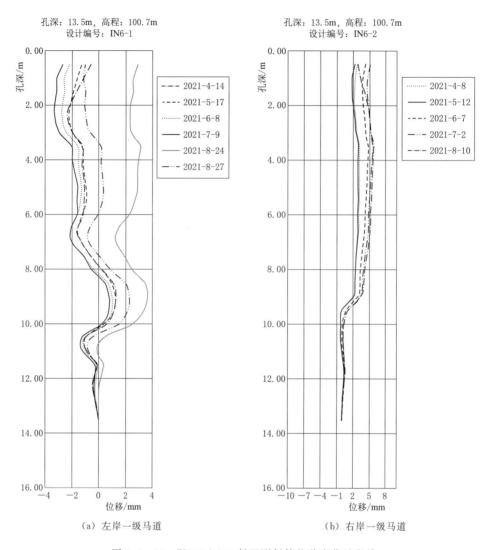

图 4.4 - 10 Ⅳ103＋800 断面测斜管位移变化过程线

（3）温度分量。温度变化引起土体的线胀变化，这一变化一般呈周期性，南水北调中线干线工程已运行多年，渠坡温度场主要受气温变化的影响，故选用周期项因子模拟渠坡温度场的变化，即渠坡内任一点的温度变化用周期函数表示，表达式为

$$\delta_T = \sum_{i=1}^{2} c_{1i}\left(\sin\frac{2\pi it}{365} - \sin\frac{2\pi it_0}{365}\right) + c_{2i}\left(\cos\frac{2\pi it}{365} - \cos\frac{2\pi it_0}{365}\right) \qquad (4.4-4)$$

式中：t 为自监测日至起测日累计天数；t_0 为自监测时段第一天至起测日累计天数；c_{1i}、c_{2i} 为温度因子回归系数。

（4）时效分量。渠坡产生时效变形的原因极为复杂，它综合反映材料的蠕变以及地质构造的压缩变形等，水平位移时效分量采用如下函数：

$$\delta_\theta = d_1(\theta - \theta_0) + d_2(\ln\theta - \ln\theta_0) \qquad (4.4-5)$$

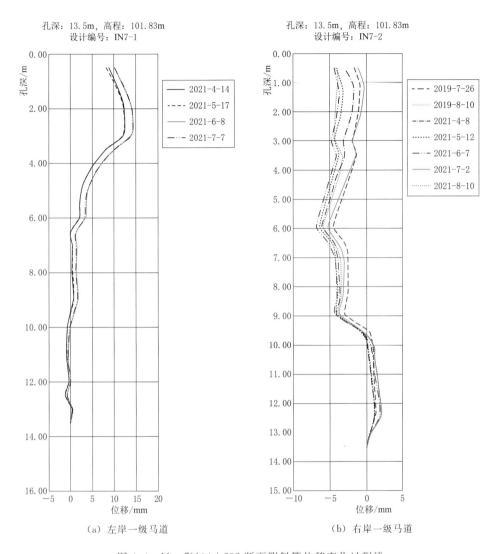

（a）左岸一级马道   （b）右岸一级马道

图 4.4 - 11 Ⅳ104＋292 断面测斜管位移变化过程线

式中：θ 为自监测日至起测日累计天数除以 100；θ_0 为自监测时段第一天至起测日累计天数除以 100。

综上所述，考虑初始值的影响，得到内部水平位移的统计模型：

$$\delta = a_0 + \sum_{i=1}^{3} a_i (H^i - H_0^i) + \sum_{i=1}^{6} b_i P_i + \sum_{i=1}^{2} c_{1i} \left(\sin \frac{2\pi it}{365} - \sin \frac{2\pi it_0}{365} \right)$$

$$+ c_{2i} \left(\cos \frac{2\pi it}{365} - \cos \frac{2\pi it_0}{365} \right) + d_1 (\theta - \theta_0) + d_2 (\ln\theta - \ln\theta_0) \qquad (4.4 - 6)$$

式中：a_0 为常数项，其余符号意义同式（4.4 - 2）～式（4.4 - 5）。

各测点统计模型复相关系数 R 和剩余标准差 S 见表 4.4 - 1，只有Ⅳ102＋944 左岸测点复相关系数大于 0.85，Ⅳ103＋065 右岸与Ⅳ107＋662 左岸测点复相关系数位于 0.6～

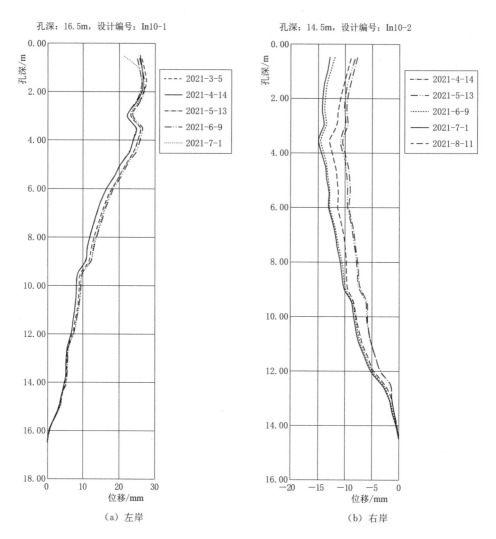

图 4.4 - 12　Ⅳ107＋662 断面测斜管位移变化过程线

0.85 之间。模型因素影响分量统计分析结果见表 4.4 - 2，可以看出，Ⅳ103＋065、Ⅳ102＋944 断面最大位移处于渠坡较深部位，其位移受到水位与土体内部温度影响。Ⅳ107＋662 左岸断面最大位移处于孔口，其位移受到降雨影响较大。

表 4.4 - 1　　　　　　　　　　　　　统计模型 *R*、*S* 一览表

测 点	R	S	测 点	R	S
Ⅳ102＋944 左岸	0.89	1.14	Ⅳ103＋800 左岸	0.45	1.02
Ⅳ102＋944 右岸	0.58	3.35	Ⅳ104＋292 左岸	0.54	1.21
Ⅳ103＋065 左岸	0.51	6.21	Ⅳ107＋662 左岸	0.72	1.97
Ⅳ103＋065 右岸	0.79	1.91			

表 4.4-2 模型因素影响分量统计分析结果

测 点	水压/%	温度/%	降雨/%	时效/%
Ⅳ103+065	35.82	39.46	16.38	8.35
Ⅳ107+662	12.04	0	46.74	41.22

4.4.2.2 半挖半填渠段

1. 渗流监测资料分析

半挖半填段各处渗压计测值基本稳定,与渠道水位及降雨无明显相关性。各部位渗压计所测水位低于渠内水位,均在设计警戒值范围内,无异常现象。典型断面渗压计测值变化过程线如图 4.4-13 所示。

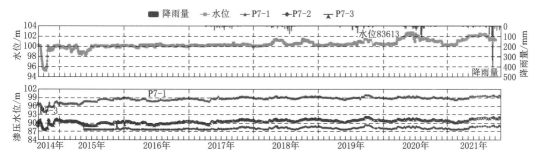

图 4.4-13 Ⅳ83+613.6 断面渗压计测值变化过程线

2. 变形观测资料分析

Ⅳ66+856.58~Ⅳ79+150 渠段,共计 127 个垂直位移测点。变形量区间为-3.5mm(EM-90)~2.1mm(EM-122),127 个点的平均变形量为-1.4mm。累计变形量区间为-10.5mm(EM-02)~45.2mm(EM-122),加大流量输水期间沉降测值无明显异常。通过典型测点的过程线图可以发现该渠段部分测点(EM-117~EM-122)存在下沉的趋势(图 4.4-14),目前尚未变形稳定,需加强关注。分别计算各测点月平均沉降速率,结果见表 4.4-3,可以看出,近年来沉降的月变化率逐年减小,表明沉降虽未稳定,但变化趋势逐渐减小。

表 4.4-3 沉降速率计算成果表

年份	变 量	EM-117	EM-118	EM-119	EM-120	EM-121	EM-122
2016	年变幅/mm	4.22	5.52	4.07	3.14	3.93	10.79
	月变化率	0.35	0.46	0.34	0.26	0.33	0.90
2017	年变幅/mm	0.70	2.20	-4.50	3.10	1.30	3.70
	月变化率	0.06	0.18	-0.38	0.26	0.11	0.31
2018	年变幅/mm	1.03	1.27	-0.33	1.93	2.23	2.27
	月变化率	0.09	0.11	-0.03	0.16	0.19	0.19
2019	年变幅/mm	6.99	4.56	8.13	9.14	10.51	9.78
	月变化率	0.58	0.38	0.68	0.76	0.88	0.82

续表

年份	变 量	EM-117	EM-118	EM-119	EM-120	EM-121	EM-122
2020	年变幅/mm	4.58	−0.25	−0.81	4.16	6.29	3.21
	月变化率	0.38	−0.02	−0.07	0.35	0.52	0.27

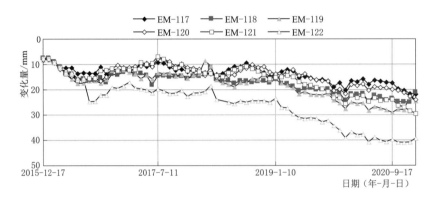

图 4.4-14　Ⅳ66+856.58～Ⅳ79+150 渠段 EM-117～EM-122 测点变形过程线

针对该渠段的变化趋势建立统计模型分析。各测点统计模型复相关系数 R 和剩余标准差 S 见表 4.4-4，可见统计模型的复相关系数 R 均大于 0.85。模型因素影响分量统计分析结果见表 4.4-5，可以看出，各测点测值主要受到温度与时效的影响，受降雨与渠道水位影响小。

表 4.4-4　　　　　　　　　　　统计模型 R、S 一览表

测 点	R	S	测 点	R	S
EM-117	0.95	1.09	EM-120	0.94	1.42
EM-118	0.96	1.09	EM-121	0.98	1.38
EM-119	0.96	1.65	EM-122	0.98	1.47

表 4.4-5　　　　　　　　　模型因素影响分量统计分析结果

测 点	水压/%	温度/%	降雨/%	时效/%
EM-117	0	60.98	1.12	37.90
EM-118	0	36.57	3.50	59.94
EM-119	18.48	35.52	4.59	41.41
EM-120	0	54.21	5.33	40.46
EM-121	10.33	36.33	4.09	49.36
EM-122	0	31.84	6.04	62.12

4.4.2.3　填方渠段

1. 渗流监测资料分析

填方渠段Ⅳ79+238 断面共埋设 7 支渗压计，现有 3 支正常工作，均位于底板下。监

测成果表明，通水以来，渠道底板基础渗压计测值与渠道水位相关性明显，存在内水外渗现象，渗压水位低于渠道水位，加大流量输水期间渗压计测值无明显异常。典型断面渗压计测值变化过程线如图 4.4-15 所示。建议加强现场巡视检查，密切关注渠道外坡是否存在渗水现象。

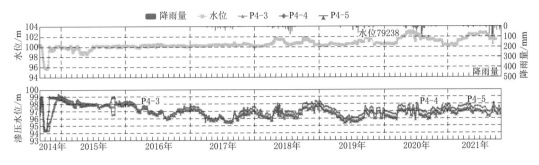

图 4.4-15　Ⅳ79+238 断面渗压计测值变化过程线

2. 变形监测资料分析

高填方Ⅳ79+150～Ⅳ79+700 渠段沉降测点测值变化过程线如图 4.4-16 所示。高填方Ⅳ79+150～Ⅳ79+700 渠段共计布设 16 个测点。通过监测成果分析，高填方Ⅳ79+150～Ⅳ79+700 渠段测点最大下沉量为 4.1mm，发生在 EM-134，平均下沉速率为 0.121mm/d。截至 2021 年 6 月，该监测渠段的累计沉降量为 26.2～75.2mm，最大累计沉降量发生在 EM-133 测点，已接近设计警戒值（78mm），平均下沉速率为 0.113mm/d。通过典型测点的过程线图可以发现高填方段一直处于下沉的状态。

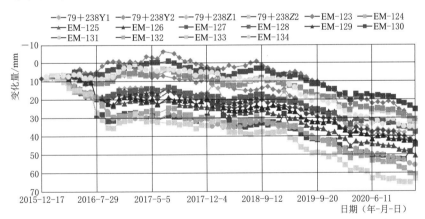

图 4.4-16　高填方Ⅳ79+150～Ⅳ79+700 渠段沉降测点测值变化过程线

针对该渠段的变化趋势建立统计模型分析。各测点统计模型复相关系数 R 和剩余标准差 S 见表 4.4-6，可见统计模型的复相关系数 R 均大于 0.85。模型因素影响分量统计分析结果见表 4.4-7，可以看出，高填方渠段各测点测值最主要受时效因素影响，表明变形尚未稳定。

表 4.4－6　　　　　　　　　　　统计模型 *R*、*S* 一览表

测　点	R	S	测　点	R	S
EM－123	0.98	1.86	EM－131	0.97	2.06
EM－124	0.97	1.87	EM－132	0.98	2.44
EM－125	0.97	1.75	EM－133	0.98	2.26
EM－126	0.98	1.74	EM－134	0.98	2.15
EM－127	0.97	1.73	79＋238Y1	0.98	2.13
EM－128	0.98	1.59	79＋238Y2	0.99	2.16
EM－129	0.98	1.72	79＋238Z1	0.97	2.11
EM－130	0.98	2.09	79＋238Z2	0.97	2.07

表 4.4－7　　　　　　　　　　模型因素影响分量统计分析结果

测　点	水压/％	温度/％	降雨/％	时效/％
EM－123	28.38	16.13	16.69	38.80
EM－124	29.48	9.63	0	60.89
EM－125	29.19	0	10.50	60.31
EM－126	20.96	11.52	1.04	66.48
EM－127	36.95	8.58	0	54.47
EM－128	34.78	10.07	1.00	54.15
EM－129	21.13	13.74	8.81	56.32
EM－130	29.65	3.15	12.70	33.86
EM－131	22.49	24.04	12.23	41.24
EM－132	21.11	22.97	4.44	51.48
EM－133	28.35	11.12	10.34	50.19
EM－134	28.86	12.34	4.49	54.31
79＋238Y1	24.41	31.72	3.47	40.41
79＋238Y2	31.09	14.37	4.51	50.03
79＋238Z1	29.15	23.23	0.89	46.73
79＋238Z2	21.24	22.54	6.20	50.01

4.4.2.4　黄水河支渠倒虹吸

1. 渗流监测资料分析

黄水河支渠倒虹吸各处渗压计测值基本稳定，与渠道水位无明显相关性。各部位渗压计所测水位低于渠内水位，均在设计警戒值范围内，无异常现象。Pj－2、Pj－4、Pc－8 测点测值受地下水影响，呈现周期性变化，测值较小，基底扬压力基本较小，渗压计测值变化过程线如图 4.4－17 所示。其余测点基本处于无水状态，测值较小，无明显异常变化。

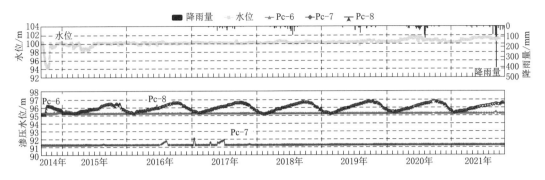

图 4.4-17　黄水河支渠倒虹吸出口闸渗压计测值变化过程线

2. 变形监测资料分析

黄水河支渠倒虹吸段安装 32 支测缝计，测值无异常，通水期间，倒虹吸两连接缝之间、闸室与管节接缝、管节接缝之间变形整体较小，主要随温度小幅变化，均在设计允许值（闭合为 12mm，张开为 30mm）范围内。

黄水河支渠倒虹吸段安装 4 套三点位移计，通水期间测值较稳定，主要随温度变化而变化。各三点位移计内部垂直位移均不大，在设计允许值（测点沉降量为 5cm，相对沉降差为 3cm）范围内变化，渠道倒虹吸各三点位移计实测内部垂直位移性态正常。

黄水河支渠倒虹吸共设有 41 个表面垂直位移测点，进口段测值无异常变化，出口段测点的变化量在 -0.8~0.1mm 之间，最大上抬量为 0.8mm，发生在闸室段 LDc-4 测点，最大沉降量为 0.1mm，发生在渐变段 LDc-14 测点和 LDc-16 测点。累计变化量在 41.3~62.1mm 之间，最大累计沉降量已超过警戒值（50mm）。最近一个月平均上抬速率为 0.003mm/d。黄水河支渠倒虹吸出口段为换填段，通过数据对比发现，出口段在 2019 年 6 月之前沉降基本稳定，随后虽然每期的沉降量不大，但一直呈现下沉的趋势（图 4.4-18），各测点平均沉降速率为 0.68~0.75mm/月，沉降速率基本相同，没有发生不均匀沉降，但建筑物通水运行 7 年沉降尚未收敛，需加强观测。

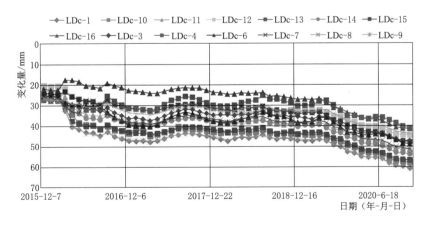

图 4.4-18　黄水河支渠倒虹吸出口沉降测点变形过程线

针对倒虹吸出口段的变化趋势建立统计模型分析。各测点统计模型复相关系数 R 和剩余标准差 S 见表 4.4-8，可见统计模型的复相关系数 R 均大于 0.85。模型因素影响分量统计分析结果见表 4.4-9，可以看出，各测点沉降变化主要受渠道水位、温度与时效影响，其中时效影响最为显著，表明变形尚未稳定。

表 4.4-8　　　　　　　　　　　　统计模型 R、S 一览表

测　点	R	S	测　点	R	S
LDc-1	0.96	1.53	LDc-10	0.96	1.60
LDc-3	0.97	1.20	LDc-11	0.96	1.50
LDc-4	0.96	1.35	LDc-12	0.95	1.46
LDc-6	0.96	1.32	LDc-13	0.96	1.49
LDc-7	0.96	1.50	LDc-14	0.97	1.48
LDc-8	0.96	1.26	LDc-15	0.98	1.37
LDc-9	0.96	1.58	LDc-16	0.98	1.22

表 4.4-9　　　　　　　　　　　　模型因素影响分量统计分析结果

测　点	水压/%	温度/%	降雨/%	时效/%
LDc-1	30.47	22.59	9.92	37.02
LDc-3	30.02	26.45	0	43.53
LDc-4	30.17	34.09	8.94	26.80
LDc-6	29.21	34.59	8.34	27.86
LDc-7	30.76	21.42	10.36	37.46
LDc-8	29.76	18.94	24.73	26.57
LDc-9	27.84	21.92	12.31	37.93
LDc-10	30.06	17.75	0	52.18
LDc-11	32.59	17.97	0	49.44
LDc-12	22.44	18.31	5.34	53.91
LDc-13	30.30	24.86	11.30	33.54
LDc-14	26.75	24.40	10.32	38.52
LDc-15	25.88	22.51	11.25	40.35
LDc-16	24.95	19.33	0	55.72

3. 应力应变监测资料分析

黄水河支渠倒虹吸进口 Rj-2 测点最新监测数据显示测值小于设计初判指标，但从监测序列看，只有最新测得的数据过小，其余数据正常，可判定为测量误差，但需持续关注后续变化情况。其余钢筋计、应力计、无应力计测点历年钢筋应力变化规律合理，测值均在设计初判指标（135MPa）范围内，未发现异常变化趋势（图 4.4-19）。

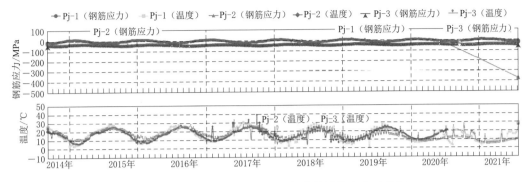

图 4.4 - 19 黄水河支渠倒虹吸钢筋计测值变化过程线

4.5 基于安全监测资料分析的工程安全性态评估

4.5.1 工程安全性态评估主要内容

工程安全性态评估在监测资料系统分析的基础上,综合工程结构和基础的变形稳定性和协调性、防渗系统可靠性、整体稳定、应力应变及温度、结构与其他建筑物的连接部位的变形及渗流稳定性进行分析。

安全监测资料分析应作出明确结论:

(1) 结构变形是否符合一般规律和趋于稳定;渗流场是否稳定,渠道浸润线(面)及控制和输水建筑物的基底扬压力是否正常;混凝土结构应力(压力)、应变是否小于规范或设计允许值。在此基础上,综合评价工程安全性态。

(2) 巡视检查或监测资料应反映工程安全性态异常的部位、性质、特征和出现的时间、运行条件,以及异常情况的处理情况与效果。

(3) 根据监测工作中存在的问题,对监测设备、方法、测次等提出改进意见。

(4) 根据监测资料分析结果,指出可能影响结构安全的潜在隐患与原因,并针对性提出改善工程运行管理、养护维修或加固的建议。

根据监测资料分析结果对建筑物安全性态进行评估应遵循下列原则:

(1) 当所有监测资料变化规律正常,测值在经验值及规范、设计、试验规定的允许值内,运行过程中无异常情况时,可认为结构安全性态正常。

(2) 当局部监测资料存在趋势性变化现象,但测值仍在警戒值或经验值及规范、设计、试验规定的允许值以内时,可认为结构安全性态基本正常。

(3) 当监测资料有向结构安全不利方向发展的明显趋势性变化,或测值发生突变,超出警戒值或经验值及规范、设计、试验规定的允许值时,可认为结构安全性态异常。

监测资料分析主要是根据监测资料的上述分析成果,对输水渠道、建筑物等当前的工作状态(包括整体安全性和局部存在问题)作出评估。分析内容除工程情况、仪器安装埋设、监测和巡查工作情况说明、巡查的主要成果、资料分析的主要内容和结论外,还应包括以下各项：

（1）对安全监测系统工作状态的分析评价。

（2）运行以来，工程出现问题的部位、性质和发现的时间、处理情况和效果的说明。

（3）根据监测资料的分析和巡视检查找出潜在的安全隐患，并提出改善工程运行管理、养护维修或加固的意见和措施。

（4）根据监测工作中存在的问题，应对监测设备、方法、精度、测次以及监测系统完善等提出改进意见。

4.5.2　工程实例

以河南分公司辉县管理处为例，基于监测设施可靠性、完备性的评价以及监测资料分析结果开展工程安全性态评价[27]。

1. 挖方渠段工程性态

挖方渠段Ⅳ103＋800～Ⅳ115＋387渠段渗压计测值受降雨影响显著，但测值低于渠道水位。2021年"7·20"强降雨期间，Ⅳ104＋292断面测值最大增长量达到12.18m，降雨过后测值有所减小，但相对降雨前仍然较大。Ⅳ105＋000断面测值超过渠道水位3.26m，已超过渗压计测值警戒值，渠坡水位过高，对边坡稳定影响较大，易造成渠坡滑坡，同时渠坡高水位也会造成渠道衬砌板隆起。两个监测断面处于2016年7月9日强降雨导致的塌陷区附近，为新增监测断面，从监测数据看，该区域仍然属于高风险区。

挖方渠段垂直位移整体性态正常，内部垂直位移基本保持稳定或随温度呈正相关周期性变化，测值整体无异常。韭山段Ⅳ104＋836渠道左岸二级马道测点近一年变幅增大。2021年"7·20"强降雨造成多点位移计测值扰动，各点测值均出现增大，表明降雨造成渠坡内部位移量增大，需谨防滑坡出现。

挖方段典型断面测斜管水平位移不大，Ⅳ106＋200断面右岸虽然测值相对较大，但测值较为稳定，两岸边坡整体变形基本稳定，无明显趋势性变化。Ⅳ101＋900断面测斜管测值显示边坡整体位移量不大，但右岸测斜管测值有明显增大的趋势，测值尚不超过设计允许值。受2021年"7·20"强降雨影响，Ⅳ103＋800、Ⅳ104＋292、Ⅳ107＋662断面测斜管测值出现较大增幅，同时考虑到附近渗流监测断面的高水位测值，该渠段存在滑坡变形风险。

挖方渠段韭山桥附近渠坡结构安全性态异常，其余渠段结构安全性态正常。

2. 半挖半填渠段工程性态

半挖半填渠段各断面渗压计测值与降雨无明显相关性，各部位渗压计所测水位低于渠内水位，均在设计警戒值范围内。渠道底部地下水位较低，对渠坡衬砌板影响较小。

Ⅳ66＋856.58～Ⅳ79＋150渠段部分测点（EM-117～EM-122）存在下沉的趋势，目前尚未变形稳定，需加强关注。新增4个点Ⅳ98＋180Y1、Ⅳ98＋180Z1、Ⅳ98＋260Y1、Ⅳ98＋260Z1，最新测值均为下沉，需加强关注。

半挖半填渠段部分测点表面垂直位移尚处于发展阶段，渠道两岸存在沉降差，水平位移无明显异常，综合评定半挖半填渠段结构性态基本正常。

3. 高填方渠段工程性态

高填方渠段渗流监测断面渠道底板基础渗压计测值与渠道水位相关性明显，渗压水位低于渠道水位，但存在内水外渗现象，需加强现场巡视检查，密切关注渠道外坡是否存在渗水现象。

高填方Ⅳ79+150～Ⅳ79+700渠段一直处于下沉的状态，近期有加速的迹象，内部垂直位移显示Ⅳ79+238断面整体有沉降量增大的趋势，需加强观测。

高填方渠段渠道存在渗水，渠坡沉降尚未收敛，目前巡视检查未见异常现象，综合评判高填方渠段结构性态为基本正常。

4. 黄水河支渠倒虹吸工程性态

黄水河支渠倒虹吸两连接缝之间、闸室与管节接缝、管节接缝之间变形整体较小，测缝计测值主要随温度小幅变化，均在设计允许值范围内。各三点位移计内部垂直位移均不大，在设计允许值范围内变化，且变形已基本稳定。出口段一直处于缓慢下沉的状态，虽然每期的沉降量不大，但一直呈现下沉的趋势，需加强关注。出口闸底板渗压计Pc-8测点测值呈现季节性周期变化，主要受地下水位影响，但地下水位较低，闸底板所受扬压力较小。其余测点基本处于无水状态，测值较小，无明显异常变化。历年钢筋应力变化规律合理，测值均在设计初判指标范围内，未发现异常变化趋势。各应变计、无应力计测值变化规律合理，未发现异常现象。加大流量输水期间各测点测值无明显异常。

黄水河倒虹吸未出现不均匀沉降，各部位基底扬压力较小，混凝土结构应力、应变小于设计允许值。部分测点表面垂直位移累计沉降量已超过设计初判指标，且出口段沉降尚未稳定。综合评判黄水河倒虹吸工程安全性态基本正常。

5. 建议

（1）对2021年"7·20"强降雨中出现异常的测点加强巡视检查，并持续关注测值变化情况，尤其是韭山桥附近渠段，出现险情及时开展抢险工作。

（2）针对安全监测资料反映的半挖半填段、高填方段、黄水河支渠倒虹吸出口段沉降尚未收敛的测点加强日常观测分析与巡视检查，针对高填方段近年来加速沉降的问题开展专项研究。

（3）对于安全监测资料显示出大幅测值变化的测点首先进行仪器检测，在仪器检测可靠的前提下密切关注测值是否恢复正常，同时加强异常值测点部位的工程巡查，必要时进行专项工程安全检测与隐患探测。

（4）针对2021年"7·20"强降雨期间出现较大变形的渠坡开展边坡稳定计算复核工作。

（5）高填方渠段渠坡内渗压计均已损坏，为反映高填方渠段渗流性态，需对渠坡内渗压计进行更换。

（6）将可靠性评价为不可靠的仪器停用，对基本可靠的仪器进行定期检测。

第5章

运 行 管 理 评 价

5.1 评价目的与重点

5.1.1 管理模式

中线工程运行机构设置按总公司、分公司、管理处三级管理模式。中国南水北调集团中线有限公司为一级管理机构,全面负责中线工程的运行管理工作;在渠首、河南、河北、天津、北京设置5个二级管理机构(分公司),负责各自管辖范围内的运行管理工作。在中线工程途经的部分市、县设置三级管理机构(管理处),分别负责各自辖区内工程的运行管理工作。

二级管理机构主要职责:认真贯彻执行上级有关运行管理和维修养护、安全生产工作方面的管理制度,制定辖区内运行维护相关的管理制度,监督、检查辖区内各三级管理机构的工作情况;提出辖区内运行管理和维修养护方案建议,并负责辖区内各运行管理和维修养护合同的管理工作;编报维修养护计划并组织实施,确保维修养护质量和进度;组织辖区内工程安全度汛及其他突发事件应急处置工作,制定有关预案并组织演练;组织辖区内工程保卫、看护和环境保护工作,切实保证人员安全、工程设施安全和水质安全;组织辖区内日常维修养护和专项维修维修养护项目的验收工作;组织做好工程竣工验收运行管理方面的有关工作;对维护养护管理过程中的经验、教训进行分析、总结,不断提高运行管理和维修养护管理水平;组织开展辖区内二、三级管理机构运行管理人员培训工作,做好工程投入运行的有关准备工作;负责辖区内与市、县有关部门的业务协调、联络工作。

三级管理机构主要职责:做好设备设施日常运行工作;负责辖区内维修养护计划并及时上报,根据上级批复编制详细的月、季工作计划,确保维修养护工作有序开展;负责辖区内各维修养护单位的日常管理,落实维修养护合同的履行情况,组织日常维修养护项目验收,参与专项维修养护项目的验收;负责日常运行各种资料、数据的整理、上报工作;具体负责管理辖区内工程安全保卫、看护和环境保护工作;具体负责同县级有关部门的业务协调、联络工作。

5.1.2 运行管理制度体系

中线工程按照水利部印发的年度（每年 11 月 1 日至次年 10 月 31 日）水量调度计划，由一级管理单位负责实施年度调度运行。一级管理单位按照水利部印发的年度水量调度计划完成正常年度调度任务。

为规范中线工程运行期工程巡查工作，及时发现影响工程运行、危害工程安全和供水安全的问题，保障工程安全平稳运行，一级管理单位依据《南水北调工程供用水管理条例》《南水北调东、中线一期工程运行安全监测技术要求（试行）》（NSBD 21）、《南水北调中线干线工程运行管理与维修养护实施办法（试行）》（Q/NSBDZX G029）、《南水北调中线干线工程运行期工程巡查管理办法》（Q/NSBDZX G024）开展相关工作。对工程巡查可能发现的常见问题，根据危害程度大小分为"一般""较重""严重"三个等级。"一般"问题指不影响工程正常运行、不危害工程安全和供水安全，无须专项制定处理方案，可立即处理或择机处理的问题。"较重"问题指暂不影响工程正常运行、暂不危害工程安全和供水安全，但需密切关注发展趋势、专项制定处理方案的问题。"严重"问题是指影响或可能影响工程正常运行、危害或可能危害工程安全和供水安全，需进行专项评估、专项制定处理方案并尽快或紧急处理的问题。

根据《南水北调中线干线工程安全鉴定管理办法（试行）》（Q/NSBDZX 409.35），安全鉴定在安全年度报告的基础上开展单项安全鉴定、专项安全鉴定、专门安全鉴定和全面安全鉴定。首次全面安全鉴定在正式通水 5 年后开始，在全线竣工后 5 年内完成，以后全面安全鉴定周期一般不超过 10 年。单项安全鉴定应在全面安全鉴定周期内视工程运行情况分批逐年完成，专项、专门安全鉴定视情况和需要在全面安全鉴定周期内适时安排开展。作为《南水北调中线干线工程安全鉴定管理办法（试行）》（Q/NSBDZX 409.35）的配套技术标准，《南水北调中线干线工程安全评价导则》（Q/NSBDZX 108.04）规范了安全评价的技术工作内容、方法及安全准则。其中规定了安全检测的工作内容、方法等，结合工程运行情况和影响因素综合研究确定，重点对验收遗留工程施工质量、质量缺陷处理效果和运行中发现的质量缺陷进行安全检测，主要内容包括：混凝土结构检测、PCCP 检测、金属结构与机电设备检测、水下检测与隐患探测。

安全监测是保障工程安全运行的重要手段。中线工程以问题为导向，建立了一套较完整的安全监测制度标准，为工程运行管理提供支撑。在技术标准方面，中线公司制定了《安全监测技术标准（试行）》（Q/NSBDZX 106.07），规定了内观数据采集、外观观测、监测资料整理整编、监测资料分析、仪器设施维护、测量仪表维护及安全监测自动化维护的要求。在管理标准方面，中线公司制定了《安全监测管理标准（试行）》（Q/NSBDZX 206.05），规定了中线工程安全监测管理的职责，工程监测数据采集、资料整理整编与分析、安全监测自动化系统使用及维护、异常情况分析与处置、检查与考核、报告和记录等要求。在岗位标准方面，中线公司制定了《安全监测管理岗位工作标准（试行）》（Q/NSBDZX 332.30.03.06）、《安全监测外观观测岗位工作标准（试行）》（Q/NSBDZX 332.30.03.07）、《安全监测自动化维护岗位工作标准（试行）》（Q/NSBDZX

332.30.03.08），分别规定了相关岗位的职责与权限、相关技术要求等。在规章制度方面，中线公司制定了《工程运行安全监测管理办法（试行）》（Q/NSBDZX 406.05），规定了中线工程监测数据采集、资料整理整编与分析、安全监测自动化系统使用维护、异常情况分析与处置等工作的管理。此外，为指导和规范南水北调工程东、中线一期工程运行安全监测工作，保障工程运行安全，原国调办还制定有《南水北调东、中线一期工程运行安全监测技术要求（试行）》（NSBD 21），对监测数据采集、监测资料整编与分析、运行与维护做了相应规定。

中线干线土建工程维修养护原则为"经常养护、科学维修、养重于修、修重于抢"，并做到"安全可靠、注重环保、技术先进、经济合理"。土建工程维修养护项目实施程序包括维修养护项目排查（调查）、立项与审批、项目采购、项目开工、项目过程管理、项目验收、项目实施情况考核等。土建工程维修养护项目按照性质和规模，分为养护项目、维修项目和应急项目。土建工程维修养护项目实行预算管理，预算年度（1月1日至12月31日）实行分级管理和专业管护相结合的模式，按审定的预算项目下达预算，并通过预算执行监管信息系统进行全过程监控。2014年制定了《南水北调中线干线工程运行管理与维修养护实施办法（试行）》（Q/NSBDZX G029），对具体工作分别按照各自专业体系进行逐层分解，为运行管理工作提供了制度基础；研究制定（修订）了相关标准、办法，结合现场实际需要，进一步梳理了维护项目计划，做好工程日常维护工作；为提高工程形象，完善工程功能，根据工程需要，增设警示柱、巡视台阶、错车平台等；设立界桩、建筑物标识，河道上下游禁采标识，安全警示标识，穿越工程标识等。此后，依据《南水北调中线干线工程运行管理与维修养护实施办法（试行）》（Q/NSBDZX G029），开展土建、绿化、信息机电等维修养护工作，并及时监督、检查实施进展，确保维修养护工作稳步开展，保障了工程正常的维修养护。2016—2018年，结合现场实际情况，基于顶层管理办法，逐步制定、修订完善了渠道工程、输水建筑物、左岸排水建筑物、泵站土建工程、清污机、融冰系统、液压启闭机、单轨移动式启闭机、闸门（弧形、平面）、机电设备、绿化工程、水质和安全生产设施等各专业维修养护标准，制定了《工程维修养护定额标准》（Q/NSBDZX 123.01），对维修项目实施预算管理，详见表5.1-1。

表 5.1-1　　　　　　　　　维 修 养 护 技 术 标 准

序 号	标 准 名 称	标 准 编 号
1	南水北调中线干线工程运行管理与维修养护实施办法（试行）	Q/NSBDZX G029
2	土建工程维修养护项目管理办法（试行）	Q/NSBDZX 206.02
3	通信传输系统运行维护技术标准（试行）	Q/NSBDZX 102.01
4	南水北调中线干线渠道工程维修养护标准	Q/NSBDZX 106.02—2018
5	南水北调中线工程输水建筑物维修养护标准	Q/NSBDZX 106.03—2018
6	南水北调中线干线左岸排水建筑物维修养护标准	Q/NSBDZX 106.04—2018
7	南水北调中线干线工程泵站土建工程维修养护标准	Q/NSBDZX 106.05—2018
8	南水北调中线干线土建工程维修通用技术标准	Q/NSBDZX 106.06—2018
9	清污机运行维护技术标准（试行）	Q/NSBDZX 103.07—2018

序 号	标 准 名 称	标 准 编 号
10	融冰系统设备维护技术标准（试行）	Q/NSBDZX 103.08—2018
11	液压启闭机运行维护技术标准（试行）	Q/NSBDZX 103.09—2018
12	单轨移动式启闭机（电动葫芦）运行维护技术标准（试行）	Q/NSBDZX 103.10—2018
13	移动式启闭机（台车）运行维护技术标准（试行）	Q/NSBDZX 103.11—2018
14	闸门（弧形、平面）运行维护技术标准（试行）	Q/NSBDZX 103.12—2018
15	抓梁运行维护技术标准（试行）	Q/NSBDZX 103.13—2018
16	输电系统设备运行维护技术标准（试行）	Q/NSBDZX 104.01—2018
17	变配电系统设备运行维护技术标准（试行）	Q/NSBDZX 104.02—2018
18	水质保护专用设备设施运行维护技术标准	Q/NSBDZX 105.04—2018
19	水质自动监测站运行维护技术标准	Q/NSBDZX 105.02—2018
20	常用仪器设备使用维护技术标准	Q/NSBDZX 105.05—2018
21	水污染应急物资使用维护技术标准	Q/NSBDZX 105.06—2018
22	消防设施设备运行维护技术标准	Q/NSBDZX 108.03—2018
23	安保装备使用维护技术标准（试行）	Q/NSBDZX 109.01—2019
24	安保设施（物防设施）运行维护技术标准（试行）	Q/NSBDZX 109.02—2019
25	工程维修养护定额标准	Q/NSBDZX 123.01—2018

运行以来，结合实际情况，逐步制定、修订完善了运行安全生产管理办法、安全生产责任制、安全生产责任"一岗一清单"、运行管理责任追究规定、运行安全问题查改工作规定等规章制度，制定修订完善了生产安全事故隐患排查治理、安全生产责任制、安全风险分级管控管理、生产安全事故、安全生产目标、安全生产报告等管理标准，以及安保相关的岗位标准和技术标准，详见表 5.1-2。

表 5.1-2　　　　　　　　　安全生产制度和标准体系

制度办法、操作规程	类别	标准编号/文号
安保装备使用维护技术标准	技术标准	Q/NSBDZX 109.01—2019
安保设施（物防设施）运行维护技术标准	技术标准	Q/NSBDZX 109.02—2019
安全生产检查管理标准	管理标准	Q/NSBDZX 209.01—2019
安全生产培训管理标准	管理标准	Q/NSBDZX 209.05—2019
出入工程管理范围管理标准	管理标准	Q/NSBDZX 210.01—2019
安全保卫管理标准	管理标准	Q/NSBDZX 210.03—2019
警务室管理标准	管理标准	Q/NSBDZX 210.02—2019
生产安全事故隐患排查治理管理标准（试行）	管理标准	Q/NSBDZX 409.29—2019
安全生产责任制管理标准（试行）	管理标准	Q/NSBDZX 409.27—2019
安全风险分级管控管理标准（试行）	管理标准	Q/NSBDZX 409.28—2019
生产安全事故管理标准（试行）	管理标准	Q/NSBDZX 209.13—2020

制度办法、操作规程	类别	标准编号/文号
安全生产目标管理标准（试行）	管理标准	Q/NSBDZX 209.07—2020
安全生产法律法规和标准规范管理标准（试行）	管理标准	Q/NSBDZX 209.09—2020
安全生产会议管理标准（试行）	管理标准	Q/NSBDZX 209.10—2020
安全生产报告管理标准（试行）	管理标准	Q/NSBDZX 209.06—2020
安全生产标准化绩效评定管理标准（试行）	管理标准	Q/NSBDZX 209.11—2020
职业健康管理标准（试行）	管理标准	Q/NSBDZX 209.12—2020
安全设施管理标准（试行）	管理标准	Q/NSBDZX 209.14—2020
相关方管理标准（试行）	管理标准	Q/NSBDZX 209.15—2020
安全警示标志管理标准（试行）	管理标准	Q/NSBDZX 209.16—2020
安全风险变更管理标准（试行）	管理标准	Q/NSBDZX 209.21—2020
新技术、新工艺、新材料、新设备设施安全管理标准（试行）	管理标准	Q/NSBDZX 209.22—2020
作业活动安全管理标准（试行）	管理标准	Q/NSBDZX 209.23—2020
安全保卫管理岗位标准	岗位标准	Q/NSBDZX 322.30.03.04—2019
保安员岗位标准	岗位标准	Q/NSBDZX 332.30.03.09—2019
现地管理处安全生产管理岗位标准	岗位标准	Q/NSBDZX 322.30.03.02—2019
警务室奖励办法	规章制度	Q/NSBDZX 409.04—2019
南水北调中线干线工程运行安全问题查改工作规定	规章制度	Q/NSBDZX 409.03—2019
南水北调中线干线工程运行管理责任追究规定	规章制度	Q/NSBDZX 409.02—2019
运行安全生产管理办法（修订）	规章制度	Q/NSBDZX 409.01—2019
南水北调中线干线工程建设管理局安全生产责任"一岗一清单"	规章制度	中线局安全〔2019〕73 号
安全生产专项经费管理办法（试行）	规章制度	Q/NSBDZX 409.26—2020
安全生产承诺管理标准（试行）	规章制度	Q/NSBDZX 209.08—2020
安全生产防护用品管理办法（试行）	规章制度	Q/NSBDZX 412.01—2020
安全生产预测预警管理办法（试行）	规章制度	Q/NSBDZX 409.33—2020

　　中线公司建立健全了中线工程突发事件应急管理组织体系（图 5.1-1）和应急预案标准体系（表 5.1-3）。具体由一级运行管理单位（中线公司）、二级运行管理单位（各分公司、北京市南水北调干线管理处、信息科技公司、保安公司）、三级运行管理单位（现地管理处、陶岔电厂、大宁管理所、西四环管理所）组成。《南水北调中线干线工程突发事件应急管理办法》（Q/NSBDZX 409.06）规定了中线工程运行期间突发事件应急组织机构与职责、应急准备（风险管控、应急预案、应急保障和演练培训）、应急响应、应急处置和后期处置等内容。中线工程突发事件应急预案是企业应急预案，服从国家、地方政府应急预案。中线工程应急预案体系由《南水北调中线干线工程突发事件应急管理办法》（Q/NSBDZX 409.06）、一级运行管理单位层级预案、二级运行管理单位层级预案和三级运行管理单位层级预案及现场处置方案组成（图 5.1-2）。

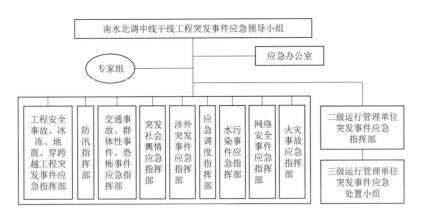

图 5.1-1 中线工程突发事件应急管理组织体系

表 5.1-3 应 急 预 案 标 准 体 系

序 号	标 准 名 称	标 准 编 号
1	南水北调中线干线工程突发事件应急管理办法	Q/NSBDZX 409.06—2019
2	南水北调中线干线工程突发事件综合应急预案	Q/NSBDZX 409.07—2019
3	南水北调中线干线工程运行期工程安全事故应急预案	Q/NSBDZX 409.08—2019
4	南水北调中线干线工程网络安全事件应急预案	Q/NSBDZX 409.09—2019
5	南水北调中线干线工程防汛应急预案	Q/NSBDZX 409.10—2020
6	南水北调中线干线工程穿越工程突发事件应急预案	Q/NSBDZX 409.11—2019
7	南水北调中线干线工程火灾事故应急预案	Q/NSBDZX 409.12—2019
8	南水北调中线干线工程交通事故应急预案	Q/NSBDZX 409.13—2019
9	南水北调中线干线工程冰冻灾害应急预案	Q/NSBDZX 409.14—2019
10	南水北调中线干线工程群体性事件应急预案	Q/NSBDZX 409.15—2019
11	南水北调中线干线工程恐怖事件应急预案	Q/NSBDZX 409.16—2019
12	南水北调中线干线工程地震灾害应急预案	Q/NSBDZX 409.17—2019
13	南水北调中线干线工程涉外突发事件应急预案	Q/NSBDZX 409.18—2019
14	南水北调中线干线工程突发社会舆情应急预案	Q/NSBDZX 409.19—2019
15	南水北调中线干线工程水污染事件应急预案	Q/NSBDZX 409.20—2019
16	南水北调中线干线工程水体藻类影响防控方案	Q/NSBDZX 409.21—2019
17	南水北调中线干线工程突发事件应急调度预案	Q/NSBDZX 409.22—2019
18	南水北调中线干线工程突发事件信息报告规定	Q/NSBDZX 409.24—2019

5.1.3 评价目的与内容

运行管理评价的目的是评价中线工程现有管理组织、管理设施、管理能力以及运行管理、应急管理等是否满足相关管理法规、办法与技术标准要求，并为改进工程运行管理工作提供指导性意见和建议。

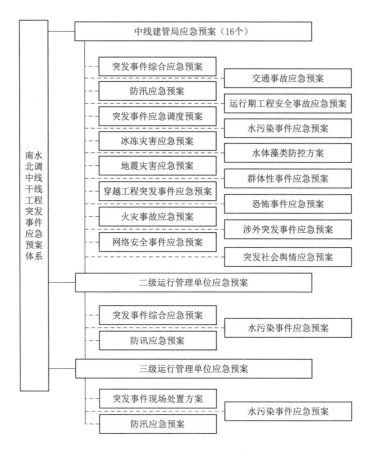

图 5.1-2 突发事件应急预案体系

　　运行管理评价的内容：全面安全鉴定应对整个中线工程的运行管理能力、日常检查与安全监测、运行调度、维修养护、安全生产、应急管理和自动化系统等进行评价；单项安全鉴定应对三级运行管理单位的运行管理能力、日常检查与安全监测、运行调度、维修养护、安全生产、应急管理和自动化系统等进行评价；专项和专门安全鉴定应对评价对象的日常检查与安全监测、运行调度、维修养护等进行评价。

5.2 运行管理评价

5.2.1 运行管理能力评价

　　运行管理能力主要评价工程管理机构、管理制度、管理设施等是否满足《南水北调工程供用水管理条例》及相关管理法规、办法与技术标准要求，以及是否满足工程运行管理实际需要。管理机构评价主要对鉴定对象的运行管理单位的机构设置、人员配备是否满足有关规定和工程运行管理需要进行评价。管理制度评价主要对鉴定对象的运行管理单位是否按照《南水北调工程供用水管理条例》及相关管理法规、办法与技术标准要求，制定适合工程实际的水量调度、用水管理、日常检查与安全监测、安全鉴定、维修养护、防汛抢险、安全生产以及行政管理、监督检查、技术档案等管理制度并严格执行。管理设施主要评价鉴定范围内的安全监测设施及自动化系统、交通与通信设施、工程维修养护设备和防汛设施、运行管理单位办公生产用房等是否满足有关规定和工程运行管理需要，并处于正常运行状态。

以 2021 年辉县管理处单项安全鉴定为例，进行运行管理评价相关内容评述[28]。

1. 组织机构

2015 年 6 月 9 日，南水北调中线建管局以《关于印发南水北调中线干线工程建设管理局机构设置、各部位（单位）主要职责及人员编制方案》（中线局编〔2015〕2 号）文件明确辉县管理处编制内员工 37 人，设综合科、工程科、调度科、合同财务科。

2019 年 5 月 6 日，南水北调中线建管局以《南水北调中线干线工程建设管理局组织机构、职能配置及人员编制规定》（中线局人〔2019〕27 号）明确辉县管理处编制 53 名，其中设处长 1 名、副处长 2 名、主任工程师 1 名，综合科、安全科、工程科、调度科各设科长 1 名，职员 45 名。截至目前，辉县管理处共配备 37 名在编人员，其中处长 1 名、副处长 2 名、主任工程师 1 名，综合科职员 6 名、调度科职员 11 名、工程科职员 11 名、安全科职员 5 名。辉县管理处按照管理处职责，细化各部门职责分工和人员分工，开展各项工作。目前人员配置基本满足工程运行管理需要。

2. 日常管理

辉县管理处做好设备设施日常运行工作；负责辖区内维修养护计划并及时上报，根据上级批复编制详细的月、季工作计划，确保维修养护工作有序开展；负责辖区内各维修养护单位的日常管理，落实维修养护合同的履行情况，组织日常维修养护项目验收，参与专项维修养护项目的验收；负责日常运行各种资料、数据的整理、上报工作；具体负责管理辖区内工程安全保卫、看护和环境保护工作；具体负责同县级有关部门的业务协调、联络工作。

按照"管养分离"的管理原则，工程管理、运行调度等工作以"自有人员为主"，维修养护工作委托有相应资质的企业负责实施；工程安保、工程巡查由南水北调中线工程保安服务有限公司承担，闸站设备设施操作及检修维护由南水北调中线信息科技有限公司承担，管理处对各有关单位进行现场监督管理。

3. 安全监测

辉县管理处工程安全监测包括 172 个一般渠道监测断面、31 个重点渠道监测断面。主要监测项目有表面垂直位移、表面水平位移、内部水平位移、扬压力、渗透压力、地下水位、接缝变形、结构应力（混凝土应力、钢筋应力）、土压力（地基反力、墙后土压力）。布设的主要监测仪器设备有沉降标点、测斜管、沉降计、土体位移计、多点位移计、测缝计、渗压计、土压力计、钢筋计、应变计、无应力计和 MCU 等。安全监测仪器设施安装共 4652 支（套/个），其中渗压计 554 支、土压力计 309 支、钢筋计 708 支、应变计 524 支、无应力计 136 套、多点位移计 339 套、测缝计 264 支、测斜管 36 套、沉降仪 10 套、垂直位移测点 1411 个、垂直位移工作基点 317 个、水平位移 41 个、水平位移工作基点 3 个、集线箱 78 台。

辉县段工程自动化数据采集系统已正式建设完成，并投入使用。目前自动化数据采集频次为 1 次/天，自动化监测系统工作状态正常。辉县段渠道左排建筑物的监测仪器电缆尚未牵引至闸站或观测房内，仍分布在渠道两岸，这些仪器进行数据采集时需要人工采集。管理处指定安全监测专职人员每天查看安全监测自动化系统反映的工作运行状况，发现异常情况及时报告。

4. 防汛管理

管理处防汛值班统一安排在中控室，设专用防汛值班电话和传真机。值班人员按 24 小时值班观测情况，用有线电话或移动电话与相关单位及值班领导传递水情。管理处储备有移动发电车 1 台、移动发电机 2 台、对讲机 10 部，以应对当供电及通信出现异常时的临时加强措施，加强对防汛设备的检查，保证机械设备正常运转。汛前完成峪河、东河防汛物料倒运工作，完成复核各河渠交叉建筑物的警戒水位（保证水位），将位于保证水位以下的防汛备料全部转移至保证水位以上。辉县管理处目前防汛物资储备以自有应急物资为主，以地方联动防汛物资和渠线询查物资为辅。辉县段区域内防汛物料分布在全线多个备料点。管理处园区也储备有铁丝笼、土工膜、装配式围井等防汛物资，上述防汛物资存放地点都有道路与外界相连，能迅速到达工程抢险部位。对物资的品种和数量逐项清点、建档立卡、登记造册。应急保障队伍调查辉县市辖区周边建筑材料市场，并与材料或设备供应商达成意向，确保在紧急情况下的防汛物资供给。

5. 通信信息

通信系统主要分为视频监控系统、门禁入侵系统、消防联网系统、程控交换系统、光缆监测系统、闸站监控系统、安防视频监控系统等。管理处中控室视频监控系统实现对现地站点的监控、巡查、远程巡检等功能。门禁入侵系统用来实现对防区的布防撤防、准入及入侵告警等功能。消防联网传输主机接受消防告警主机信息，将消防信息上传至消防服务器，消防软件对告警信息进行监控、处理、分析等。动环监控系统主要完成对自动化设备实时数据采集和处理、告警、遥测、遥信、遥控等日常维护工作。光缆监测系统对光缆的光功率进行监控，判断是否存在告警。管理处三级远程闸站监控子系统，通过系统配置，使得中心、分中心、管理处形成一个有机的整体，统一、协调、高效、可靠地对下端闸站进行监控管理，实现对干渠闸站（阀）的引退水信息和运行状态的远程监测。安防视频监控系统实现对渠道沿岸的实时监控，联动电子围栏主机对非法越过围栏进入渠道的行为进行语音报警；对渠道的违规行为和意外情况，通过喊话系统对现场进行警告和通知；通过平台的告警记录，可以精准地判断设备运行情况，对有问题的设备可以及时发现并处理；通过视频回放，可以对渠道内的施工人员进行监督，确保无违规行为发生。

6. 管理范围

辉县段工程管理范围为总干渠渠道两侧开口线或堤外坡脚线以外 13m 的范围（特殊渠段根据需要可适当放宽）。渠道沿线各类建筑物的管理范围主要包括各建筑物上下游防护工程（不包括河道整治、防护与并流工程）、建筑物各组成部分（不包括隧洞洞身段、管道或暗涵管身段）、退水建筑物的覆盖范围。目前总干渠的管理范围为防护网以内区域。

综上可知：①辉县管理处的机构设置、人员配备满足有关规定和工程运行管理需要；②河南分公司、辉县管理处按照《南水北调工程供用水管理条例》及相关管理法规、办法与技术标准要求，制定了适合辉县段的输水调度、日常检查与安全监测、维修养护、防汛抢险、安全生产等管理制度并严格执行；③辉县管理处辖区内的安全监测设施及自动化系统、通信设施、工程维修养护设备和防汛设施满足有关规定和工程运行管理需要，处于正常运行状态；④随着运行时间的增长，自动化系统故障率有上升的趋势，需要及时维修养护，必要时进行更新。

5.2.2 日常检查与安全监测评价

1. 日常检查与安全监测评价内容

日常检查与安全监测评价应根据鉴定类型和对象开展相应评价，主要评价鉴定对象的运行管理单位是否按照相关制度、管理办法和技术标准要求，定期开展巡视检查和安全监测，及时发现是否存在工程安全问题和供水安全问题。日常检查是指鉴定对象的运行管理单位对工程设施、室外设备、运行环境等进行的日常巡查，应评价巡查组织、巡查频次、巡查线路、巡查内容、巡查记录与分析及巡查要求等是否符合《运行安全监测管理办法（修订）》（Q/NSBDZX 406.05）、《安全监测技术标准（试行）》（Q/NSBDZX 106.07）、《工程巡查技术标准》（Q/NSBDZX 106.01）的规定。安全监测是鉴定对象的运行管理单位对工程安全性态开展的仪器监测，应评价监测人员、监测项目、监测频次、数据采集与管理、资料分析、安全监测自动化系统管理等是否符合《南水北调中线干线工程运行安全监测管理办法》（Q/NSBDZX 406.05）、《安全监测管理标准》（Q/NSBDZX 206.05）、《安全监测技术标准（试行）》（Q/NSBDZX 106.07）等的要求。

2. 日常检查

为规范辉县管理处所辖工程运行期工程巡查工作，及时发现影响工程运行、危害工程安全和供水安全的问题，保障工程平稳运行，辉县管理处依据《工程巡查技术标准》（Q/NSBDZX 106.01）、《工程巡查管理标准》及《现地管理处工程巡查岗工作标准》，制定了《辉县管理处工程巡查工作手册》。

巡查组织包括分管负责人、巡查负责人和巡查管理人员。工程巡查人员共 20 人。巡查组织层次清晰，组织有序，能较好地完成辉县管理处的工程巡查任务。

辉县段工程巡查重点项目和重要部位中，渠道工程包括：①K572＋733.26～K573＋283.26，长 550m，为高填方段；②K594＋096.26～K597＋323.96、K597＋853.26～K603＋083.26，共长 81457.7m，为深挖方段。建筑物工程为老郭沟排水倒虹吸（K572＋915.80），为高填方下穿渠建筑物。

安全监测异常部位：①K572＋733～573＋283 一级马道累计沉降值较大；②黄水河支出口累计沉降较大，且有下沉趋势。

防汛风险项目（Ⅲ级）：①峪河暗渠（K564＋534.66～565＋145.65）；②王村河倒虹吸（K579＋167.32～K579＋498.32）；③石门河倒虹吸（K585＋412.71～586＋588.72）、百泉北沟排水渡槽（K596＋921.76）；④东河暗渠（K600＋507.35～K600＋780.36）；⑤三里庄沟排水渡槽（K602＋385.73）；⑥五里屯左岸排水倒虹吸（K604＋574.65）。

渠道工程中，K572＋733.26～K573＋283.26，长 550m，为高填方段，每天巡查1 遍；K594＋096.26～K597＋323.96、K597＋853.26～K603＋083.26，共长 8457.7m，

为深挖方段,每天巡查 1 遍。老郭沟排水倒虹吸(K572＋915.80)为高填方下穿渠建筑物,每天巡查 1 遍。除以上渠段及建筑物,其他渠段及建筑物每 3 天巡查 1 遍。

渠道、输水建筑物、交叉建筑物、交通设施、其他设备设施及外部环境等巡查内容参照《工程巡查技术标准》(Q/NSBDZX 106.01)执行。根据《南水北调中线干线工程运行期工程巡查管理办法》(Q/NSBDZX G024)分组分区划分要求,同时结合辉县管理处工程实际,共划分 6 个巡查责任区。

专人负责《工程巡查问题信息台账》每月报告,逐项跟踪销号。

工程巡查人员按以下要求向巡查管理人员报告巡查情况和问题信息:①实施"零"报告制度,每日上午和下午各向巡查管理人员报告一次巡查情况;②巡查发现"一般"问题如实在工程巡查管理 App 上报,"较重"和"严重"问题立即电话报告巡查管理人员,由巡查管理人员复核,巡查负责人或巡查分管负责人确认;③"较重"问题须于 5 小时内电话报至并于 8 小时内书面报至河南分公司;④"严重"问题须于 1 小时内电话报至并于 3 小时内书面报至河南分公司。

3. 安全监测

为规范辉县管理处所辖工程安全监测数据采集、初步分析、资料整编、异常分析及处置、报告编写等工作,管理处制定有《南水北调中线干线辉县管理处安全监测实施细则(修订版)》。

根据《南水北调中线干线工程安全监测优化建议方案的批复》(中线局科技〔2019〕51 号)的要求,辉县管理处根据优化建议方案对辖区安全监测设施进行全面梳理,确定了辉县管理处安全监测系统优化结果。

接入自动化的内观仪器人工观测频次为 1 次/季度;未接入自动化系统的内观仪器,渗压计观测频次为 1 次/周,应变计和无应力计的观测频次为 1 次/2 个月;可靠性评价为封存停测的内观仪器人工观测频次为 1 次/半年,用于数据比对;总干渠渠道和输水建筑物(含退水闸)表面变形监测设施观测频次为 1 次/2 个月;其他建筑物表面变形监测设施观测频次为 1 次/季度;沉降管、测斜管监测频次为 1 次/月;长期有水的测压管监测频次为 1 次/周;长期无水的测压管监测频次为 1 次/季度,强降雨或持续性降雨后应及时观测。

安全监测自动化系统数据原采集频次为 1 次/天,根据现场工作需要调整测站 4、测站 15 采集频次为 1 次/2 小时。黄水河支、东河采集频次为 1 次/6 小时,其他建筑物、测站正常采集。

辉县段工程自动化数据采集系统已正式建设完成,并投入使用。安全监测自动化系统主要功能有地图监测、建筑物状态、状态监控、数据管理、数据分析、报表报告、基础信息、辅助工具、系统管理和全文检索等。目前自动化数据采集频次为 1 次/天。目前,安全监测系统运行状态良好,对安全监测数据可以实时监控,加强了安全监测手段,提高了安全监测自动化,方便了安全监测工作开展。

4. 日常检查与安全监测评价

日常检查与安全监测评价如下:

(1)辉县管理处能按照相关制度、管理办法和技术标准要求,定期开展巡视检查和安全监测,及时发现是否存在工程安全问题和供水安全问题。

（2）辉县管理处根据实际情况，制定有《辉县管理处工程巡查工作手册》，并严格执行。辖区工程的巡查组织、巡查频次、巡查线路、巡查内容、巡查记录与分析及巡查要求等符合《工程巡查技术标准》（Q/NSBDZX 106.01）的规定。

（3）辉县管理处根据实际情况，制定有《南水北调中线干线辉县管理处安全监测实施细则（修订版）》。辖区工程的监测人员、监测项目、监测频次、数据采集与管理、资料分析、安全监测自动化系统管理等符合《南水北调中线干线工程运行安全监测管理办法》（Q/NSBDZX 406.05）、《安全监测管理标准》（Q/NSBDZX 206.05）等的要求。

5.2.3 运行调度评价

1. 运行调度评价内容

运行调度主要评价水量调度计划编制、输水调度、应急调度、运行大事记等工作是否符《南水北调中线干线工程分水调度管理办法》（Q/NSBDZX G012）、《南水北调中线干线工程输水调度暂行规定》（Q/NSBDZX 101.01）等相关办法与技术标准要求，以及能否按照审批的水量调度方案合理调度运用。一级运行管理单位应根据主管部门下达的年度水量调度计划，及受水区各省份报送的月用水计划，组织编制月水量调度计划。各级运行管理单位应分别按照各自的职责权限编写完整、翔实的工程运行大事记，重点记载工程逐年水量调度计划执行情况、调度过程管理、应急调度情况，运行中出现的异常情况及原因分析与处理情况，遭遇洪涝灾害、冰冻、地震、地质灾害等极端事件时的工程安全性态与应急处置情况，水污染事件影响范围、严重程度和处置情况，历次单项、专项、专门和全面安全鉴定结论和加固改造、检修等情况。

2. 运行调度原则

输水调度方面，中线工程全线按照"统一调度、集中控制、分级管理"的原则实施调度。在调度控制方面，中线工程目前采用人工分析与自动化调度系统相结合的调度控制模式，即人工分析水情，利用闸站监控系统实施远程操作，确保了每项调度指令能够准确制定、快速下达、及时完成，保障了全年的输水调度安全。

汛期调度考虑水情、工情、雨情等因素，各节制闸闸前目标水位需有所控制。全线除有最低分水保证水位、高地下水位和其他特殊要求的渠段，其他各节制闸闸前目标水位一般取设计水位－0.3m。各节制闸闸前目标水位在综合考虑上下游过流、配套工程最低保证水位、高地下水位要求、现地管理处提出的运行水位建议、水面线变化情况后，尽量采取低水位运行，预留调蓄空间。对于配套工程有最低保证水位要求的，下游节制闸目标水位在分水口门对于其配套工程最低保证水位基础上提高约0.1m；节制闸闸前水位在最低保证水位基础上提高0.1m后，与该节制闸闸前设计水位相比，按设计水位上下0.1m的整数倍进行四舍五入取值。对于高地下水位渠段有蓄水平压要求的，下游节制闸目标水位，在满足输水要求、保证供水安全的前提下，可尽量提高运行水位进行蓄水平压，但不得超过加大水位。

根据水利部统一安排部署，中线工程于2017—2018年度开始利用丹江口水库秋汛富余水量实施生态补水调度。

管理处成立了突发事件人员应急处置小组，组长由管理负责人担任，副组长由管理副职领导担任，成员由管理相关科室有关人员组成。突发事件处置小组落实上级机构制定的方案或决策，在授权范围内开展辖区内应急调度相关工作；掌握现场突发事件发展及对供水的影响，并及时向河南分公司应急调度指挥部报告。

突发事件导致应急调度时，根据对供水的影响，按下列级别实施应急调度：Ⅰ级（特别重大应急调度）、Ⅱ级（重大应急调度）、Ⅲ级（较大应急调度）和Ⅳ级（一般应急调度）。Ⅰ级：突发事件对供水造成重大影响，可能或者导致总干渠供水中断，须立即进行紧急调度。Ⅱ级：突发事件对供水造成较大影响，可能或者导致总干渠输水流量减少20%及以上，须立即进行紧急调度。Ⅲ级：突发事件对供水影响较小，可能或导致总干渠输水流量减少20%以内，须进行紧急调度。Ⅳ级：突发事件对供水无影响，尚不需立即采取调度措施，但须紧急进入应急调度状态，密切关注险情发展。

3. 运行调度情况

自 2014 年 12 月 12 日至 2021 年 10 月 27 日，工程安全平稳运行，峪河节制闸最大瞬时流量达到 291.06m³/s，对应闸前、后水位为 103.23m；黄水河支节制闸最大瞬时流量达到 289.64m³/s，对应闸前水位为 101.19m，闸后水位为 101.18m；孟坟河节制闸最大瞬时流量达到 288.34m³/s，对应闸前、后水位为 99.92m。

2014 年 10 月 7 日至 2021 年 10 月 27 日，峪河节制闸接收总调中心远程操作闸门 2758 门次，成功率为 95.69%；黄水河支节制闸接收总调中心远程操作闸门 3457 门次，成功率为 92.31%；孟坟河节制闸接收总调中心远程操作闸门 3094 门次，成功率为 96.7%。

截至 2021 年 10 月 27 日 8 时，辉县段工程累计通过水量 294.71 亿 m³，累计向获嘉县供水 5020.02 万 m³，向辉县市供水 2979.93 万 m³。运行工况稳定。

2020 年 3 月 19 日，辉县峪河退水闸、黄水河支退水闸正式开启进行首次生态补水，截至 2021 年 10 月 27 日，峪河退水闸接收总调中心现地操作闸门 10 门次，成功率为 100%，最大开度达到 340mm，最大流量达到 12m³/s。黄水河支退水闸接收总调中心现地操作闸门 12 门次，成功率为 100%，最大开度达到 220mm，最大流量达到 8m³/s。期间退水闸闸门运行平稳，无异常。

截至 2021 年 10 月 27 日 8 时，峪河退水闸累计生态补水为 3196.79 万 m³，黄水河支退水闸累计生态补水为 3100.57 万 m³。

对峪河暗渠出口段流态呈波浪状态，运管单位已组织设计单位进行研究分析，经近几年的实际运行效果来看，工程运行安全稳定，这种流态对工程安全影响较小。

4. 加大流量输水调度情况

从 2020 年 4 月 29 日开始，陶岔渠首输水流量从 350m³/s 设计流量逐步调增至 420m³/s 加大设计流量，到 2020 年 6 月 20 日，南水北调中线一期工程 420m³/s 加大流量输水工作圆满结束。

辉县段工程设计水深为 7m，加大水深 7.598～7.511m，在加大流量输水过程中辉县段最大水深达到 7.7m，瞬时流量最大达到 291.06m³/s。按加大流量输水工作方案，在大流量输水期间采取增加水位采集断面及读数频次，加密安全监测观测频次，退水渠安排专人进行夜间巡查，对老郭排水倒虹吸上下游高填方区段及重要部位派人 24 小时驻防等措施来确保大流量输水安全运行。

辉县段大流量输水期间渠道及建筑物运行安全平稳。

5. 工程运行中的异常问题与应急调度情况

可能造成应急调度的突发事件主要有：工程事故、水质污染、设备故障、人员工作失误及自然灾害等。

自运行以来，辉县段主要遭遇的是洪涝灾害，对此，采取的应急调度具体如下：

（1）2016 年"7·9"特大暴雨辉县段韭山公路桥上游渠段滑塌应急调度。2016 年 7 月 9 日，新乡、鹤壁等地突降特大暴雨，其中辉县市 7 月 9 日凌晨 2 时至上午 11 时降雨量达到 429.6mm。因暴雨致使韭山路公路桥上游左岸一级马道（设计桩号 Ⅳ104+890～Ⅳ104+934）出现裂缝，随后进一步发展至一级马道沥青混凝土路面塌陷，渠道衬砌板隆起破坏。7 月 15—16 日，制定了应急处理方案：加强排水、对滑移衬砌实施石子袋压重、加高险情处渠道运行水位、加强区域内渠道检测及现场巡查。

其中，应急调度措施为采取加高险情处渠道运行水位，考虑渠段在水位 99.75m 条件下过流能力满足通过 150m³/s 的流量要求，以渠道水位 99.75m（渠内水深 7m 左右）为控制水位划分水下及水上施工区域。

（2）2016 年"7·9"特大暴雨杨庄沟渡槽外水入渠应急调度。2016 年"7·9"特大暴雨造成杨庄沟渡槽槽内洪水漫槽入侵和左岸防护堤出现缺口等险情。右岸上游衬砌面板隆起破坏（桩号 601+265.44～601+245.44），长度为 20m；杨庄西公路桥左岸上游防护堤造成 6m 冲口，一级马道以上至防护堤造成冲刷破坏（桩号 601+207.08～601+222.08），长度约 15m，两处累计入渠水量约 5 万 m³；右岸一级马道以上土质边坡造成流土破坏（桩号 601+287.94～601+312.94），长度约 25m。

面对渡槽水位变化，管理处及时作出风险预判，及时将相关情况进行汇总，以工程突发事件信息快速报告单的形式上报河南分公司，请求河南分公司和地方政府调派应急抢险队伍赶赴现场准备抢险，组织采取了前期应急处置。

险情发生后，河南分局及时启动突发事件应急预案和Ⅰ级响应，河南分公司和辉县管理处全力组织抢险。结合杨庄沟渡槽现场险情及工况，管理处及时与河南分调中心及时沟通报告，建议在了解现场及上下游雨情、水情信息，建议采取上压和下放的调度方式，稳定降雨渠段水位在安全可控范围内。

在接到杨庄沟左排渡槽出现漫溢、洪水入渠的报告后，总调中心立即报告中线公司领导，启动了突发事件应急调度预案，积极开展应急调度响应。密切沟通现场、水质保护中心，了解洪水入渠对水质的影响；及时了解现场雨情，控制事故段和其他暴雨渠段的水位；计算洪水入渠到达下游紧邻分水口的时间，并与中线公司应急办公室和水质保护中心沟通后，将有关情况告知河南省南水北调办；警报解除后，及时恢复正常调度。整个应急调度期间，事故段、上下游水位及变幅均在安全控制范围内。

水质保护中心接到报告后，立即要求河南水质监测中心赶赴现场开展应急监测工作，积极和总调中心进行沟通联系，降低流速，减少浑水团行进的时间，及时向总调中心反馈水质监测情况。

（3）2021 年"7·20"特大暴雨应急调度。2021 年 7 月 18—22 日，降雨呈现出累计雨量大、持续时间长、短时降雨强、极端性突出等特点。管理处辖区内共有河渠交叉建筑物 12 座、左排建筑物 14 座。本次强降雨期间，26 座建筑物均有不同程度的过流，其中峪河暗渠于 7 月 21 日超警戒水位 10cm。

本次强降雨期间，辉县段河渠交叉建筑物共发生 4 处险情，分别为峪河暗渠、王村河倒虹吸、石门河倒虹吸、刘店干河暗渠，其中王村河、石门河倒虹吸管身冲刷外露。2021 年 7 月 21 日 11 时，管理处巡查发现韭山桥左岸上游渠道衬砌面板发生变形破坏（桩号Ⅳ104＋954～Ⅳ105＋114），有 2 处 13 排衬砌面板发生隆起错台，一级马道出现裂缝后发展为换填土体沉陷。

为此，采取的应急调度措施为：应急处置期间东河暗渠控制闸参与调度，抬升险情渠段运行水位，维持运行水位在加大水位以上 20cm，使得渠道水位在 100.50m 左右。

6. 运行调度评价

（1）辉县管理处输水调度、应急调度、运行大事记等工作符合《南水北调中线干线工程分水调度管理办法》（Q/NSBDZX G012）、《南水北调中线干线工程输水调度暂行规定》（Q/NSBDZX 101.01）等相关办法与技术标准要求。

（2）通水运行至今，辉县管理处主要遭遇了 2016 年 "7·9"、2016 年 "7·19" 和 2021 年 "7·20" 三次特大暴雨灾害，出现了韭山公路桥段上游左岸路面塌陷、衬砌板隆起破坏，以及杨庄沟渡槽外水入渠等突发事故，管理处能准确掌握突发事件发展状况及对供水的影响，并及时向河南分公司应急调度指挥部报告，落实制定的应急调度方案和决策，通过事故段渠道运行水位调整及上压和下放等应急调度措施，保障了工程安全和输水安全。

（3）辉县管理处按照职责权限编写完整、翔实的工程运行大事记，重点记载工程逐年水量调度计划执行情况、调度过程管理、应急调度情况。

5.2.4 工程维修养护评价

5.2.4.1 工程维修养护评价内容

工程维修养护包括对渠道与建筑物、金属结构与机电设备、管理设施（设备）、自动化系统等的检查、测试及养护和维修。

渠道与建筑物、管理设施（设备）维修养护评价主要针对二级运行管理单位是否按照《南水北调中线干线工程运行管理与维修养护实施办法》（Q/NSBDZX G029）要求编制工程年度维修养护计划，组织三级运行管理单位对工程和相关设施（备）进行经常性的养护和修理，使其处于安全和完整的工作状态。金属结构与机电设备维修养护评价主要针对信息科技公司是否按照要求制定维修养护计划，并开展经常性的养护与修理，使其处于安全运行状态。

渠道与建筑物、管理设施（设备）维修养护应按照《南水北调中线干线渠道工程维修养护标准》（Q/NSBDZX 106.02）、《南水北调中线工程输水建筑物维修养护标准》（Q/NSBDZX 106.03）、《南水北调中线干线左岸排水建筑物维修养护标准》（Q/NSBDZX 106.04）、《南水北调中线干线工程泵站土建工程维修养护标准》（Q/NSBDZX 106.05）、《南水北调中线干线土建工程维修通用技术标准》（Q/NSBDZX 106.06）等相关技术标准的要求执行。

金属结构与机电设备维修养护应按照《检修排水泵站运行维护技术标准（试行）》（Q/NSBDZX 103.01）、《排水泵站运行维护技术标准（试行）》（Q/NSBDZX 103.02）、《电动蝶阀运行维护技术标准（试行）》（Q/NSBDZX 103.04）、《固定卷扬式启闭机运行维护技术标准（试行）》（Q/NSBDZX 103.05）、《螺杆启闭机运行维护技术标准（试行）》（Q/NSBDZX 103.06）、《清污机运行维护技术标准（试行）》（Q/NSBDZX 103.07）、《液压启闭机运行维护技术标准（试行）》（Q/NSBDZX 103.09）、《闸门（弧形、平面）运行维护技术标准（试行）》（Q/NSBDZX 103.12）等相关技术标准的要求执行。对金属结构、机电设备、自动化系统等还应定期检查和测试，确保其安全和可靠运行。

对工程以往开展的维修养护和加固改造工程设计、施工、验收及其效果应做详细记载和评价。

5.2.4.2 维修养护的组织实施

管理处负责养护项目的组织实施和现场管理，对养护单位进行监督、指导、检查与考核。河南分公司负责维修项目的组织实施，并对参加维修项目的设计、监理、维修单位进行监督、指导、检查与考核。现场管理由管理处组建的维修项目管理部负责。

5.2.4.3 渠道与建筑物、管理设施（设备）维修养护

1. 维修养护项目管理

管理处成立土建与绿化维修养护项目管理领导小组，领导小组负责土建与绿化维修养护项目实施计划的编制，项目的安全、质量、进度、计量、验收和文明施工等管理，项目技术方案的编制，项目服务单位或人员的现场管理，以及维护单位施工方案、计划等文件的审批。

管理处制定有《土建与绿化维修养护项目管理办法》《南水北调中线干线辉县管理处土建、绿化工程年度维修养护计划》《南水北调中线干线辉县处土建及绿化工程日常维修养护实施方案》，明确了日常维修养护项目、标准要求、进度要求。每周组织召开周例会，安排布置维修养护项目重点内容。每天对土建工程维修养护情况进行记录、统计分析，建立维修养护记录。重视对防汛项目、安全检查及上级各级检查问题的整改工作，分段由专人跟踪整改。

管理处根据《土建与绿化维修养护项目管理办法》，针对下发的任务单，施工完成后现场验收，并填报问题处置工作验收鉴定表。

2. 日常维修养护的实施情况

根据近三年的维修养护总结报告可知，辉县管理处日常维修养护内容主要包括渠道（含一级马道、一级马道以上内坡、防洪堤及防护堤、填方渠道外坡、台阶和步道、渠道临水面衬砌板、截流沟、导流沟、渠道附属设施等），输水建筑物（含倒虹吸、暗渠、进出口连接段、裹头等），排水建筑物（含倒虹吸、涵洞、渡槽、进出口连接段等），房屋建筑（含办公用房、闸站建筑、监测房等）。

日常维修养护主要分为渠道工程日常维修养护项目、输水建筑物日常维修养护项目、排水建筑物日常维修养护项目、管理处及闸站日常维修养护项目、清淤保洁总价日常维护项目和其他日常维修养护项目，目前养护项目已实施完成。主要控制工期为纵横向排水沟、坡面斜向排水沟、截流沟、导流沟和排水建筑物清淤等汛前项目实施，在 5 月 15 日

前完成；入冬前混凝土项目实施，控制在 11 月前完成，满足时间节点要求。

日常维修养护项目管理由管理处负责人统一领导，工程科负责人主抓。日常工作中将 48.94km 渠道划分为 6 个渠段，土建维护工作采取各段长负责制。

3. 维修养护项目

衬砌面板修复处理包括 2017—2018 年衬砌板水下修复生产性试验项目、2019 年度衬砌板水下修复。

水毁应急项目处置包括 2016 年 "7·9" 特大暴雨杨庄沟进口、梁家园进口处理，2016 年 "7·19" 峪河暗渠应急抢险项目和防护加固工程，2021 年汛期水毁修复。

4. 存在问题与改进措施

辉县管理处线路长，土建日常维修养护项目点多面广，巡查 App 系统纪录的问题多、小、散，整改进度偏慢。管理处通过与维护单位沟通，合理安排施工工作面，加快问题整改进度。

5.2.4.4 金属结构与机电设备维修养护

为保证设备安全运转，延长设备使用寿命，保证设备发挥最好的运行效果，满足南水北调运行调度的要求，根据南水北调设备维护标准开展静态巡查、动态巡查与维护、定期全面维护、单项固定周期维护等维修与养护工作。其中，节制闸站工作闸门及其相应的启闭机和电气控制柜静态巡查每两周一次，其他控制闸、退水闸、分水闸、事故闸的工作闸门及相应的启闭机和电气控制柜静态巡查每月一次，并可与动态巡查与维护工作合并进行。节制闸站工作闸门及其相应的启闭机和电气控制柜进行动态巡查与维护每月一次，其他控制闸、退水闸、分水闸、事故闸的工作闸门及相应的启闭机和电气控制柜动态巡查与维护每两月一次。工作闸门及其相应的启闭机和电气控制柜机电设备分别在每年 4 月和 10 月分别进行两次定期全面维护，检修闸门及其相应的启闭机和电气控制柜机电设备每年 10 月进行一次定期全面维护。单项固定周期维护为 1 年。闸门维修养护项目及周期标准见表 5.2-1。

表 5.2-1　　　　　　　　　　闸门维修养护项目及周期标准

序号	维护类型	巡查/维护项目	周 期 标 准	
1	静态巡查	锁定装置、封水装置、行走及支承装置、门体、门槽埋件、设备锈蚀及清洁巡查，另对平面闸门进行周期维护	节制闸站工作闸门	每两周一次
			其他控制闸、退水闸、分水闸、事故闸的工作闸门	每月一次
2	动态巡查与维护	锁定装置、封水装置、行走及支承装置、门体、门槽埋件、设备锈蚀及清洁维护，单项固定周期维护	节制闸站工作闸门	每月一次
			其他控制闸、退水闸、分水闸、事故闸的工作闸门	每两个月一次
3	定期全面维护	检修和紧固连接零部件、维修润滑部件和注油、检修封水装置、检修结构件、检修门槽埋件、检查防腐蚀单项固定周期维护	工作闸门	每年 4 月和 10 月分别进行两次
			检修闸门	每年 10 月进行一次

序号	维护类型	巡查/维护项目	周 期 标 准	
4	单项固定周期维护	定位滚轮润滑脂加注，支铰润滑脂检查，局部防腐，锈蚀止水螺栓、压板，破损老化止水橡皮更换	闸门	每年一次

辉县段各类闸站共 16 座，自设备安装调试投运后及维护单位进场以来，管理处除日常巡视外，运维单位平时按照合同要求对所有金属结构和机电设备进行巡查、维护，对于设备所存在的问题能够及时发现、及时解决。自通水运行以来，所有设备运行正常。

5.2.4.5 工程维修养护评价

工程维修养护评价如下：

（1）河南分公司组织辉县管理处对辉县段工程和相关设施（备）进行了经常性的养护和修理，使工程处于安全和完整的工作状态。

（2）辉县管理处按《南水北调中线干线工程运行管理与维修养护实施办法》（Q/NS-BDZX G029）、《南水北调中线干线渠道工程维修养护标准》（Q/NSBDZX 106.02）等要求，组织工程巡查、土建绿化工程维修养护、闸站信息机电设备设施及其系统运行管理和维修养护等运行维护单位对工程设施设备进行维修养护。

（3）自设备安装调试投运后及维护单位进场以来，辉县段各类闸站共 16 座，管理处开展日常巡视，运维单位对所有金属结构和机电设备进行巡查、维护，对于设备所存在的问题能够及时发现，及时解决。

（4）辉县管理处坚持以问题为导向的工作要求，积极开展"两个所有"工作，第一时间查找问题和消除隐患。通过工程巡查 App 系统，加强了问题整改，营造了主动发现问题、积极整改问题的良好氛围，及时消除工程隐患。

（5）辉县管理处线路长，土建日常维修养护项目点多面广，巡查 App 系统纪录的问题多、小、散，整改进度偏慢。管理处通过与维护单位沟通，合理安排施工工作面，加快问题整改进度。

5.2.5 安全生产与应急管理评价

安全生产主要评价年度安全生产工作计划编制和总结、安全隐患排查和风险防控、安全生产检查、安全教育培训等工作是否符合《南水北调中线干线工程通水运行安全生产管理办法》（Q/NSBDZX G030）、《安全生产检查管理标准（试行）》（Q/NSBDZX 209.01）等相关管理法规、办法与技术标准要求。

各级运行管理单位应根据安全生产制度及相关要求，组织编制年度安全生产工作计划，并严格过程管控，做好安全隐患排查和风险防控、安全生产检查、安全教育培训等工作，每年年底对年度安全生产计划执行情况进行总结。

应急管理主要评价应急预案的编制、培训、演练以及突发事件应急组织体系、运行机制、应急保障等是否符合《南水北调中线干线工程突发事件应急管理办法》（Q/NSBDZX

409.06)、《南水北调中线干线工程突发事件综合应急预案》（Q/NSBDZX 409.07)、《南水北调中线干线工程运行期工程安全事故应急预案》（Q/NSBDZX 409.08）等相关技术标准要求，工程抢险与应急调度方案是否合理可行。

各级运行管理单位应根据相关要求并结合工程实际，组织编制工程安全事故、防汛、穿越工程突发事件、冰冻灾害和地震灾害等应急预案，并履行相应审批和备案手续。各级运行管理单位应做好工程安全事故、防汛、穿越工程突发事件、冰冻灾害和地震灾害等应急预案的培训、演练，并按照应急预案要求做好突发事件监测预警以及应急物资、设备和队伍的配备。

5.2.6 自动化系统评价

自动化系统评价包括安全监测自动化系统评价、控制系统评价、通信系统评价、运行调度应用系统评价等。

安全监测自动化系统评价包括监测设施运行维护评价和监测自动化系统评价等。监测设施运行维护评价内容包括运行管理、观测与维护等，主要评价监测设施运行维护是否符合《南水北调中线干线工程运行安全监测管理办法（修订）》（Q/NSBDZX 406.05)、《安全监测管理标准》（Q/NSBDZX 206.05)、《安全监测技术标准（试行）》（Q/NSBDZX 106.07）等。监测自动化系统评价内容应包括数据采集装置、计算机及通信设施、信息采集与管理软件、运行条件、运行维护等。

控制系统包括闸门（泵站）监控系统、视频监视系统及信息管理系统。评价内容主要包括信息采集装置的完备性、控制设备的可靠性、系统功能的实用性、系统管理及维护等方面。

通信系统包括站内通信、系统通信、对外通信及应急通信等。评价内容包括系统完备性评价、通信可靠性评价、通信系统安全性评价、系统管理及维护评价等。

运行调度应用系统评价包括基础平台完备性评价、实时监控与预警可靠性评价、调度计划准确性评价、运行调度应用系统管理及维护评价、运行调度应用系统综合评价等。

自动化系统评价结论分为合格、基本合格和不合格三个等级。合格的自动化系统应继续运行；基本合格的自动化系统可继续运行，应及时修复完善；不合格的自动化系统应及时更新改造。

5.3 运行管理综合评价

运行管理评价应作出以下明确结论：①管理机构和管理制度是否健全，管理人员职责是否明晰；②工程附属管理设施是否完善；③日常检查、安全监测是否正常和有效开展；④工程运行调度是否科学合理；⑤工程维修养护是否及时有效；⑥安全生产管理是否可控；⑦应急预案是否编制和科学合理，应急准备是否到位，应急处置是否及时有效；⑧自动化系统是否合格，可正常运行；⑨安全年度报告编写是否及时和规范。

当以上九方面均做得好，工程能按设计条件和功能安全运行时，运行管理可评为"规范"。当大部分做得好，工程基本能按设计条件和功能安全运行时，运行管理可评为"较规范"。当大部分未做到，工程不能按设计条件和功能安全运行时，运行管理应评为"不规范"。

通过对辉县管理处的运行管理能力、日常检查与安全监测、运行调度、维修养护、安全生产、应急管理和自动化系统等的评价，得出如下结论：①辉县管理处管理机构和管理制度健全，管理人员职责明晰；②工程附属管理设施完善；③日常检查和安全监测正常和有效开展；④工程运行调度科学合理，有效应对了 2016 年"7·9""7·19"和 2021 年"7·20"等多次特大暴雨，保障了工程安全和输水安全；⑤工程维修养护及时有效，使得工程处于安全和完整的工作状况；⑥安全生产管理可控，避免了安全生产事故发生；⑦应急预案编制科学合理，应急准备到位，历次自然灾害事故应急处置及时有效；⑧自动化系统合格，可正常运行。

针对运行管理能力、日常检查与安全监测、运行调度、维修养护、安全生产、应急管理和自动化系统等的评价中发现的·些不足之处，提出以下进一步提升运行管理能力的建议：

（1）辉县管理处线路长，土建日常维修养护项目点多面广，巡查 App 系统记录的问题多、小、散，整改进度偏慢，管理处应通过与维护单位沟通，合理安排施工工作面，加快问题整改进度。

（2）当前极端灾害事件频繁，应针对渠道倒虹吸、暗渠及高地下水位渠段的水毁情况，针对性地制定应急预案和培训、演练；继续推进渠道倒虹吸和暗渠交叉断面采砂管理及左岸排水建筑物出口疏通等工作。

（3）随着运行时间的增长，自动化系统故障率上升，应及时维修养护，必要时进行更新。

第6章

工程质量评价

6.1 评价目的与重点

6.1.1 建设期质量管控体系

南水北调中线工程建设具有完善的质量管理体系，主要包括工程质量管理体系、项目法人质量监控体系、施工质量管理与控制体系。

1．工程质量管理体系

南水北调中线干线工程质量管理实行项目法人负责、建设管理单位现场管理、监理单位控制、设计和施工单位保证与政府监督相结合的质量管理体系。

中线建管局成立质量管理委员会，实行质量管理一把手负责制。工程建设部（后为质量安全部）负责牵头组织中线工程质量管理，并在工程建设高峰期成立质量巡查队、关键工序考核队及质量检测队等管理机构开展质量管理工作。

各施工单位在现场成立项目部，实行项目经理负责制。建立由项目经理为第一责任人的质量管理小组；设置专门的质检机构和工地实验室，制定工程质量管理制度，落实工程质量责任制，制定质量奖罚制度。

监理工作实行总监理工程师负责制。编制《监理规划》和《监理实施细则》，依据中线干线工程的特点，将质量管理作为首要管理工作，确定质量控制要点，配备旁站监理、专业监理人员实施质量控制。制定各项工作制度和岗位责任制度，规定质量控制程序，明确各个岗位的质量责任。

设计单位为保证设计质量，建立项目设计质量保证体系，实行项目设总（院长）负责制，配备有经验的各类专业人员。对图纸和设计变更建立严格审查会签审批制度，按照供图计划提供施工图纸。并在施工现场成立设计代表处。建立设计代表工作制度，工作职责明确。

2．项目法人质量监控体系

在依据有关法律法规建立健全常规质量管理体系的同时，建立质量监控体系。

（1）"三级监控"体系。

一级：现场建管机构（建管处、代建部），对施工质量全过程监控，对工程质量负直接管理责任。

二级：建设管理单位（直管建管部、省南水北调建管局），对现场建管机构的质量管理工作进行督导监管，对施工质量进行巡查监控，对工程质量负管理责任。

三级：中线建管局，对现场建管机构、建设管理单位的质量管理工作进行督导，对施工质量进行抽查监控，对工程质量负总责。

（2）分级检查体系。

1）现场建管机构：全面巡视检查，重点项目专人负责。

2）建设管理单位：重点项目巡视检查，重点项目强化监控。部分单位建立专门的巡视检查队伍。

3）中线建管局：重点项目巡视检查，特殊项目驻点监控。组建三支专职质量监控队伍（质量巡查队、质量检测队、关键工序考核队）。

3. 施工质量管理与控制体系

（1）建立并完善"三级监控"体系，上下联动整合加力。依照国务院南水北调办的质量管理思路，在坚持常规质量管理做法的基础上，提出中线建管局、建管单位和现场建管机构"三级监控"思路，进一步明确各级职责和重点工作任务、方法、机制、措施等，形成分级负责、责任明确、措施有力、机制创新、上下联动的质量安全监控体系，有效整合项目法人和建管单位层面的监控力量。

（2）组建三支局属监控队伍，强化项目法人监控力。在工程建设常规期，中线建管局每年开展多次质量大检查，及时发现现场有关问题。在工程建设高峰期，为适应新的质量管理要求，组建关键工序考核队、质量巡查队、质量检测与技术咨询队三支局属质量监控队伍，作为项目法人质量监控的主要抓手，从原材料及中间产品质量、工序施工质量、质量管理行为、工程实体质量等方面全面加强项目法人监控力度，通过检查暴露问题为警示，引导和督促建管单位主动强化监管。

（3）按月会商，创新质量安全监管工作机制。按月召开质量安全月例会，会议以暴露问题、检查整改落实情况为切入点，一月一回头、一月一总结，对有关单位和责任人形成警示，引导和督促建管单位主动强化监管，主动发现和暴露问题。通过与建管单位面对面沟通，更加准确快速地传达上级精神、安排部署重要工作，确保指令传递不衰减，落实执行不走样。

（4）深入施工过程，高频检查暴露问题。关键工序考核队、质量巡查队、质量检测与技术咨询队等三支队伍以检查暴露问题为重点，结合工程建设进展有计划、有侧重地开展考核、巡查和检测工作。

（5）差别管理，狠抓要害、要点防意外。组织参建单位对工程关键部位、关键环节、关键工序进行梳理，对关键点，派人逐一明确责任人，强化施工过程质量监控，各级质量检查队伍重点检查。将更为关键的建筑物工程作为中线建管局层面的监控重点，由局属质量监控队伍高频检查，逐项销号。

（6）责任追究，信用评价，落实高压严格责任。全面贯彻质量问题责任追究办法、信用管理办法，认真开展监理整治行动，深入落实再加高压开展质量监管工作的通知，中线建管局、建管单位、现场建管三级机构主动暴露问题、严格责任追究，严厉打击各类质量管理违规行为，严肃处理质量问题责任单位和责任人，提高各参建单位的质量责任意识。

（7）培训服务，巡回指导，提高一线人员业务能力。针对现场大批新上岗的建管人员和流动性大、业务能力不足的监理工程师、施工技术人员，在充分调研的基础上，组织编制施工技术标准和作业指导，按照施工的不同时段和施工重点，沿线巡回现场指导和培训。

（8）专人负责，确保质量信息畅通。鉴于工程建设高峰期、关键期建设信息量庞大、统计报送难度大、质量要求高等特点，组织对质量安全信息统计报送工作进行专项研究，实行专人负责、固定格式、定期"零"报告制度，保障质量安全信息统计报送的及时性、准确性和规范性。

6.1.2 建设期渠道和建筑物的质量问题

建设期南水北调中线工程渠道和建筑物主要问题及事故处理如下。

6.1.2.1 质量缺陷

混凝土工程施工中如蜂窝、麻面、裂缝等常见缺陷，依据《南水北调中线干线工程混凝土结构缺陷及裂缝处理规定（试行）》（中线局工〔2007〕19 号），施工单位对质量缺陷进行了备案，并对质量缺陷进行了处理。建设期土方施工中常见的质量缺陷如压实度不够、含水量超标等问题也都按照相应的规程进行整改。

6.1.2.2 重大质量问题及事故处理

1. 京石段涞水溃口跑水事故

2008 年 11 月 22 日，京石段工程第一次临时通水期间，南水北调中线干线京石段涞水县境内发生溃口跑水事故，渠道累计桩号 201+388 附近右堤发现跑水，跑水部位为中 4 标垒子西支干渠倒虹吸上部。

事故发生时采取的应对措施是将渠道跑水部位渠堤拆除，重新筑堤并铺设复合土工膜，膜上铺设预制混凝土块，外坡脚增设 3 层反滤层。2008 年 11 月 26 日渠堤抢修达到通水条件，经监理单位组织四方联合验收和现场抢修指挥部检查验收后，于 11 月 27 日 5 时恢复小流量通水。11 月 29 日完成溃口处左右两岸渠堤的修复和加固工作。事故未造成人员伤亡，未中断向北京供水。

临时通水期间，新筑堤未发现异常，两侧观测井未发现渗水。临时通水结束后，为检查筑堤的密实度及含水量，共布置 4 个钻孔，经取样检测，筑堤密实度及含水量等指标满足设计要求。该处按设计要求进行了恢复，经验收满足设计要求，质量评定合格。

2. 北京西四环暗涵轴线偏移问题

由于施工单位测量错误，导致西四环暗涵二标洞线产生偏移。洞线产生偏移后，暗涵下游与沙窝桥桥基的距离由原 2.7～3.7m 减小至 0.1～1.7m。

事件发生后，相关设计院进行了专项研究设计，通过注浆试验取得了相关参数，确定了注浆加固通过桥基下部地层方案。通过多方案比选确定了洞线纠偏方案：暗涵上游左、右线由现状掌子面位置直接采用平滑曲线与原设计暗涵轴线顺接，对于暗涵尚未通过的桥基，采用暗涵左线由现状掌子面位置直接采用平滑曲线与原设计暗涵轴线顺接。右线由现状掌子面调整至桥基与左线暗涵之间，使右线暗涵与桥桩及左线暗涵的净距均大于0.6m。通过桥基后采用平滑曲线与下游设计洞轴线顺接，同时施工方法由原设计的上下台阶丌挖调整为中隔墙法开挖。

南水北调中线干线管理局组织有关专家对此方案进行了审查。同意设计单位确定的洞线偏移处理方案，同时要求加强施工过程中的监测，对监测成果及时分析。根据后期实施的现场监测结果表明，暗涵及桥梁各主要监测数据变化在设计允许范围内，暗涵及桥梁结构是安全的。

北京市南水北调建管中心组织召开了洞线偏移处理结果专家评审会，认为洞线发生偏移后参建各方立即采取了有效措施处理，程序规范、方案合理、效果可靠；洞线偏移未对工程工期和总体投资控制产生影响；洞线发生偏移处理后，满足设计要求，未对工程输水功能及内在质量，以及桥梁结构安全产生影响。

3. 洺河渡槽空鼓裂缝问题

2012年10月，南水北调工程稽查大队现场质量检查时发现渡槽部分槽体可能存在空鼓裂缝。随后南水北调工程建设监管中心和中线建管局组织有关单位对渡槽进行进一步质量检测和计算分析研究。检测和计算分析表明：在渡槽施工过程中，渡槽侧墙部分竖向预应力钢筋波纹管灌浆不密实，且其中部分波纹管空腔内积水，冬季温降产生冻胀，是导致墙体空鼓裂缝的主要原因。

受中线建管局委托，长江勘测规划设计研究有限责任公司对洺河渡槽12号～16号槽段空鼓裂缝问题提出了加固设计方案。2013年8月，水利部水利水电规划设计总院审查同意对空鼓裂缝及表面裂缝采取灌浆措施；对空鼓区表面一定范围区域粘贴碳纤维布；采用粘贴钢板并加螺栓锚固措施加强混凝土结构的整体性；同意对渡槽外侧墙及中隔墙过水断面进行防水处理，并对外墙采取保温措施；同意对12号～16号槽段空鼓区分为三种类型的加固处理方式。

2013年8—11月，施工单位按照设计要求对12号～16号槽段空鼓区进行了加固处理，对灌浆、粘贴碳纤维布、粘贴钢板施工质量进行了检查和检测，结果符合设计要求。经第一次充水试验放水后检查，加固质量基本满足设计要求，但出现部分聚脲脱落缺陷，对出现的问题及时进行了修补处理。

4. 天津段箱涵上浮问题

2012年7月30日至8月2日，受连日降雨影响，保定市2段工程XW65+941～XW66+097.5段因浇筑完成的箱涵未回填，基坑围堰被水冲垮，基坑进水，使该段11节箱涵被雨水淹没并发生不同程度上浮。对处理程序、方法和质量标准提出技术要求，箱涵处理按照箱涵复位、基础处理、混凝土修复、止水处理、错台处理的顺序进行。施工单位按技术要求完成了箱涵基础灌浆、缺陷处理、监测仪器埋设调试、土方回填、止水修复等工作，监理单位全程进行了旁站。

5. 大谈村桥质量问题

2013年，国务院南水北调办飞检发现，大谈村桥箱梁混凝土多处存在蜂窝、孔洞、露筋等质量问题，国家建筑工程质量监督检验中心检测认为，箱梁混凝土不满足设计强度要求，中跨主梁的抗弯承载能力不满足设计要求。

针对以上质量问题，提出以下处理措施：

（1）采用高强环氧砂浆对蜂窝、孔洞、露筋、裂缝等缺陷进行修复，对局部拉应力不满足要求的可贴碳纤维布进行处理。

（2）质量缺陷修复完成后，在两个边跨梁的 4 条腹板顶部采用砂袋加载压重，减小边跨梁压应力。

（3）维持边跨梁加载状态，在边跨梁箱室内底板上和内侧壁上增加 20cm 厚的钢纤维混凝土，增大边跨梁截面面积。

（4）维持边跨梁加载状态，在边跨梁增大截面施工完成并达到设计强度后，进行中跨梁顶部铺装层施工。将铺装层与中跨梁顶面紧密连接，作为受力结构的一部分，以达到增大中跨梁截面面积的目的。铺装层厚度维持原设计 8cm，使用 C50 钢纤维混凝土，并植入剪力钉。

（5）中跨梁铺装层施工完成并达到设计强度后卸载边跨梁压重。

6. 中铝工企站质量问题

2013 年 6 月 15 日，南水北调工程建设监管中心对南水北调中线一期总干渠中铝企业站铁路交叉工程进行了现场巡查，在此次质量巡检中发现框架桥下层中孔第四节左侧边墙距底板约 2.3m 处混凝土有空鼓。经对空鼓范围凿除后发现墙身钢筋、分布筋间距较大且不均匀，钢筋机械连接部位钢筋丝头外露过长，与设计及规范要求不符。

受南水北调工程建设监管中心的委托，国家建筑工程质量监督检验中心对该工程进行现场取样及检测认证。经理论验算，现有下部框架结构部分已基本不能满足承载能力及正常使用要求，应对结构断面进行增大截面法加固处理。上部框架结构部分腋角和断筋处不满足要求，需采用粘贴钢板加固法进行处理。经加固处理后，加固后构件可正常使用，可满足承载能力极限状态计算、正常使用极限状态验算要求和结构安全要求。

由于下层结构采用增大截面法加固，减少了渠道过水断面，造成水头损失不满足设计要求。为此，对过水断面进行了调整，将洞内边坡比 2.26 调整为 1.75，并设置了进出口渐变段。经有关单位计算，过水断面调整后，设计流量下水头损失为 2.45cm，小于原设计水头损失 2.55cm。通过对过水断面的调整，设计水头满足设计要求，不影响建筑物过流能力和总干渠水面线。

质量问题处理技术方案如下：

（1）上层框架桥采用粘贴钢板加固方案。405m 箱身钢板加工呈 L 形，钢板材质为 Q345B，压力注胶黏结，每块钢板长 2415mm、宽 180mm、厚 5mm。L 形钢板每米布置 3 块，设置在底板和顶板倒角处；5.5m 箱身加固钢板呈槽型，每块钢板长 8230mm、宽 300mm、厚 5mm，间距 0.5m；在框架桥上钻孔 105mm，采用 M12、等级 8.8 级的高强膨胀螺栓将钢板与框架桥锚固，在钢板两端设置钢板压条，压条下面的空隙加胶黏钢垫块填平，粘贴钢板外侧进行防护处理。

（2）下层框架桥采用增大截面法加固方案：底板加厚 0.25m，中孔和边孔缝墙加厚 0.45m，边孔边墙加厚 0.5m，顶板增加混凝土梁（高度为 0.8m，净间距为 2m）。底板配筋每米 $8\phi28@25mm+4\phi28@250mm$，顶板配筋 3 层 $12\phi28@125mm$，边墙、缝墙配筋

$8\phi25@125mm$；分布筋均为$\phi22@125mm$。因改变流水断面，设计调整了渠道进出口坡度和边孔的过水断面。

2013 年 10 月 8 日，河南省水利勘测设计研究有限公司出具的正式图纸送达，开始加固施工；2013 年 12 月 20 日，下层框架加固完成；全部整修工作于 2014 年 4 月 20 日完成。

7. 穿黄隧洞渗漏及缺陷处理

（1）质量问题排查情况。穿黄ⅡB标、ⅡA标分别于 2014 年 2 月 20 日、2 月 22 日开始充水试验，当隧洞充水至 85m 高程时，渗漏量接近（ⅡB标）或超过（ⅡA标）渗漏排水泵的额定排水量。经现场参建各方研究并请示中线建管局同意，决定暂停充水，进行渗漏通道排查。中线建管局高度重视穿黄隧洞质量缺陷排查及处理工作，于 3 月 22 日成立了继续充水试验领导小组和现场工作组，按照国务院南水北调办要求，全面开展质量排查、处理方案研究及现场处理实施工作。

（2）方案确定情况。3 月 14 日，中线建管局组织专家对穿黄隧洞防渗处理方案进行审查，确定了对顶拱灌浆孔、检查孔、孔道排气孔重新扫孔封堵，锚具槽、纵向施工缝、底板手孔采用聚脲封闭的综合防渗措施。5 月 14 日，中线建管局组织审查了防渗及缺陷处理设计方案，确定了对所有洞段补充回填灌浆，所有孔道补充化学灌浆，对裂缝按照中线建管局有关要求处理，局部洞段采用粘钢、粘碳纤维布加强的综合处理措施。

（3）处理完成情况。处理工作于 2014 年 8 月底前全部完成。B 洞和 A 洞分别于 2014 年 8 月 15 日和 9 月 1 日开始继续充水试验，经观测，隧洞渗水情况无异常。

6.1.3 评价目的与重点

工程质量评价的目的是复核基础处理的可靠性、防渗处理的有效性以及结构的完整性、耐久性与安全性等是否满足规范和工程安全运行要求。

1. 工程质量评价主要内容

工程质量评价应包括下列主要内容：①复核工程地质条件及基础处理是否满足规范要求；②复核工程质量现状是否满足规范要求；③根据运行表现，分析工程质量变化情况，查找是否存在工程质量缺陷，并评估对工程安全的影响；④为安全评价提供符合工程实际的计算参数。

2. 工程质量评价方法

工程质量评价应在勘测、设计、施工、验收、运行等相关资料分析的基础上，重点对历次验收遗留工程施工质量问题、运行中暴露的质量缺陷及其处理效果，以及安全检查、安全检测、安全监测反映的质量问题，进行工程质量评价。工程质量评价宜采用下列基本方法：

（1）现场安全检查法。通过安全检查并辅以简单测量、测试及安全监测资料分析，复核结构形体尺寸、外观质量及运行情况是否正常，进而评判工程质量。

（2）历史资料分析法。通过对工程施工质量控制、质量检测（查）、验收，以及安全鉴定、运行、安全监测及已有安全检测等资料的复查和分析，对照规范要求，评价工程质量。

（3）钻探试验与检测法。当上述两种方法尚不能对工程质量作出评价时，应通过检测

（探测）或补充钻探试验取得工程现状参数，并据此对工程质量进行评价。

当复核发现工程质量不满足规范要求或存在重大质量缺陷时，应结合渗流安全、结构安全、抗震安全评价做进一步论证，确定是否需要采取措施进行处理。

对加固处理的结构，应评价其加固工程质量是否满足设计与运行要求。

6.2 工程地质条件评价

6.2.1 工程地质条件评价内容

对安全评价对象所处区域的地形地貌、地层岩性、地质构造、地震、水文地质等进行评价，查明是否存在影响工程安全的地质缺陷和问题。

复查工程基础处理方法的可靠性和处理效果等，是否满足设计和安全运行要求。

当有地震设防要求时，应复查地震活动情况和工程地质的有关资料，复核地震基本烈度、抗震措施，对抗震有利、不利和危险地段作出综合评价。

对运用中发生地震烈度或工程地质条件发生重大变化的建筑物，评估地震烈度或工程地质条件变化及其对工程安全的影响。

6.2.2 补充地质勘察

当缺少工程地质资料时，或已有资料不能对工程质量作出准确评价结论时，应补充工程地质勘察；或当工程存在可疑质量缺陷或运行中出现异常时，且已有资料不能满足安全评价需要，应补充钻探试验，以取得工程现状参数，为质量评价和安全复核提供依据。

补充开展的钻探应重点针对工程质量问题或缺陷，在满足相关规程规范要求的基础上，尽量减小对工程现状的影响。

补充地质勘察应按《南水北调中线一期工程总干渠初步设计工程勘察技术规定》（NSBD-ZGJ-1-1）、《水利水电工程地质勘察规范》（GB 50487）、《引调水线路工程地质勘察规范》（SL 629）及《土工试验方法标准》（GBT 50123）的相关规定执行，取得相应参数和分析成果。

现状地质勘察的基本任务是根据前期资料回顾及初步判断分析，针对性地开展安全评价阶段的地质勘察工作，地质勘察应满足安全评价的需要，确定可能发生地质缺陷的位置、性状、范围，提供计算所需的其他各种地质边界和进行数值分析所需的岩体物理力学参数。

6.3 渠道工程质量评价

6.3.1 渠道工程质量评价主要内容

渠道工程质量应评价混凝土衬砌、渠基处理、渠道施工质量及现状、渠坡防护工程质量及现状等是否满足《南水北调中线一期工程总干渠初步设计明渠土建工程设计技术规定》（NSBD-ZGJ-1-21）、《南水北调中线一期工程总干渠渠道设计补充技术规定》

（NSBD-ZGJ-1-35）、《南水北调中线一期工程渠道工程施工质量评定验收标准（试行）》（NSBD 7）等相关设计规范、施工规范及《水利水电工程施工质量检验与评定规程》（SL 176）、《水利工程质量检测技术规程》（SL 734）等质量检测规范的要求。

渠基质量应重点评价下列内容：根据渠基土的黏粒含量和十层结构，应重点复核特殊工程地质渠段渠基处理方法的可靠性和处理效果等；渠基质量应重点复核高地下水位、高填方的渠基以及软弱渠基、透水渠基处理工程质量是否达到有关规范要求。

挖方渠道质量应重点评价下列内容：复核过水断面尺寸，衬砌板平整度、强度，裂缝分布情况；膨胀土渠段复核非膨胀黏性土换填土特性、渗透性及压实度，水泥改性土的水泥含量和压实度等；一级马道以上边坡出现沉陷、塌陷、裂缝、滑坡时，分析查明质量缺陷，复核边坡支护完整性、排水孔有效性；复核集水井和强排泵站排水能力的匹配性。

填方渠道质量应重点评价下列内容：复核过水断面尺寸，衬砌板平整度、强度，裂缝分布情况；背水坡出现沉陷、塌陷、裂缝、滑坡、散浸、管涌时，应分析查明质量缺陷；复核反滤压坡的完整性和有效性；膨胀土渠段复核非膨胀黏性土换填土特性及压实度，水泥改性土的水泥含量和压实度等；复核填土土料颗粒组成、干密度；评价防渗设施的连续性和完整性。

渠道工程质量评价采用现场安全检查法、资料分析法和检测法等，分高填方、半挖半填、挖方渠段分别进行评价。对于运行期加固处理的局部渠段，应对其工程加固措施、加固质量及效果进行评价。

6.3.2 工程实例

以河南分公司辉县管理处为例，开展渠道工程质量评价[29]。

1. 重大技术问题及遗留问题

辉县段建设期无重大技术问题，存在的设计变更均参照技术规定执行并通过审查批准。辉县段单位工程验收遗留问题 52 项，已全部处理完成。

2. 安全检查情况

以往日常巡查中发现的问题已采取相应的措施进行处理。渠道过水断面衬砌板整体无冻融、冻胀、裂缝、破损、滑塌、隆起等情况，变形缝填充材料无脱落、开裂等；渠道运行维护道路路面无裂缝、沉陷、破损，路面与路缘石结合部位缝隙无张开，渠肩线顺直。坡面排水沟完好、顺畅，坡面支护材料无变形、裂缝等。

3. 施工质量评价

辉县段渠道工程主要施工内容有：渠道基础处理、土石方开挖、土方回填、排水系统安装、砂垫层与保温板铺设、土工膜铺设、混凝土浇注与养护、伸缩缝施工、密封胶施工。

根据收集的建设管理资料，评价辉县段岩土膨胀性问题、黄土状土湿陷性问题、饱和砂土及少黏性土地震液化问题、高地下水位问题。对于岩土膨胀性问题，采用全断面换填，并且对地下水位高于渠底的渠段在换填层后设排水措施。对于黄土状土湿陷性问题，采用强夯法处理。对于饱和砂土及少黏性土地震液化问题，采用渠坡强夯、渠底换填的综合处理。对于高地下水位问题，采用明排与管井结合的降排水方式处理。渠道通水运行后，黏性土换填渠段未发生膨胀岩、土边坡稳定问题，未出现黄土湿陷沉降变形破坏问题，未发生砂土地震液化等问题，渠道施工质量满足设计规程规范及南水北调相关要求。

4. 安全监测资料分析成果

安全监测资料分析主要依据完工验收安全监测成果分析报告和通水运行阶段安全监测分析报告中的成果开展。

监测资料分析发现，辉县管理处辖区内高填方渠段沉降变形有增大趋势，渠道工程各监测断面渗流状态正常。通水后，半挖半填段渠底渗压力逐渐升高，出现内水外渗现象，但渗压计所测水位低于渠内水位，渗压力均在设计警戒值范围内。挖方渠段存在的膨胀岩土渠段地下水位高，强降雨期间渗压计测值很大，降雨过后测值有所减小，但相对降雨前仍然较大，高地下水位导致断面附近衬砌面板存在不同程度的损毁。

5. 安全检测成果

重点检测了河滩渠段、高填方渠段、饱和砂土地基渠段、高地下水位渠段、弱膨胀岩土渠段五类渠道，采用地质雷达探测法、高密度电法以及地震波法进行隐患探测。监测发现，高填方地质体表征为高含水土质特征，该区域土层土性含水率高、土体偏软，推测存在内水外渗现象。部分渠段存在土质不均匀以及填筑不密实问题，渠道堤身土层的局部含水率较高，相对周边堤身土体密实性偏低，存在相对软弱地层。

6. 渠道工程质量综合评价

综合梳理辉县段工程建设及运行期重大技术问题，历次验收遗留问题处理情况，日常巡查、现场安全检查以及水下检查结果，施工质量评价内容，监测资料分析反映的问题以及安全检测发现的问题对辉县管理处辖区段渠道工程质量进行评价。结果如下：

（1）辉县工程段的特殊岩土段渠道主要包括膨胀岩土渠段、湿陷性黄土状土渠段、饱和砂土及少黏性土地震液化地质段。

1）膨胀岩土渠段采用全断面换填，并对地下水位高于渠底的渠段在换填层后设排水措施；对IV103+898.0～IV104+037.6段塌滑体采取挖至塌滑体后缘后放缓坡，然后用黏性土回填至原渠道设计断面；对IV105+500～IV105+590段采取挖至塌滑体后缘后放缓边坡，然后用黏性土回填至原渠道设计断面，采用长锚杆进行支护，并在坡面设置排水管。

2）湿陷性黄土状土渠段，采用强夯法、重夯法处理的渠段分别长 3.043km、4.065km，其余 0.350km 渠段采用左岸土挤密桩、右岸强夯的处理方法。

3）地震液化地质段，桩号IV93+280.0～IV93+928.8渠段采用渠坡强夯、渠底换填的综合处理措施，IV94+379.8～IV94+500.0渠段采用强夯法处理。

4）河滩卵石地基处理，采用高喷截渗、换填黏土铺盖、换填黏土铺盖＋排水管网的渠段分别长 2.1km、10.2km 和 5.6km。

渠道工程不存在Ⅲ类质量缺陷，Ⅰ、Ⅱ类质量缺陷处理及施工质量满足设计规程规范要求。

根据施工方自检、监理抽检成果，渠段黏性土换填填筑质量，黄土状土强、重夯及挤密土桩处理质量，地震液化地层强夯及挤密土桩处理质量，均满足设计要求。渠道通水运行后工作性态正常。

（2）渠道过水断面衬砌板整体平整，对定期巡视检查中发现的裂缝、错位等问题，通过日常维修养护项目修复。

（3）膨胀土换填土压实度满足设计要求，一级马道以上边坡未出现沉陷、塌陷、裂缝和滑坡等问题，边坡支护完整，排水孔有效。膨胀土、高地下水挖方渠道，尤其是设计桩号Ⅳ103＋800～Ⅳ115＋387，地下水位受降雨影响明显，在地下水位影响下，易造成运行维护路面局部塌陷、过水断面衬砌板漂浮、滑移，在2021年"7·20"强降雨过程中，原先2016年"7·9"强降雨期间已采取抽排井、过水断面锚固等措施处理的渠段未出现运行维护路面塌陷和衬砌板漂浮等问题，建议进一步采取排水、边坡加固等措施处理。

（4）高填方渠道背水坡未出现沉陷、塌陷、裂缝、滑坡、散浸等现象，但监测资料和检测成果表明，高填方渠段存在内水外渗现象，需要在日常巡视检查加强观测。

6.4 建筑物工程质量评价

6.4.1 建筑物工程质量评价主要内容

1. 倒虹吸与暗涵（渠）工程质量评价

倒虹吸与暗涵（渠）工程质量应评价地基处理、管身结构、进出口连接段、进出口闸室段以及细部结构等施工质量及现状是否满足《南水北调中线一期工程总干渠初步设计河道倒虹吸技术规定》（NSBD - ZGJ - 1 - 6）、《南水北调中线一期工程总干渠初步设计渠道倒虹吸技术规定》（NSBD - ZGJ - 1 - 7）等相关设计规范及《水利水电工程施工质量检验与评定规程》（SL 176）、《水利工程质量检测技术规程》（SL 734）、《建筑地基处理技术规范》（JGJ 79）等质量检测规范的要求。

左岸排水倒虹吸、排水涵洞等左岸排水建筑物主要评价施工质量和现状等是否符合《南水北调中线一期工程总干渠初步设计左岸排水建筑物土建工程设计技术规定》（NSBD - ZGJ - 1 - 28）等相关设计规范及《水利水电工程施工质量检验与评定规程》（SL 176）、《水利工程质量检测技术规程》（SL 734）等质量检测规范的要求。

倒虹吸管、暗涵与河（渠）道、堤防、公路、铁路等交叉连接时，应评价交叉连接段工程质量是否符合相关行业的规范要求。

地基处理质量评价应查明岩石地基处理措施以及承载力，存在湿陷、沉陷、膨胀、冻胀、冲刷、地震液化等不良物理现象的土基处理等是否符合《灌溉与排水渠系建筑物设计规范》（GB 50288）等相关规范要求。

管身结构、进出口连接段、进出口闸室段以及细部结构工程质量评价应符合下列要求：

（1）管身结构、进出口连接段、进出口闸室段以及细部结构等按混凝土结构质量评价。

（2）若管身结构段出现不均匀沉降、裂缝、渗水，管顶覆土厚度出现严重不足，应在安全检查和安全检测基础上，分析查明质量缺陷成因，并评估对工程结构安全性的影响。

2. 渡槽工程质量评价

渡槽工程质量应评价基础处理、进出口渐变段、进出口闸室段、进口连接段、槽身段、出口连接段、槽墩（箱形涵洞）及下部支承结构等工程施工质量和现状等是否符合《南水北调中线一期工程总干渠初步设计涵洞式渡槽土建工程设计技术规定》（NSBD-ZGJ-1-23）、《南水北调中线一期工程总干渠初步设计梁式渡槽土建工程设计技术规定》（NSBD-ZGJ-1-25）等相关设计规范及《水利水电工程施工质量检验与评定规程》（SL 176）、《水利工程质量检测技术规程》（SL 734）等质量检测规范的要求，应重点检查建筑物完整性和表面状况。

渡槽工程基础处理评价应包括下列主要内容：

（1）当有地震设防要求时，应确定是否存在可液化土层。

（2）地基承载力与地基处理是否满足规范与设计要求。

（3）摩擦桩的埋深是否符合设计要求。

（4）端承桩桩头是否嵌入基岩。

（5）梁式渡槽的基础灌注桩的低应变法检测结果是否为一类桩。

渡槽混凝土结构应进行混凝土质量复核，对运行、安全检查和安全检测已发现的混凝土裂缝、伸缩缝止水、渗水，以及进出口渐变段、进出口闸室段、出口连接段等的不均匀沉降、渗漏，下部支承结构老化、破裂、变形、错位、脱空和支座钢板锈蚀等外观质量和内部缺陷，复核对工程结构安全性、适用性和耐久性的影响。

评价预应力渡槽的实际预应力大小和孔道密实度应符合规范和设计要求，渡槽槽壁混凝土内部应完整无剥离。

评价碳纤维布加固、聚脲加固防护部位的碳纤维布、聚脲的有效黏结面积和正拉黏结强度是否满足规范和设计要求，碳纤维布加固、聚脲加固防护部位是否黏结可靠，有无剥离破坏，并评价其防渗效果。

3. 隧洞工程质量评价

隧洞工程质量应评价洞身围岩、支护与衬砌结构、进出口边坡、混凝土结构等工程质量及现状是否符合《水工隧洞设计规范》（SL 279）、《南水北调中线一期工程总干渠初步设计无压隧洞土建工程设计技术规定》（NSBD-ZGJ-1-18）相关设计规范及《水利水电工程施工质量检验与评定规程》（SL 176）、《水利工程质量检测技术规程》（SL 734）等质量检测规范的要求，应重点关注岩土体的稳定性、支护结构的安全性和建筑物的安全性和耐久性等。

应重点评价隧洞围岩和进出口边坡稳定性是否满足设计要求，并符合《水工隧洞设计规范》（SL 279）、《水工建筑物地下开挖工程施工规范》（SL 378）、《水利水电工程边坡设计规范》（SL 386）等规范的有关规定。

支护与衬砌结构工程应进行混凝土质量评价。对运行、安全检查和安全检测中已发现的混凝土裂缝、渗漏、空鼓、剥蚀、腐蚀、碳化和钢筋锈蚀等问题，分析查明质量缺陷成因，复核对工程结构安全性、适用性和耐久性的影响。

穿黄隧洞除对本节相关部位进行质量评价外，应重点复核进出口竖井、隧洞高强混凝土衬砌、管片接缝、预应力混凝土的强度和耐久性，并对防渗措施及效果进行评价。

4. 闸室（房）工程质量评价

闸室（房）工程质量评价主要复核基础处理、闸室段、上下游连接段建筑物施工质量和现状等是否符合《南水北调中线一期工程总干渠初步设计节制闸、退水闸、排冰闸土建工程设计技术规定》（NSBD-ZGJ-1-24）、《水闸设计规范》（SL 265）、《水闸施工规范》（SL 27）等相关设计规范及《水利水电工程施工质量检验与评定规程》（SL 176）、《水利工程质量检测技术规程》（SL 734）等质量检测规范的要求。

闸室（房）基础处理评价应包括下列内容：

（1）当有地震设防要求时，应确定是否存在可液化土层。

（2）应评价地基承载力与地基处理是否满足设计规范与设计要求。

（3）基础和两岸连接处理的质量评价，应结合工程施工资料、监测资料分析和运行状况评价工程设计是否满足设计规范要求，工程质量是否满足《水闸施工规范》（SL 27）要求。

混凝土建筑物应进行混凝土质量复核，重点评价现状混凝土强度、抗渗、抗冻等级、抗冲、抗磨蚀和弹性模量等是否满足要求。对已发现的混凝土裂缝、渗漏、空鼓、剥蚀、腐蚀、碳化和钢筋锈蚀等问题，应评估对结构安全性、耐久性的影响。

5. 退水渠工程质量评价

退水渠工程质量主要评价退水渠防护段的基础处理、导流和抗冲防护设施等的施工质量和现状等是否符合《南水北调中线一期工程总干渠初步设计节制闸、退水闸、排冰闸土建工程设计技术规定》（NSBD-ZGJ-1-24）、《灌溉与排水渠系建筑物设计规范》（GB 50288）、《堤防工程设计规范》（GB 50286）、《堤防工程施工规范》（SL 260）、《渠道工程施工质量评定验收标准》（NSBD 7）等相关设计规范及《水利水电工程施工质量检验与评定规程》（SL 176）、《水利工程质量检测技术规程》（SL 734）等质量检测规范的要求。

退水渠工程质量评价应包括下列内容：

（1）防护段基础处理，防护段的长度、宽度是否满足设计要求。

（2）导流和防护设施的稳定性和抗冲刷处理是否满足设计要求。

（3）基础和两岸连接处理的质量评价，应结合工程监测资料和运行状况分析评价工程质量是否满足规范要求。

6. 混凝土结构质量评价

混凝土结构应复核强度、抗渗、抗冻等级及弹性模量等是否符合《水工混凝土结构设计规范》（SL 191）、《水利水电工程施工质量检验与评定规程》（SL 176）、《水利工程质量检测技术规程》（SL 734）、《水工混凝土结构耐久性评定规范》（SL 775）及《混凝土重力坝设计规范》（SL 319）、《水闸设计规范》（SL 265）等相应规范的要求。

混凝土结构检测结果符合下列要求：①抗压强度推定值或推定区间上限值及芯样抗压强度值、轴向抗拉强度不小于设计要求；②抗渗性能、抗冻性能、钢筋数量的检测结果达到设计要求；③钢筋间距和保护层厚度的检测结果合格率要达到技术标准要求；④内部缺陷的检测结果无明显不密实区和空洞；⑤弹性模量的检测结果达到设计和技术标准要求。

混凝土碳化深度评价标准，水工混凝土碳化分为三类：①A类碳化，轻微碳化，大体积混凝土的碳化；②B类碳化，一般碳化，钢筋混凝土碳化深度小于钢筋保护层的厚度；③C 类碳化，严重碳化，钢筋混凝土碳化深度达到或超过钢筋保护层的厚度。

水工混凝土渗漏可分为集中渗漏、裂缝与伸缩缝渗漏及散渗。渗漏分类评判标准：①A 类渗漏，轻微渗漏，混凝土轻微面渗或点渗；②B 类渗漏，一般渗漏，局部集中渗漏、产生溶蚀；③C 类渗漏，严重渗漏，存在射流或层间渗漏。

混凝土结构裂缝分水工大体积混凝土、水工钢筋混凝土和渠道衬砌（素）混凝土工程三类进行分类判定。当缝宽、缝深和缝长等未同时符合下列指标时，应按照靠近从严的原则进行归类。

（1）水工大体积混凝土裂缝可根据裂缝特性、缝宽和缝深等分类标准进行分类：①A 类裂缝，龟裂或细微裂缝，缝宽 $\delta<0.2$mm，缝深 $h\leqslant300$mm；②B 类裂缝，表面或浅层裂缝，缝宽 0.2mm$\leqslant\delta<0.3$mm，缝深 300mm$<h\leqslant1000$mm；③C 类裂缝，深层裂缝，缝宽 0.3mm$\leqslant\delta<0.5$mm，缝深 1000mm$<h\leqslant5000$mm；④D 类裂缝，贯穿性裂缝，缝宽 $\delta\geqslant0.5$mm，缝深 $h>5000$mm。

（2）水工钢筋混凝土裂缝可根据裂缝特性、缝宽和缝深等分类标准进行分类：①A 类裂缝，龟裂或细微裂缝，缝宽 $\delta<0.2$mm，缝深 $h\leqslant300$mm 且不超过钢筋保护层厚度；②B 类裂缝，表面或浅层裂缝，缝宽 0.2mm$\leqslant\delta<0.3$mm，缝深 300mm$<h\leqslant1000$mm 且不超过结构宽度的 1/4；③C 类裂缝，深层裂缝，缝宽 0.3mm$\leqslant\delta<0.4$mm，缝深 1000mm$<h\leqslant2000$mm 或大于结构厚度的 1/4；④D 类裂缝，贯穿性裂缝，缝宽 $\delta\geqslant0.4$mm，缝深 $h>2000$mm 或大于结构厚度的 2/3。

（3）渠道衬砌（素）混凝土工程裂缝按《南水北调中线干线工程混凝土结构质量缺陷及裂缝处理技术规定（试行）》进行分类：①A 类裂缝，缝深较浅，为龟裂或细微不规则状裂缝，缝宽 $\delta<0.2$mm；②B 类裂缝，缝宽 $\delta\geqslant0.2$mm，缝长 $l\geqslant200$cm，缝深基本穿透结构厚度。

钢筋锈蚀按其对建筑物危害程度的大小分类如下：①A 类锈蚀，轻微锈蚀，混凝土保护层完好，但钢筋局部存在锈迹；②B 类锈蚀，中度锈蚀，混凝土未出现顺筋开裂剥落，钢筋锈蚀范围较广，截面损失小于 10%；③C 类锈蚀，严重锈蚀，钢筋表面大部分或全部锈蚀，截面损失大于 10% 或承载力失效，或混凝土出现顺筋开裂剥落。

钢筋保护层厚度评价标准：①处于一类环境的梁、柱、墩混凝土保护层最小厚度为 30mm，墙、板混凝土保护层最小厚度为 20mm；②处于二类环境的梁、柱、墩混凝土保护层最小厚度为 35mm，墙、板混凝土保护层最小厚度为 25mm，处于三类环境下的梁、柱、墩混凝土保护层最小厚度为 45mm，墙、板混凝土保护层最小厚度为 30mm；③截面厚度不小于 2.5m 的底板及墩墙保护层最小厚度为 40mm（二类环境）、50mm（三类环境），有抗冲耐磨要求的结构面层钢筋，保护层厚度应适当增大，有受冻要求的梁、板、柱、墩、墙的钢筋保护层厚度宜适当增加。

对已发现不满足标准要求的混凝土性能指标，应评估其对结构安全性、适用性和耐久性的影响。

6.4.2　工程实例

以河南分公司辉县管理处为例，采用现场安全检查法、资料分析法和检测法等对倒虹吸（暗渠）、渡槽与闸室、退水渠的工程质量进行综合评价。

6.4.2.1 施工质量评价

通过资料分析，管理处辖区内倒虹吸与暗渠施工无重大设计变更，施工过程中的主要设计变更包括：总干渠郭屯南沟排水渡槽设计变更，南水北调中线一期工程总干渠黄河北—羑河北（委托管理段）建筑物根据渠道设计补充技术规定的专题设计增加渗控设计，石门河渠道倒虹吸河滩卵石地基处理设计变更，南水北调中线一期工程辉县段、石门河段砂卵石扰动渠段基础处理设计变更等，变更内容均已完成，验收质量合格。

施工期间对工程建设有较大影响的事件为：2010年8月18日，石门河施工所在地河南省辉县市普降暴雨，发生50年一遇洪水，超过工程度汛标准（10年一遇洪水），洪水来临时虽经奋力抢险，由于洪水来势汹涌抢险失败，导致正在施工的倒虹吸基坑全部淹没，施工现场处于全面停工，至2011年2月19日才基本恢复施工生产。

辉县段设计单元单位工程验收遗留问题52项，已全部处理完成。

根据《南水北调中线一期工程总干渠黄河北—羑河北辉县段设计单元工程完工验收项目法人验收工作报告》（南水北调中线一期工程总干渠黄河北—羑河北辉县段设计单元工程完工验收项目法人验收工作组，2020年6月），验收结论为：辉县段工程建设内容已按批准的设计全部完成，工程质量满足设计和规范要求，历次验收遗留问题均已处理完成，验收资料齐全，满足完工验收条件。安全监测成果分析表明工程运行性态正常，验收工作组同意通过辉县段工程完工验收项目法人验收。辉县段单元工程质量全部合格，优良率达到85%以上；单位工程外观质量得分率在85%以上；无重大质量事故发生。设计单元工程存在质量缺陷共1621个，其中Ⅰ类质量缺陷1328个，Ⅱ类质量缺陷288个，Ⅲ类质量缺陷5个，已按相关要求处理并验收合格。

6.4.2.2 现场安全检查

1. 日常巡视检查

巡视检查重点为检查建筑物及其周边是否存在裂缝、不均匀沉降、沉陷、塌孔、鼓包、滑坡、浸润、渗漏等异常迹象，辅助设施是否存在影响正常使用的问题，还关注了水流流态或冰情、异常振动或声响、植物生长、动物活动、具危害性的人类活动等情况。

巡视检查辉县段所辖建筑物未发现明显异常。

2. 水下检查

辉县管理处于2019年12月开展了重点输水倒虹吸水下检查，根据倒虹吸运行情况，辉县管理处选取黄水河倒虹吸、刘店干河暗渠为重点输水倒虹吸排查对象，主要成果总结如下。

本次检查共计7个管涵，利用水下机器人本体到达管身倒角部位，对平管段与斜坡段交接处横断面进行重点检查，并随机抽取1～2个横断面进行检查，利用机器人四周摄像头及声呐设备收集影像及图片资料。检查主要内容包括建筑物水下缺陷情况（如管身不均匀沉降、混凝土裂缝、错台、渗漏、结构缝内聚硫密封胶开裂、脱落等问题），建筑物淤积情况，淡水壳菜和微生物生长情况等。

（1）黄水河渠道倒虹吸。黄水河渠道倒虹吸共有4个管涵，1号、3号、4号管身仅有极少量的淡水壳菜分散在管身四壁，占有量不足2%；管身底部有极少量淤泥及杂物；

图 6.4-1 黄水河渠道倒虹吸 2 号
管身水下检查结果

结构缝处聚硫密封胶完好；未见错台、破损、混凝土裂缝及管身不均匀沉降现象。

2 号管身斜坡段淡水壳菜较少，占有量不足 2%，平管段淡水壳菜较多（图 6.4-1），占有量约 5%；管身底部有少量淤泥；结构缝处聚硫密封胶完好；未见错台、破损、混凝土裂缝及管身不均匀沉降现象。

（2）刘店干河暗渠。刘店干河暗渠共有 3 个管涵。1 号、2 号、3 号管身仅有极少量的淡水壳菜分散在管身四壁 [图 6.4-2（a）]，占有量不足 2%；管身底部有极少量淤泥；结构缝处聚硫密封胶完好 [图 6.4-2（b）]；未见错台、破损、混凝土裂缝及管身不均匀沉降现象。

（a）3 号管涵 45m 处底板（有少量淡水壳菜）

（b）3 号管涵右侧 339m 处（聚硫密封胶完好）

图 6.4-2 刘店干河暗渠 3 号管涵水下检查成果

综上所述，黄水河、刘店干河 7 个管涵未见错台、破损、混凝土裂缝及管身不均匀沉降现象；管身底部有极少量淤泥及杂物，齿槽内有少量淤泥和杂物；结构缝处聚硫密封胶完好；有极少量的淡水壳菜分散在管身四壁，占有量不足 5%。其他未见异常情况，黄水河、刘店干河管涵内部运行基本正常。

3. 郑州"7·20"特大暴雨后安全检查

（1）峪河暗渠。2021 年"7·20"特大暴雨造成峪河暗渠北峪河 35kV 塔基南侧和北侧冲刷形成两条冲沟；河床管身及下游段表层覆盖土大面积被洪水冲走，防汛连接路被冲毁，混凝土框格梁、钢筋混凝土矩形盖梁及格宾石笼出露，局部形成许多冲刷坑被破坏，北支北沟下游防洪防护的格宾石笼坡脚处摆放的混凝土四面体被埋或冲走；北峪河 35kV 杆塔基础混凝土灌注桩外露。对北峪河冲刷形成两条冲沟，应急处置已采用土石料回填覆盖至原格宾石笼防护坡脚处；四面体倒运至下游格宾石笼坡脚处；35kV 塔基两侧冲沙坑土石方回填基本完成。

（2）午峪河渠道倒虹吸。2021 年"7·20"特大暴雨过程中，午峪河渠道倒虹吸管身上游（午峪河右岸）过流较大，对雷诺护垫根部进行淘刷，造成雷诺护垫根部少量石笼损毁、雷诺护垫根部形成较大冲坑，对午峪河护坡造成较大的安全隐患；防汛连接路因其下方掏空，造成局部路面坍塌，防汛连接路下游形成较大冲坑。应急处置已清理和修整冲刷后的河床，沿原有雷诺护垫向午峪河河床中心增设格宾石笼；沿防汛连接路向下游铺设格宾石笼，用土石方对铺设石笼进行覆盖，覆盖完成后与现有河床高程保持一致。

（3）王村河渠道倒虹吸。2021年"7·20"特大暴雨，顺河道方向逐步形成冲沟，造成王村河渠道倒虹吸管身裸露约6m；进口右岸裹头浆砌石护坡坡脚部位钢筋石笼防护被冲刷损毁。已对王村河渠道倒虹吸进行应急处置，已完成格宾石笼填装、河槽平完成，四面体倒运。

（4）石门河渠道倒虹吸。2021年"7·20"特大暴雨造成格宾石笼部分破坏，部分管身出漏。应急处置已将其损毁石笼进行了修复，管身附近的冲沟回填至原设计高程。

（5）刘店干河暗渠。2021年"7·20"特大暴雨，刘店干河暗渠顺河道方向形成冲坑，防汛连接路冲刷损毁，左岸、右岸浆砌石护坡局部冲刷损毁。此次过流未对管身造成影响。应急处置已对刘店干河暗渠管理段河道冲刷部位采用砂砾料回填覆盖整平基础面；在防汛连接路下游原浆砌石基础上补齐缺口，缺口较大处采用铅丝石笼补齐，顶部砂砾料回填覆盖整平基础面。但河道左岸、右岸浆砌石护坡局部冲刷损毁处浆砌石重建工程尚未完工。

6.4.2.3 安全监测资料分析

安全监测资料分析主要依据完工验收安全监测成果分析报告，以及通水运行阶段安全监测分析报告中的成果开展。

小凹沟渠道倒虹吸渗压计测值主要受地下水位影响，前期由于现场土建施工抽排水工作，底板渗压计基本处于无水状态。2015年4月，倒虹吸各测点渗透压力均呈增大趋势变化，其中，3号管身和出口闸测点渗透压力较大。2019年各部位渗压力均在正常范围内，无异常现象。进出口部位其他监测设施、管身段的应力应变监测均未发现异常现象。

小蒲河渠道倒虹吸基础各测点渗透压力增幅较大，其中进出口闸及渐变段基础渗透压力测值较大，最大测值接近105kPa，管身段渗透压力测值在103kPa以内，疑是进出口闸部位存在内水外渗现象。从测值变化趋势上看，多数测点测值变化规律正常，能较真实地反映测点部位的渗透压力情况。

孟坟河渠道倒虹吸基础各测点渗透压力增幅较大，其中进出口渐变段基础渗透压力测值较大，最大测值在0～159.68kPa范围内，管身段渗透压力测值在143.52kPa以内，进口闸渗透压力测值在70kPa以内，出口闸渗透压力测值在75kPa以内，倒虹吸汛期受地下水影响明显。

刘店干河、东河暗渠、午峪河渠道倒虹吸、早生河渠道倒虹吸、黄水河渠道倒虹吸、黄水河支渠道倒虹吸、石门河渠道倒虹吸进出口渐变段、进出口闸渗流、土压力、钢筋应力、进出口闸混凝土应变，管身段土压力、钢筋应力，历年变化规律和趋势具有一致性和合理性，未发现异常；变形测值在正常范围内，相邻部位未发生不均匀沉降，无异常。

其他监测设施测值均未发现异常现象。

6.4.2.4 安全检测资料分析

对郭屯分水口分水闸混凝土结构，峪河暗渠进口与出口混凝土结构，石门河倒虹吸混凝土结构，黄水河倒虹吸进口检修闸与出口控制闸及进出口连接段、渐变段相关混凝土结构，孟坟河退水闸混凝土结构与退水渠断面进行现状检测，分析建筑物混凝土结构的使用性、耐久性等结构性能。

峪河暗渠建筑物各沉降点数据变化量较小，累计沉降量低于设计值，沉降稳定。地质雷达测线沿着峪河暗渠出口渐变段左岸路面纵向方向共布置 2 条测线，测量结果存在显著的不规则散射波，存在强反射面，垂直截面断面波也异常，雷达反射波波形不平稳。推断峪河暗渠下游左岸道路部位土质不密实，土体富水。沿着峪河暗渠左岸裹头渠坡部位布置 3 条横向测线，测量结果存在强烈反射面，垂直截面断面波严重异常，雷达反射波波形不平稳，推断峪河暗渠上游右岸裹头渠坡部位渠坡表层土体存在裂缝，裂缝长度约 5.5m，深度 1m 范围内伴随有滑裂面，深度 5m 处土体扰动异常。

石门河渠道倒虹吸工程建筑物外观质量整体较好，未有破损、锈胀露筋等缺陷。工程建筑物各沉降点数据变化量较小，累计沉降量低于设计值，沉降稳定。

黄水河渠道倒虹吸和黄水河支渠道倒虹吸工程建筑物外观质量整体较好，未有破损、锈胀露筋等缺陷。黄水河倒虹吸工程建筑物各沉降点数据变化量较小，累计沉降量低于设计值，沉降稳定，黄水河支倒虹吸工程建筑物各沉降点数据变化量较大，局部测点累计沉降量已超设计值，需加强观测。

郭屯分水口沿着渠道右岸路面纵向方向共布置 2 条地质雷达测线，结果反映路面下方密实性总体良好，没有明显的不密实等质量缺陷。

抽检孟坟河退水闸构件混凝土抗压强度推定值均满足设计要求及耐久性最低强度要求；抽检构件混凝土碳化深度为一般碳化；下游检修桥面板混凝土保护层厚度平均值正偏，不影响结构耐久性；其他构件混凝土保护层厚度满足规范要求；抽检构件钢筋间距满足设计要求。综合混凝土外观质量、混凝土保护层厚度、混凝土抗压强度、混凝土碳化深度和钢筋腐蚀电位检测成果，抽检构件混凝土结构钢筋未发生锈蚀。地质雷达结果显示孟坟河退水闸路面 K609＋007～K609＋013 段深度 5～8.5m 范围雷达波存在强反射面，垂直截面断面波异常，雷达反射波波形不平稳，推断表明该段路面下方土质不均匀异常。

6.4.2.5 建筑物工程质量综合评价

在勘测、设计、施工、验收、运行等相关资料分析的基础上，结合安全检查、安全检测（探测）、安全监测反映的质量问题，对辉县段建筑物基础处理、施工质量和现状等进行了综合评价。

（1）辉县段建筑物结构、进出口连接段的施工质量及现状满足相关规范和设计要求。

（2）针对存在不均匀沉降和渗透变形破坏问题的建筑物地基，施工时采取了挖除换填措施；对中等、中等～强湿陷性土，采取了压实处理措施；对强度低且具轻微～中等湿陷性黄土状重粉质壤土，采用强夯及粉煤灰碎石桩进行处理。存在湿陷、膨胀、地震液化等不良物理现象的土基处理等符合相关规范要求。根据施工方自检、监理抽检成果，换填和压实质量、强夯后地基质量、水泥土填筑质量及粉煤灰碎石桩质量满足设计要求。渠道通水运行后，建筑物地基未发生沉降变形破坏问题。

（3）黄水河支倒虹吸出口渐变段部分测点的累计沉降量已超过设计初判指标 50mm，

且在 2019 年 8 月开始有加速下沉的趋势，但相同部位各测点沉降变化趋势一致，相邻部位未发生明显不均匀沉降，建议加强现场巡视检查和观测。

6.5　天津干线箱涵工程质量评价

天津干线箱涵工程应评价进出口闸、调节池、保水堰、箱涵、通气孔等工程质量是否符合《南水北调中线一期工程总干渠初步设计压力管道工程设计技术规定》（NSBD-ZGJ-1-9）等相关设计规范及《水工混凝土结构设计规范》（SL 191）、《水利水电工程施工质量检验与评定规程》（SL 176）、《水利工程质量检测技术规程》（SL 734）等质量检测规范的要求，应重点复核箱涵及保水堰工程质量。

天津干线箱涵工程基础处理应满足《水闸施工规范》（SL 27）、《建筑地基处理技术规范》（JGJ 79）等规范的有关规定，重点评价填土压实度（相对密度、孔隙率）、渗透系数、不均匀沉降是否满足要求，并分析变形安全。

复核箱涵工程止水的有效性和耐久性是否符合规范要求。

天津干线箱涵工程混凝土结构评价应进行混凝土质量复核，应重点复核现状混凝土质量是否满足设计要求。对运行、安全检查和全检测中发现的不均匀沉降、止水失效等问题，应分析查明质量缺陷成因，复核其对工程结构安全性、适用性和耐久性的影响。

6.6　PCCP 工程质量评价

PCCP 工程质量应评价地基处理、管身结构、进出口建筑物以及细部结构等是否符合《南水北调中线一期工程总干渠初步设计压力管道工程设计技术规定》（NSBD-ZGJ-1-9）等相关设计规范及《水利水电工程施工质量检验与评定规程》（SL 176）、《水利工程质量检测技术规程》（SL 734）等质量检测规范的要求。

PCCP 地基处理质量评价应查明岩石地基处理措施及承载力，存在湿陷、沉陷、冻胀、冲刷、地震液化等不良物理现象的土基处理等是否符合《预应力钢筒混凝土管道技术规范》（SL 702）等相关规范的要求。

预应力钢丝锈蚀范围应安全可控，重点评价断丝数量是否在安全运行范围内；碳纤维布加固的 PCCP 段的抽样检测黏结强度、有效黏结面积是否满足设计要求；聚脲涂层厚度和黏结强度是否满足设计和《预应力钢筒混凝土管防腐蚀技术》（GB/T 35490）规定的要求。

管芯混凝土质量和保护层砂浆应重点评价现状混凝土和砂浆质量是否满足设计要求，分析查明质量缺陷成因，复核其对工程结构安全性、适用性和耐久性的影响。

评价 PCCP 阴极保护是否在保护电位范围内，能否满足《预应力钢筒混凝土管防腐蚀技术》（GB/T 35490）规定的要求。

PCCP 工程质量评价还应符合下列要求：

（1）PCCP 管顶埋深是否符合要求，防冲措施是否到位。

（2）PCCP 穿越其他建筑物时，埋深是否满足其他相关行业的要求。

6.7 穿跨邻接等工程质量评价

鉴于南水北调中线干线工程跨渠桥梁、渡槽等穿跨邻接建筑物较多，但这些建筑物大多为地方管理，主要根据现场安全检查结果与安全检测结果对穿跨邻接工程进行质量评价。

穿跨邻接工程现场安全检查与安全检测主要内容见第 3.2 节、3.3 节。

下面以典型穿跨邻接工程为例，介绍安全检查与安全检测成果。

6.7.1 跨渠桥梁

针对朱营西北公路桥跨渠桥梁开展现场检查与检测。

朱营西北跨渠公路桥位于渠首分公司邓州管理处，主桥中心线与干渠轴线斜交成 87°，左岸引桥中心线与干渠轴线斜交成 90°，右岸引桥中心线与干渠轴线斜交成 90°，中心里程桩号为 TS33+750，跨径布置为 25m+30m+25m，桥梁长 87m；左岸引桥跨径布置为 3×25m，右岸引桥跨径布置为 5×25m；朱营西北跨渠公路桥桥宽 15.2m，设置双向横坡，坡度为 2.0%。上部结构采用装配式预应力混凝土简支 T 形梁，桥台采用桩柱式桥台，中墩采用柱式墩，基础为钻孔灌注桩基础，采用双向两车道。朱营西北跨渠公路桥引道荷载等级为公路 I 级，桥梁型式为简支梁，所在道路等级为省道，所在渠坡型式为高填方。现场检查发现桥梁不存在明显破损、裂缝，外观状况良好。

现场调研组采用回弹法对桥梁混凝土构件抗压强度进行了现场检测，测得桥梁横梁混凝土强度为 52.3MPa，满足设计强度要求。

为了解混凝土构件内部是否存在空洞等缺陷，采用日本 JRC 公司生产的 NJJ-95B 型便携式工程雷达进行探测。该仪器利用电磁波雷达法的特点，捕捉混凝土建筑物内部探测对象发出的反射波，把位置、深度用断面图的形式显示出来。因此，不仅可以探测钢筋等金属，也可探测到 PVC 管及空洞等。朱营西北公路桥横梁混凝土雷达探测结果见图 6.7-1、图 6.7-2。

从图 6.7-1、图 6.7-2 可以看出，混凝土构件未见明显空洞等不良缺陷。

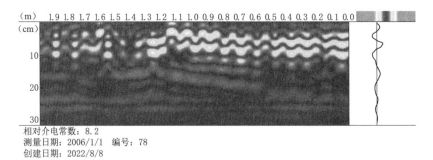

相对介电常数：8.2
测量日期：2006/1/1　编号：78
创建日期：2022/8/8

图 6.7-1　朱营西北公路桥横梁混凝土雷达探测结果（横向）

朱营西北公路桥为省道，道路等级较高巡视检查周期控制严格，运营期间对构件检修维护周期控制较为严格，构件老化或破损后能及时更换、维修，有较完善的应急抢险预案，人员管理素质较高。

6.7.2 油气管道

针对锦州—郑州成品油管道工程开展现场检查。

锦州—郑州成品油管道工程位于河北省保定市容城县，管理处为容雄管理处。管道工程于 2013 年 9 月开工，11 月完工，设计使用年限为 30 年。管道采用定向钻方式施工，从穿越南水北调箱涵底部穿越，管道与箱涵底部垂直距离为 16m。管道设计压力为 8.0MPa，管径为 559mm，壁厚为 8.7mm，管材等级为 L450 直缝埋弧焊钢管，采用 3PE 加强级防腐，管道

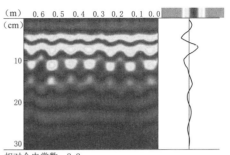

相对介电常数：8.2
测量日期：2006/1/1　编号：79
创建日期：2022/8/8

图 6.7-2　朱营西北公路桥横梁混凝土雷达探测结果（纵向）

为钢管且有防腐措施。管道安设在管廊内，廊道井口已被掩埋，无法进入。管道工程穿越处设置标识桩牌且无破损，运管单位定期巡查，管道未设置截断阀或控制阀。

6.7.3 给排水管道

针对王庄沟排污管道工程开展现场检查。

王庄沟排污管道属郑州管理处所辖范围，穿越方式为利用地形落差自流穿越，工程布置分进口连接段、进口检修竖井段、管身段、出口检修竖井段和出口连接段。下游因人类活动影响易导致排污廊道下游排水不畅，且排污廊道易出现淤塞等问题，可能导致污水通过井口外溢或渗漏进入总干渠，危及总干渠工程和水质安全。2015 年 4 月 2 日，王庄排污管道出口检修井内水外溢，造成排污管道出口竖井周围、总干渠一级马道局部土体塌陷和渠道衬砌面板顶托破坏，说明郑州段排污廊道存在较大的安全隐患。为确保郑州 2 段总干渠 2016 年度汛安全和水质安全，郑州管理处于 2016 年汛前实施了排污廊道应急度汛工程，通过采取出口竖井加高或置换承压钢盖两种方式，避免排污廊道中的污水从出口检修井溢出，减少了污水入渠的风险。

王庄沟排污管道包括两种管材，其中钢筋混凝上尺寸为 2.5m×2.5m，钢管部分直径为 1200mm，壁厚为 10mm，管道管龄为 10～20 年，管道接口部位为焊接，接口质量较好。

6.7.4 地铁隧道

针对郑州市南四环至郑州南站城郊地铁隧道开展现场检查。

隧道穿越部位为半挖半填渠段，穿越区间地层主要为人工堆积层、第四系全新世冲洪积层、第四系晚更新世冲洪积层和第四系中更新世冲洪积层等四大类。盾构区间主要位于粉质黏土层。场区内地下水埋深一般为 8～15.2m，水位高程 104.02～136.42m。

隧道采用盾构法全断面施工，盾构区间左右线间距为 14m，盾构隧道衬砌内径为 5.4m，外径为 6.0m，管片厚度为 0.3m。

盾构管片采用 II 型混凝土管片，强度等级为 C50 混凝土，抗渗等级为 P12。盾构管片共有注浆孔 6 个，新增注浆孔 4 个，进行同步注浆、二次注浆。

区间防水措施包括衬砌结构自防水、接缝防水、管片外同步注浆和二次注浆以及设聚氨酯防水层。

下穿南水北调中线干渠地段采用中等减振，即双层非线性压缩型减振扣件，范围为穿越南水北调前后共约 100m 范围。

穿越处隧道距离渠底最小净距约 14.7m，在 2～4 倍直径范围内。

针对工程运行期变形、渗流等问题制定了巡视和监测制度，满足规程规范要求。工程防水措施包括衬砌结构自防水、接缝防水、管片外同步注浆和二次注浆以及设聚氨酯防水层，防水级别高。工程减振措施为中等减振，工程处于开通运行期准备阶段，未见明显渗漏、开裂和变形情况。

6.8 金属结构与机电设备质量评价

6.8.1 金属结构与机电设备质量评价主要内容

金属结构质量重点评价金属构件厚度、涂层厚度、防腐层附着力、闸门焊缝质量等是否符合《水工钢闸门和启闭机安全检测技术规程》（SL 101）、《水工金属结构焊接通用技术条件》（SL 36）、《水工金属结构防腐蚀规范》（SL 105）、《水利水电工程钢闸门制造、安装及验收规范》（GB/T 14173）、《热轧钢板和钢带的尺寸、外形、重量及允许偏差》（GB/T 709）等规范的规定。

金属构件厚度评价应按照《热轧钢板和钢带的尺寸、外形、重量及允许偏差》（GB/T 709）的规定执行，应满足钢板（16～25mm）的厚度允许偏差要求。

涂层厚度评价应按照《水工金属结构防腐蚀规范》（SL 105）的规定执行：①实测涂层的最小局部厚度不应小于设计规定的厚度；②涂料涂层 85% 以上的局部涂层厚度应达到设计值，没有达到设计厚度的部位，最小局部厚度不低于设计厚度的 85%；③实测复合涂层总厚度的最小局部厚度不应小于设计规定的金属涂层厚度和涂料涂层厚度之和。

根据不同检测方法，闸门焊缝质量评价应分别按照《水利水电工程钢闸门制造、安装及验收规范》（GB/T 14173）、《焊缝无损检测》（GB/T 3323）和《焊缝无损检测超声波检测技术、检测等级和评定》（GB/T 11345）等的规定执行。

机电设备质量应重点评价实际质量是否满足设计和运行要求，并符合《水利水电工程机电设计技术规范》（SL 511）的规定。其中绝缘电阻、三相电流电压等评价标准如下：

（1）绝缘电阻评价标准根据《水利水电工程启闭机制造安装及验收规范》（SL 381）要求，电气线路绝缘电阻应大于 $0.5M\Omega$。

（2）启闭机电动机三相电流不平衡度不超过 ±10%。

（3）供电三相电压根据《电能质量供电电压偏差》（GB/T 12325）的要求评价：①35kV 及以上供电电压正、负偏差绝对值之和不超过标称电压的 10%；②20kV 及以下三相供电电压偏差为标称电压的 ±7%；③220V 单相供电电压偏差为标称电压的 +7%、−10%。

6.8.2 工程实例

以河南分公司辉县管理处为例，采用现场安全检查、资料分析和检测法对金属结构和机电设备进行综合分析。

1. 重大技术及遗留问题处理

辉县段金属结构与机电设备施工期无重大技术问题。辉县段单位工程验收遗留问题52项，已全部处理完成。

2. 现场安全检查

南水北调中线干线工程金属结构与机电设备维护分为静态巡查、动态巡查与维护、定期全面维护、单项固定周期维护以及故障和缺陷处理五种方式。

按照维护内容及频次要求开展金属结构与机电设备维护，其中静态巡查，节制闸站工作闸门系统每两周一次，其他闸站金属结构与机电设备、节制闸站除工作闸门系统外的其他设备每月一次；动态巡查与维护，节制闸站工作闸门系统每月一次，其他闸站金属结构与机电设备、节制闸除工作闸门系统外的其他设备每两月一次，其中排冰闸门系统在冰期每月开展一次，强排泵站每季度开展一次；定期全面维护，每年4月和10月分别对节制闸工作闸门系统开展一次，其他闸站、强排泵站、节制闸除工作闸门系统外的其他设备在每年10月开展一次；单项固定周期维护是对设备部件进行的单项检查、维护、更换配件等工作。故障与缺陷处理，针对金属结构与机电设备存在的缺陷和故障进行处理。

检测结果如下：闸门和启闭机巡视检查各项内容均符合要求；腐蚀程度为A级（轻微腐蚀）；一类、二类焊缝符合规范要求，无超标缺陷；设计工况的最大测试应力值和最大计算应力值均小于容许应力值；闸门运行平稳，启闭无卡阻，无明显振动现象；设计工况的最大启闭力小于启闭机额定容量。

辉县段闸门在启闭过程中无明显振动，启闭机运行平稳，信号指示符合要求。

3. 施工质量评价

设计单元工程存在质量缺陷共1621个，其中Ⅰ类质量缺陷1328个，Ⅱ类质量缺陷288个，Ⅲ类质量缺陷5个，目前已按相关要求处理并验收合格。辉县段金属结构与机电设备无Ⅲ类质量缺陷。

金属结构设备均为有资质的厂家生产制造，制造过程由监理单位负责过程监造和验收，安装质量良好，设备安装完成后进行了调试、试运行，金属结构安装质量均满足《水利水电工程钢闸门制造、安装及验收规范》（GB/T 14173）、《焊缝无损检测》（GB/T 3323）、《水利水电工程启闭机制造安装及验收规范》（SL 381）及设计要求，施工质量优良。自通水以来，运行状态良好，满足要求。

所有电气设备均为有资质的厂家生产制造，制造过程由监理单位负责过程监造和验收，安装质量良好，电气设备安装完成后进行了调试、试运行，设备制造安装质量满足设计及相关标准规范要求，施工质量优良。自通水以来，运行状态良好，满足要求。

4. 安全检测资料分析

根据对金属结构与机电设备的检测，抽检的金属结构与机电设备腐蚀程度为A级（轻微腐蚀）；一类、二类焊缝符合规范要求，无超标缺陷；设计工况的最大测试应力值和最大计算应力值均小于容许应力值；闸门运行平稳，启闭无卡阻，无明显振动现象；设计工况的最大启闭力小于启闭机额定容量。

辉县段各处闸门及启闭设备巡视检查情况符合要求，外观及现状检测符合要求，闸门评价结果均为"安全"，启闭设备评价结果均为"安全"。检测中发现的金属结构锈蚀均为轻微锈蚀，闸门横梁变形很小，可在大修时矫正，暂不影响功能发挥和安全运行。

5. 金属结构与机电设备工程质量和评价

金属结构与机电设备均为有资质的厂家生产制造，制造过程由监理单位负责过程监造和验收，安装质量良好，设备安装完成后进行了调试、试运行，设备制造安装质量满足《水利水电工程钢闸门制造、安装及验收规范》（GB/T 14173）、《水利水电工程启闭机制造安装及验收规范》（SL 381）及设计要求，施工质量优良。自通水以来，运行状态良好。运行期间各项检测合格，各闸门和启闭机安全评价等级为"安全"。

6.9 工程质量综合评价

6.9.1 工程质量综合评价主要内容

工程质量评价应根据工程安全检查、安全检测结果，结合历次验收结论、安全监测资料、运行状况等综合分析，评价工程质量是否符合有关规范的规定和工程运行的要求。

工程质量应按下列标准进行分类评价：

（1）工程质量满足设计和规范要求，且工程运行中未暴露明显质量缺陷，工程质量可评为"合格"。

（2）工程质量基本满足设计和规范要求，且工程运行中暴露出局部质量缺陷，但尚不严重影响工程安全，工程质量可评为"基本合格"。

（3）工程质量不满足设计和规范要求，或工程运行中暴露出严重质量缺陷和问题，安全检测结果大部分不满足设计和规范要求，严重影响工程安全运行，工程质量应评为"不合格"。

6.9.2 工程实例

依据《南水北调中线干线工程安全评价导则》（Q/NSBDZX 108.04），根据工程安全检查、安全检测结果，结合历次验收结论、安全监测资料、运行状况等，在辉县管理处工程地质条件评价、渠道工程质量评价、建筑物工程质量评价、金属结构与机电设备工程质量评价的基础上，对河南分局辉县管理处工程质量做出如下评价：

（1）辉县管理处辖区段弱膨胀土渠段采用全断面换填，湿陷性黄土根据实际分别采用强夯法、重夯法及左岸土挤密桩、右岸强夯的处理方法，地震液化地层分别采用渠坡强夯、渠底换填的综合处理措施及强夯法处理措施。工程基础处理方法有效可靠，渠道通水运行后，渠段未发生膨胀岩土边坡稳定和黄土湿陷沉降变形破坏等问题。

（2）渠道过水断面衬砌板整体平整，对定期巡视检查中发现的裂缝、错位等问题，能通过日常维修养护项目修复。膨胀土换填土压实度满足设计要求，一级马道以上边坡未出现沉陷、塌陷、裂缝和滑坡等问题，边坡支护完整、排水孔有效；但高地下水挖方膨胀土渠道，尤其是设计桩号Ⅳ103+800～Ⅳ115+387，地下水位受降雨影响明显，在地下水位影响下，易造成运行维护路面局部塌陷及过水断面衬砌板漂浮、滑移。高填方渠道背水坡未出现沉陷、塌陷、裂缝、滑坡、散浸等现象，但监测资料和检测成果表明，高填方渠段存在内水外渗现象，虽渗压水位低于渠道水位，但仍需要在日常巡视检查中加强观测。

（3）辉县段建筑物结构、进出口连接段的施工质量及现状满足相关规范和设计要求。针对存在不均匀沉降和渗透变形破坏问题的建筑物地基，施工时采取了挖除换填措施；对中等、中等～强湿陷性土，采取了压实处理措施；对强度低且具轻微～中等湿陷性黄土状重粉质壤土，采用强夯及粉煤灰碎石桩进行处理。存在湿陷、膨胀、地震液化等不良物理现象的土基处理等符合相关规范要求。根据施工方自检、监理抽检成果，换填和压实质量、强夯后地基质量、水泥土填筑质量及粉煤灰碎石桩质量满足设计要求。渠道通水运行后，建筑物地基未发生沉降变形破坏问题。黄水河支渠道倒虹吸出口渐变段沉降末收敛，虽未发生不均匀沉降，但也需继续跟踪监测和分析。

（4）金属结构与机电设备均为有资质的厂家生产制造，制造过程由监理单位负责过程监造和验收，安装质量良好，设备安装完成后进行了调试、试运行，设备制造安装质量满足相关及设计要求，施工质量优良。自通水以来，运行状态良好。依据水利部松辽水利委员会水利基本建设工程质量检测中心2021年3月的辉县段闸门和启闭机安全检测报告，各闸门和启闭机巡视检查各项内容均符合要求；抽检的金属结构与机电设备腐蚀程度为A级（轻微腐蚀）；一类、二类焊缝符合规范要求，无超标缺陷；设计工况的最大测试应力值和最大计算应力值均小于容许应力值；闸门运行平稳，启闭无卡阻，无明显振动现象；设计工况的最大启闭力小于启闭机额定容量；各闸门和启闭机安全评价等级为"安全"。

（5）初步设计时，依据《南水北调中线工程沿线设计地震动参数区划报告（2004年4月）》成果，纸坊河北—黄水河支流以东（桩号Ⅳ66+960～Ⅳ98+440）地震动峰值加速度为0.15g，相应于地震基本烈度Ⅶ度；黄水河支流以东—孟坟河（桩号Ⅳ98+440～Ⅳ115+900）地震动峰值加速度为0.20g，相应于地震基本烈度Ⅷ度。根据《中国地震动参数区划图》（GB 18306），上述两个分区的地震基本烈度未改变，仍采用初步设计时的抗震设防标准。

综上所述，辉县管理处辖区工程质量满足设计和规范要求，对运行中暴露的质量缺陷和安全隐患，能及时进行分析并采取相应措施处理，工程质量评为"合格"。

第7章

防洪与输水能力评价

7.1 评价目的与重点

7.1.1 运行环境条件变化

中线工程自全线通水以来，工程总体运行安全，取得了巨大的经济效益、社会效益和生态效益。但随着经济社会的快速发展，中线工程沿线外部条件发生了一些变化，改变了总干渠原设计边界条件，使中线工程运行面临一些新的外部环境冲击风险。主要表现在以下两个方面。

7.1.1.1 工程安全风险

中线工程线路长，沿线所经地区的地理环境和水文气象条件差异较大，明渠段所在区域地势总体是西高东低，沿线穿越大小河流 700 多条，全部是从明渠段左侧向右侧流过。中线工程的修建，使一些原坡面流地区改为集中出流，一些小河沟归并、改道、截断或改变了左岸天然洪水的下泄通道，改变了河流的汇流条件，可能导致局部坡面汇流区域或沟道调整的河流在明渠段左侧出现洪水时发生局部壅水、右侧汇流通道不畅等情况。前期规划设计中已经针对性开展了防洪影响评价，并采取了处理措施，但仍然存在与地方防洪要求不相适应的问题。此外，工程原设计尽量选择了人口密度较小的乡村进行渠线布置。但近年来，随着沿线各地经济、社会的发展，原来偏离城镇和人口密集区的渠道已成为城中渠道，从而在运行期增加了大量的跨渠桥梁、地铁隧洞、油气水等管道穿跨邻接工程，成为影响中线工程安全的外部因素；加之河道整治、开发利用、采砂等人类活动以及河道自然冲淤变化，沿线的外部边界条件与初步设计时相比发生了一些变化，尤其左岸局部流域的下垫面、工情等情势变化较大。

近年来全球气候变化明显，极端气象事件频发。中线工程通水运行以来，工程遭遇了 2016 年"7·19"、2021 年"7·20"等特大暴雨灾害，部分渠段水毁问题较为严重。尤其是 2021 年汛期，多轮暴雨袭击造成多处较大险情。

7.1.1.2 供水安全风险

1. 加大流量供水问题

自 2017 年 9 月开始，按照水利部统一部署，中线工程多次进行了大流量输水工作。在大流量输水过程中，出现了部分渠段水位异常偏高、个别输水建筑物流态较差、水位波动较大等现象，表明部分渠段存在一定的阻水风险，同时高水位运行概率的增加也会给工程结构带来一定风险，成为制约工程大流量输水能力的因素之一。

2022 年 7 月，中线后续工程引江补汉工程开工，据测算，工程建成后，中线工程多年平均输水量将由 95 亿 m^3 增加至 115.1 亿 m^3，中线工程在加大流量下长期运行的概率将会增加。

2. 应急调蓄和受水区供水配套问题

中线工程建成后，受水区后续配套工程的建设总体滞后于中线工程，受水区原规划的多水源供水格局尚未形成，个别城市将中线工程供水作为单一水源。随着社会、经济的高速发展，各地区对水资源的需求量逐渐增加，加之华北地区对实现采补平衡的需求，受水区对中线工程的依赖程度越来越高。从构建受水区供水安全格局角度看，中线工程供水的定位仍为受水区重要的补充水源，需与当地其他供水水源联合供水才能保障受水区的用水安全。虽然中线工程的水源条件及输水特点未发生根本改变，但是受近年来连续枯水年影响，可供水量的稳定性存在较大风险。同时，中线工程线路长、涉及地域广、建筑物种类和数量繁多、运行工况复杂、风险源多，且无在线调蓄水库，一旦需要停水检修或发生突发事件造成事故停水，将会对沿线供水安全产生影响。

7.1.2 通水运行以来的自然灾害

中线工程沿线遭遇了 2016 年"7·19"、2021 年"7·20"等多次特大暴雨灾害，水毁问题较为严重。

据 2016 年防汛总结数据不完全统计，中线工程多处出现了左排建筑物排水不畅的情况，部分甚至引发险情，如易县管理处向阳村沟左排倒虹吸、卓家庄沟左排倒虹吸、邯郸管理处林村北沟排水倒虹吸、永年管理处邓上沟排水倒虹吸、马记湾沟排水倒虹吸、南苇沟排水倒虹吸、鹤壁管理处刘庄沟左排倒虹吸淤堵等；出现了排水渡槽漫溢情况，如郑州管理处杏园西北沟排水渡槽、辉县管理处杨庄沟渡槽；出现了大型河渠交叉建筑物河道过流险情，如永年洺河渡槽河道超保证水位、南沙河河道过流导致南沙河倒虹吸北段出口裹头串流破坏、槐河（一）倒虹吸河道过流造成倒虹吸管身上部填土出现深大冲沟等。

2021 年汛期，中线干线工程经历了多轮暴雨和特大暴雨洪水袭击，发生了北拒马河暗渠中支险情，焦作、汤阴、卫辉段衬砌板滑塌、辉县段石门河倒虹吸管身冲刷出露、易县和涞涿段高子坨桥上下游高填方渠渠段外坡滑塌、辉县段小蒲河倒虹吸出口外水入渠等30 处较大险情。此外，郑州段工程左岸上游还发生了郭家咀水库和常庄水库险情，也对中线工程的安全运行造成重大威胁。

7.1.3 加大流量输水运行工程表现

2020 年 4 月 29 日至 6 月 20 日，中线干线工程实施了首次加大流量输水，历时 53 天，累计供水 18.56 亿 m^3，积累了大流量输水调度的数据和经验，为后续工程调度运行提供了依据。年度累计完成生态补水 24.03 亿 m^3。

加大流量输水期间，中线干线工程全线渠道、建筑物及信息机电设备设施运行总体正常，未发生重大异常。截止到 2020 年 10 月的安全监测数据表明，中线干线工程渠道和各建筑物的变形、渗流、结构内力、预应力锚索（杆）荷载、土压力等监测物理量测值变化总体平稳，符合一般变化规律和实际情况，工程运行性态总体正常。

经系统调查分析，本次加大流量输水期间存在如下问题：

（1）部分输水建筑物进出口流态差。部分渡槽和倒虹吸进出口流态较差，导致局部水头损失增大。如个别渡槽在加大流量输水时出现槽身水体波动较大、拍打横梁现象，部分倒虹吸在加大流量输水时出现异响现象。目前已结合初步原因分析开展了过流改善现场试验工作，之后将进行效果验证和评价工作。

（2）退水闸及其下游通道有待改造及完善。一是全线共有 54 座退水闸，本次加大流量输水启用了 39 座退水闸进行生态补水，尚有 14 座退水闸存在退水通道不畅等问题；二是退水闸供水日趋常态化，其功能和结构均需进一步完善。针对相关问题，一是加大与地方的协调力度，共同推进退水通道疏通工作；二是大力开展相关研究，利用技术、工程等手段做好辅助应对措施；三是加快推进退水闸功能改造等。

（3）部分填方渠段外坡渗水，右岸马道地面以下排水管涵存在错台、二级边坡坡脚截流沟存在积水情况。如沙河管理处冯庄桥渠段纵向排水沟有部分风化破损；沙河管理处冯庄桥头、临城管理处上沟桥和张家台桥护栏两端挡水坎封闭不严，存在上游雨水集中汇流进入围网内冲刷渠道边坡的风险；卫辉管理处君子村生产桥左岸下游衬砌面板隆起、外坡脚渗水，刁河渡槽出口段及下游高填方渠段不均匀沉降导致渗水。小南庄左岸排水倒虹吸出口挡墙、段庄西沟排水涵洞管身段存在泅湿、渗水等现象。叶县管理处凹照北沟排水涵洞出口下游道路排水涵管过流有限，涵洞长期有水；宝丰管理处乌峦照左排倒虹吸长期积水；郑州管理处贾寨沟排水倒虹吸出口有杂物，防护堤顶部宽度较小；周村涝左排倒虹吸长期积水，存在淤积；鹤壁管理处盖族沟左排渡槽出口排水通道不畅，下游铁路涵洞有淤堵，且渡槽内污水管破损，有污水外溢风险。邯郸管理处林村北沟排水倒虹吸出口下游地形条件经常发生变化，渚河北支排水倒虹吸出口有土墙，易造成进口洪水壅高。

7.1.4 评价目的与重点

7.1.4.1 评价目的

全面系统地评估中线工程的防洪与输水安全，进行总干渠及所有跨河建筑物防洪能力复核与输水能力复核。防洪能力及输水能力的评价结论分为 A、B、C 三级。A 级为安全可靠；B 级为基本安全，但有缺陷；C 级为不安全。最后基于评价结论提出防范、规避、减免洪水风险和输水安全风险的工程与非工程措施建议，为制定应对各种事故工况的运行调度预案及风险处置管理措施、完善工程运行维护制度、优化运行调度体系、合理配备相应资源提供技术支撑。

7.1.4.2 防洪能力评价重点

（1）根据工程设计阶段采用的水文资料和运行期延长的水文资料，并考虑工程所涉范围内人类活动影响、汇流面积变化、河道治理现状、河道防洪标准变更以及工程现状等，进行设计洪水和设计洪水位复核，评价工程防洪能力是否满足有关标准要求。

（2）防洪能力复核的主要内容包括防洪标准、设计洪水和防洪能力等。

（3）如果经批复的工程现状防洪标准符合或高于标准规定，宜沿用原防洪标准。否则，应对防洪标准进行调整，并履行审批手续。

（4）设计洪水复核应优先采用流量资料直接推算。设计洪水复核计算成果小于原设计洪水成果，宜沿用原设计洪水成果。

（5）防洪能力复核应作出以下明确结论：

1）工程原设计防洪标准是否需要调整。

2）水文系列延长后，原设计洪水是否需要调整。

3）评估涉及陶岔大坝工程时需明确现状坝顶高程是否满足规范要求。

4）河渠（渠渠）交叉工程、左岸排水建筑物的泄洪能力是否满足规范要求。

5）穿（跨）河流的倒虹吸工程埋深、渡槽工程基础底面埋深和槽下净空高度、进出口裹头高程是否满足规范要求。

7.1.4.3　输水能力评价重点

（1）水力复核是在安全检查或安全检测的基础上，根据建筑物现状和实际运行水力条件，评价输水建筑物水力状况。

（2）结构型式或水流条件复杂的输水建筑物的水力复核，宜进行水工模型反演试验或数值模型计算分析。

（3）水力复核需作出以下明确结论：

1）各控制断面是否满足原设计过流能力要求，原设计水面线是否变化，控制段流态是否正常。

2）消能防冲设施是否满足规范要求，水锤是否影响输水效率。

3）冰期是否对输水能力产生影响，冰期过流能力能否满足原设计过流能力要求。

7.2　防洪能力复核

7.2.1　防洪标准复核

7.2.1.1　防洪标准复核主要内容

（1）应按工程供水对象的重要性、引水流量和年引水量三个指标复核工程等别、建筑物级别和防洪标准是否符合《防洪标准》（GB 50201）、《水利水电工程等级划分及洪水标准》（SL 252）的规定，复核等别时至少应有两项指标符合要求。

（2）穿越河道堤防的输水建筑物防洪标准不应低于所在河流堤防的防洪标准。

（3）控制集水面积在 $20km^2$ 及以上的河流，与总干渠交叉的河渠交叉工程，应按 100 年一遇洪水设计，300 年一遇洪水校核。

（4）交叉断面以上控制集水面积在 $20km^2$ 以下的左岸排水工程，应按 50 年一遇洪水设计，200 年一遇洪水校核。

（5）穿黄工程应按300年一遇洪水设计，1000年一遇洪水校核。

（6）若工程的现状防洪标准不满足规范要求，应按规范规定调整防洪标准，并作为防洪能力复核的依据。

7.2.1.2 工程实例

选取南水北调中线一期工程辉县段作为工程实例[30]。南水北调中线工程是特大型输水建筑物，根据《水利水电工程等级划分及洪水标准》（SL 252），中线一期工程等别为Ⅰ等，总干渠渠道及河渠交叉、左岸排水、渠渠交叉、铁路交叉、公路交叉建筑物和控制工程等主要建筑物按1级建筑物设计；附属建筑物与河道护岸工程，以及河穿渠工程的上下游连接段等次要构筑物按3级建筑物设计；施工导流等临时工程按4～5级建筑物设计。

交叉断面以上集水面积大于等于$20km^2$河流的河渠交叉建筑物防洪标准按100年一遇洪水设计，300年一遇洪水校核；集水面积小于$20km^2$的左岸排水建筑物防洪标准按50年一遇洪水设计，200年一遇洪水校核。总干渠与河渠交叉及左岸排水建筑物连接段，按相应建筑物防洪标准设防。据此，辉县段各建筑物防洪标准见表7.2-1～表7.2-3。

表 7.2-1　　　　　　　　　　　辉县段输水建筑物防洪标准

序　号	建　筑　物	设 计 标 准	校 核 标 准
1	峪河暗渠	1%	0.33%
2	午峪河倒虹吸	2%	0.5%
3	早生河倒虹吸	2%	0.5%
4	王村河倒虹吸	1%	0.33%
5	小凹沟倒虹吸	2%	0.5%
6	石门河倒虹吸	1%	0.33%
7	黄水河倒虹吸	1%	0.33%
8	黄水河支渠倒虹吸	1%	0.33%
9	刘店干河暗渠	1%	0.33%
10	东河暗渠	2%	0.5%
11	小蒲河倒虹吸	1%	0.33%
12	孟坟河倒虹吸	1%	0.33%

表 7.2-2　　　　　　　　　　　辉县段排水倒虹吸防洪标准

序　号	建筑物名称	总干渠桩号	设计标准	校核标准
1	薄壁南坡水	Ⅳ73+247.4	2%	0.5%
2	洪河沟	Ⅳ76+399.4	2%	0.5%
3	薄壁镇东北沟	Ⅳ77+388.7	2%	0.5%
4	东杏园沟	Ⅳ78+771.7	2%	0.5%
5	老郭沟	Ⅳ79+332.5	2%	0.5%
6	水头沟	Ⅳ79+740.6	2%	0.5%
7	五里屯沟	Ⅳ110+991.1	2%	0.5%

表 7.2-3　　　　　　　　　　　　　　辉县段排水渡槽防洪标准

序　号	建筑物名称	总干渠桩号	设计标准	校核标准
1	郭屯南沟	Ⅳ68+750.6	2%	0.5%
2	三里庄沟	Ⅳ108+802.2	2%	0.5%
3	小官庄沟	Ⅳ104+287.0	2%	0.5%
4	杨庄沟	Ⅳ107+689.4	2%	0.5%
5	老坝沟	Ⅳ76+740	2%	0.5%
6	梁家园沟	Ⅳ78+372.6	2%	0.5%
7	百泉北沟	Ⅳ103+339.5	2%	0.5%

　　根据《防洪标准》（GB 50201）、《水利水电工程等级划分及洪水标准》（SL 252），建筑物级别为 1 级的供水工程永久性水工建筑物洪水标准为 50～100 年一遇洪水设计，200～300 年一遇洪水校核。南水北调中线工程辉县段总干渠渠道及河渠交叉、左岸排水、渠渠交叉建筑物防洪标准均满足规范要求。

7.2.2　设计洪水和设计洪水位复核

7.2.2.1　设计洪水和设计洪水位复核主要内容

　　（1）工程所依据的各种标准的设计洪水，包括洪峰流量、时段洪量、洪水过程线，洪水位、洪水位过程线等，可根据工程复核需要计算其相应内容。

　　（2）根据资料条件，设计洪水复核方法宜与初步设计阶段采用方法一致。具体可采用下列方法。

　　1）工程地址或其上、下游邻近地点具有 30 年以上实测和插补延长的流量资料，应采用频率分析法计算设计洪水。

　　2）工程所在地区具有 30 年以上实测和插补延长的暴雨资料，并有暴雨洪水对应关系时，可采用频率分析法计算设计暴雨，并由设计暴雨计算设计洪水。

　　3）工程所在流域内洪水和暴雨资料均短缺时，可利用邻近地区实测或调查洪水和暴雨资料，进行地区综合分析，计算设计洪水。

　　4）工程所在流域内以及邻近地区洪水和暴雨资料均短缺时，可利用经审定的暴雨统计参数图集和暴雨径流查算图表，计算设计洪水。如果设计流域或邻近地区近期发生过大暴雨洪水，应对产流和汇流参数进行合理性检查，必要时可对参数作适当修正。

　　（3）由流量资料推求设计洪水时，应利用设计阶段实测流量系列资料、历史调查洪水资料，并加入运行期实测流量系列资料，延长洪峰流量和时段洪量系列，进行设计洪水复核。当运行期无实测流量资料时，可通过建立降雨径流关系来间接推算运行期流量资料。

　　（4）由实测暴雨资料推求设计洪水时，应利用设计阶段暴雨系列资料，并加入运行期实测暴雨系列资料，延长暴雨系列，进行设计暴雨复核，并由设计暴雨计算设计洪水。

　　（5）根据流量资料计算设计洪水可参见《水利水电工程设计洪水计算规范》（SL 44）第 3 章的相关要求。

　　（6）根据暴雨资料计算设计洪水可参见《水利水电工程设计洪水计算规范》（SL 44）

第 4 章的相关要求。

（7）交叉断面上游有较大滞洪作用水库时，应考虑水库对交叉断面设计洪水的影响，分析设计洪水的地区组成，合理确定受上游水库调蓄影响后的交叉断面设计洪水。

（8）交叉断面设计洪水位的复核，宜符合以下规定：

1）交叉断面邻近的上、下游有实测或调查水文资料时，可采用水面线法计算。

2）交叉断面上、下游短缺水文资料时，可按曼宁公式法推算。

3）设计河段发生洪水漫溢或串流时，可采用二维非恒定流法推算。

7.2.2.2 工程实例

2021 年 7 月 18—22 日，辉县段工程遭遇强降雨袭击，辖区内 12 座河渠交叉建筑物均出现过流，过流情况见表 7.2 - 4。

表 7.2 - 4　　　　　　　　河渠交叉建筑物过流情况

序号	建筑物名称	过流情况	警戒水位 /m	保证水位 /m	是否超过警戒水位 或保证水位
1	峪河暗渠	最高过流水位 108.79m	108.69	109.77	最高水位超警戒 水位 10cm
2	王村河倒虹吸	较大过流	103.87	104.14	未超警戒水位
3	石门河倒虹吸	较大过流	98.72	100.05	未超警戒水位
4	黄水河倒虹吸	过流	99.22	99.74	未超警戒水位
5	黄水河支倒虹吸	过流	97.68	98.34	未超警戒水位
6	刘店干河暗渠	较大过流	109.34	110.27	未超警戒水位
7	小蒲河倒虹吸	较大过流	99.92	100.72	未超警戒水位
8	孟坟河倒虹吸	较大过流	97.10	98.18	未超警戒水位
9	午峪河倒虹吸	过流	104.95	105.05	未超警戒水位
10	早生河倒虹吸	过流	102.12	102.25	未超警戒水位
11	小凹沟倒虹吸	少量过流	102.17	102.30	未超警戒水位
12	东河暗渠	过流	108.71	109.23	未超警戒水位

根据"7·20"强降雨期间的河道过流情况，以峪河为例进行分析。

峪河属海河流域漳卫河水系，是大沙河的一条支流。该河发源于山西省陵川县八都岭，经平甸村进入河南省境内，至辉县市峪河口流入太行山前平原，在卧龙岗分南北两支，分别于淹沟和师店附近汇入大沙河，全长 82km，流域面积 672.7km^2。峪河口以上为深山峡谷区，占全流域面积的 83%。深山区林木茂密，植被良好，有较为开阔的马圪当和潭头两个盆地，潭头村以下河道陡然跌落，形成跌差达 265m 的潭头瀑布；潭头瀑布以下至峪河口，河长 10km，河谷深切，基岩大部分裸露，河床由卵砾石组成，推移质较粗；峪河口以下进入平原，河床开阔，下游 5.4km 处为总十渠交叉断面，交汇处位于流域山前洪冲积扇地区，河段宽浅，无堤防，为卵砾石河床。峪河河道弯曲、比降大、水流湍急、一遇暴雨则洪水陡涨陡落，洪水过后则河道干涸，为典型山区季节性河流。

总干渠交叉断面上游 8.5km 处有宝泉中型水库，控制流域面积 538.4km^2，一期工程 1973 年开工建设，总库容为 4458 万 m^3，二期工程为华中电网抽水蓄能电站的下库，已于 2004 年开工，总库容扩大到 6750 万 m^3，水库设计标准为 100 年一遇，校核标准为 1000 年一遇。

1. 气象

峪河流域属大陆性季风气候，受季风影响较大，并且因该流域地处太行山迎风坡，地形雨较多。本地区多年平均降雨量为 714mm，年内分配极不均匀，7—9 月降雨量占全年雨量的 75%。多年平均气温 14.1℃，最低气温为 1 月，月平均气温为 −5.1℃，最高气温为 6 月，月平均气温为 31.8℃。流域内极端最高气温为 41.5℃，极端最低气温为 −18.3℃。年水面蒸发量为 1300mm。年平均无霜期为 153d。

2. 水文基本资料

（1）雨量。峪河流域内从 1952—1966 年先后设立了 7 个雨量站，即古郊、西石门、凤凰、琵琶河、平甸、西寨山和峪河口雨量站，降雨资料在 30 年左右，均已刊印成册。

（2）水位、流量。交叉断面上游 5.4km 处有峪河口水文站，控制流域面积为 558km^2，于 1955 年设立，观测至今，具有 40 多年水位、流量观测资料，1977—1982 年受上游宝泉水库施工影响，1982 年以来受宝泉水库蓄水影响。

（3）历史洪水调查资料。根据 1987 年 7 月编制的《河南省洪水调查资料》，1971 年新乡水文站在峪河口水文站附近，调查到 1846 年、1929 年、1939 年三场大洪水。1846 年洪水因年代久远、洪痕不详，未计算洪峰流量，其余两年的洪峰流量分别为 4570m^3/s、2750m^3/s。1995 年，在交叉断面附近调查到 1929 年大洪水，采用比降法推算的洪峰流量为 2240m^3/s。

3. 暴雨洪水特性

本流域西北部为太行山，山地高程在海拔 1000m 以上，山脉走向近南北向，山前为弧形分布的丘陵岗地，东部为广阔的平原，这种地形有利于西进的暖湿气流抬升和上滑，容易在山前迎风坡地带产生暴雨，太行山山前东南侧的辉县市至鹤壁市一带是本区主要的暴雨中心。从本区域已发生的大暴雨统计资料看，暴雨发生时间主要在 7 月下旬至 8 月中旬。产生暴雨的主要天气系统为台风及台风倒槽、南北向切变线和东西向切变线。台风系统直接影响下产生的暴雨范围小、历时短、强度大，日雨量可达 400mm 以上；涡切变和南北向切变线产生的暴雨范围较大，历时较长，日雨量在 300mm 左右。

峪河洪水多发生在 8 月。1963 年 8 月 8 日最大洪峰流量达 2240m^3/s，1965 年最大洪峰流量仅 6.45m^3/s，实测年最大洪峰流量的最大值与最小值的倍比高达 347 倍，且坡地及河道汇流均较快，洪水过程具有峰高量小、历时较短的特点，并且多为单峰。

4. 设计洪水

（1）洪水地区组成。峪河交叉断面以上流域面积为 572.7km^2，上游宝泉水库控制流域面积为 538.4km^2，占交叉断面以上总面积的 94%，水库以下区间面积只占交叉断面以上总面积的 6%。因此，考虑水库对洪水的调蓄作用，按地区洪水组成分别计算交叉断面以上各单元洪水，将水库下泄洪水与区间洪水过程叠加，得到交叉断面设计洪水。

（2）宝泉水库设计洪水。宝泉水库抽水蓄能电站工程的设计洪水按照下游峪河口站设计洪水按面积比缩放得到，洪峰按面积比的 0.5 次方缩放，洪量按面积比的一次方缩放。设计洪水过程线选用 1963 年 8 月 8 日为典型洪水过程线，按洪峰、时段洪量分段同频率控制放大。

（3）交叉断面以上设计洪水。采用峪河口水文站的设计洪水按上述面积比的幂次方缩放，洪峰流量按面积比的 0.5 次方缩放，洪量按面积比的一次方缩放。设计洪水过程线，选用 1963 年 8 月 8 日峪河口站实测洪水过程为典型洪水过程线，按洪峰洪量分段同频率控制放大。

（4）宝交区间设计洪水。根据宝交区间资料情况，区间设计洪水采用了以下两种方法计算。

典型暴雨比值法。根据交叉断面以上雨量站实测大暴雨资料，分别统计暴雨中心发生在宝交区间和交叉断面以上的面雨量，计算宝交区间 24h 暴雨量占交叉断面以上总雨量的百分比，由上述交叉断面以上 24h 设计洪量乘以该比值，得到宝交区间 24h 设计洪量。以峪河口 1963 年 8 月 8 日实测洪水过程线为典型洪水过程线，通过同倍比放大，得到宝交区间各种频率设计洪水过程线。

暴雨洪水图集查算。采用 1984 年出版的《河南省中小流域设计暴雨洪水图集》查算设计暴雨量，由豫北山丘区 $P+P_a-R$ 关系线查得 24 小时设计净雨，再乘以区间面积得到设计洪量。以峪河口 1963 年 8 月 8 日实测洪水过程线为典型洪水过程线，按 24 小时洪量同倍比放大，得各种频率设计洪水过程线。

（5）宝交区间和宝泉水库相应洪水。采用峪河口水文站的设计洪水按上述面积比的幂次方缩放，计算的交叉断面设计洪水分别减去宝泉水库和宝交区间设计洪水，求得宝交区间和宝泉水库相应洪水。

（6）交叉断面设计洪水。宝泉水库设计或相应洪水出流过程与宝交区间相应或设计洪水过程叠加，得到两种洪水地区结果组成的交叉断面设计洪水。宝泉水库出流过程，根据二期工程拟定的水库调度运用办法，经过调洪演算求得。

峪河交叉断面以上各区片设计洪水成果见表 7.2 - 5，两种洪水地区结果组成的交叉断面设计洪水差别不大，在 ±4% 以内，从对建筑物工程不利方面考虑，选取第一种组合的设计洪水成果，即宝泉水库与交叉断面同频率叠加，宝交区间相应的设计洪水成果。

表 7.2 - 5 　　　　　　　　　峪河交叉断面以上各区片设计洪水成果表

组 合	区 片	计算方法	项目	均值	C_v	C_s/C_v	各种频率设计洪水/(m^3/s)					
							20%	10%	5%	2%	1%	0.33%
组合一：宝泉水库与交叉断面同频率叠加，宝交区间相应设计洪水成果	宝泉水库设计洪水	直接法	Q_m	410	2	2.5	460	1060	1870	3110	4160	5930
			W_{24}	1152	1.6	2.5	1567	2996	4691	7177	9200	12545
	交叉断面以上（有水库）	直接法	Q_m				397	885	1594	2601	3622	4945
			W_{24}				1547	2965	4681	7229	9326	12754

组　合	区　片	计算方法	项目	均值	C_v	C_s/C_v	各种频率设计洪水/（m³/s）					
							20%	10%	5%	2%	1%	0.33%
组合二：宝交区间与交叉断面同频率叠加，宝泉水库以上相应设计洪水	宝交区间设计洪水	暴雨比值法	Q_m				86	165	258	396	507	692
			W_{24}				164	314	491	752	963	1314
	交叉断面以上（有水库）		Q_m				406	881	1573	2557	3384	4825
			W_{24}				1553	2975	4687	7240	9311	12767
	宝交区间设计洪水	图集查算	Q_m				137	213	282	419	502	628
			W_{24}				261	405	535	796	954	1194
	交叉断面以上（有水库）		Q_m				390	857	1539	2548	3387	4857
			W_{24}				1556	2997	4689	7241	9311	12765
交叉断面以上（无水库）		直接法	Q_m	421	2	2.5	472	1100	1910	3200	4270	6090
			W_{24}	1207	1.6	2.5	1642	3138	4912	7520	9632	13144

5. 洪水泄量及水位

峪河在发生大洪水时，与旁边的纸坊河串流成一片，串流区交叉建筑物规模及左岸防洪水位用水库联合调节计算方法确定。计算方法与步骤如下：

如果某河在其整个洪水过程中均未与其他河流串流，其调洪计算即直接用圣维南连续方程计算。

如果 i 河在某个时段与相邻的 $i+1$ 河串流，可以视这两条河流在总干渠左侧的河道为两个水库，其洪水入库过程也用圣维南方程组表示，即连续方程和动力方程。对于天然情况下串流的河道，可作如下简化：

（1）洪水入库的过程，只考虑连续方程，不考虑动力方程，且连续方程简化为有限差的水量平衡方程。即如果某河在某个时段的洪水位高于相邻河流的水位，且高于它们之间的分水岭，则前者向后者串流。由于该类串流河道一般相距较近，且相互之间极易串流，因此计算不考虑串流距离、流速、宽度、横向流比降、下垫面条件等因素，近似认为二者在瞬时达到新的平衡。

（2）因为串流区每条河流洪水分区的范围不会太大，气象因素的差别也不大，所以，计算假定每条河流或左岸排水的同频率洪水发生时间是对应的，即同频率相加。

基于上述的简化，各条河流的洪水入库、出库仍用如下方程式表示：

$$(Q_{rj-1}+Q_{rj}/2) - (Q_{cj-1}+Q_{cj}/2) = (V_j - V_{j-1})/\Delta t \qquad (7.2-1)$$

式中：Q_r 为入库流量；Q_c 为出库流量；V 为库容；$j-1$、j 分别为 Δt 时段初和时段末。

如果 i 河向 $i+1$ 河串流，则串流过程可看作两步完成：

a. 在 $j-1 \rightarrow j$，Δt 时段内，i 河的水位 Z_{ij} 升到分水岭以上，$Z_{ij} > Z_H$，Z_H 为 i 河与 $i+1$ 河之间分水岭的最低点高程。

b. j 时刻，Δt 时段末，i 河向 $i+1$ 河横向流动，Z_{ij} 下降到 Z_H 高度或与 $i+1$ 河达到一个保持水量平衡的平衡水位，这样，i 河与 $i+1$ 河各自的水量随时间的变化就体现于水位随时间的变化。

横向流动首先发生在相邻的 i 河与 $i+1$ 河之间，如果 i 河与 $i+2$ 河串流，必然要通过它们之间的 $i+1$ 河的水位起伏作为过渡。因此，只要把 i 河与 $i+1$ 河之间的横向流动描述清楚，以 i 河与 $i+1$ 河某时刻的平衡水位作为 $i+1$ 河在该时刻的水位，就可以同样的方法再计算 $i+1$ 河与 $i+2$ 河，并可依此类推到多条河流。

但是，由于每次计算只是在相邻的两条河流之间，当 $i+1$ 河与 $i+2$ 河达到平衡水位时，已经参与过计算的 i 河与 $i+1$ 河可能又不再平衡，所以每个分区的每两条相邻河流依次计算完成后，再反过来依次计算。根据水量平衡原理，每个分区不管有多少条河流可能相串流，经过若干次反复调算，其相串流的河流同一时段终究会达到水量平衡，从而可求得该时段每条河流的水位。

根据上述方法，经计算和比选，峪河交叉断面设计洪水成果见表 7.2-6。

表 7.2-6   峪河交叉断面设计洪水成果表

项　　目	频　　率			
	5%	2%	1%	0.33%
洪峰流量/(m³/s)	1590	2600	3622	4950
洪水位/m	109.23	109.52	109.77	110.03

根据河南省水利勘测设计研究有限公司 2021 年 "7·20" 特大暴雨后进行的河道断面测量结果，现状河道底高程相较 2016 年勘察结果降低了 4.3～5.1m。

6. 2021 年 "7·20" 特大暴雨期间洪水

根据宝泉站泄流资料显示，7 月以来，宝泉水库泄流主要受上游强降雨影响，从 7 月 19 日 15：17 开始，7 月 21 日 14：00 达到泄流峰值 517m³/s（此次最大洪峰），而后泄流流量有所减小，至 7 月 22 日 10：00 再次高达 489m³/s，宝泉水库 2021 年 7 月 19—27 日泄流情况见表 7.2-7。

对比设计频次洪峰流量，此次洪水介于交叉断面 5 年一遇设计洪峰 397m³/s 与 10 年一遇设计洪峰 885m³/s 之间。

表 7.2-7   宝泉水库 2021 年 7 月 19—27 日泄流情况统计表

日　期	时　间	流量/(m³/s)	日　期	时　间	流量/(m³/s)
2021-7-19	15：17	2.5	2021-7-23	2：00	150
	18：00	10.1		8：00	122
	20：00	126		14：00	103
	22：00	144		20：00	90

续表

日　期	时　间	流量/(m³/s)	日　期	时　间	流量/(m³/s)
2021－7－20	0：00	134	2021－7－24	2：00	79.3
	2：00	124		6：00	73.1
	4：00	110		8：00	70.5
	6：00	104		14：00	64.2
	8：00	98.2		20：00	59.7
	14：00	102	2021－7－25	2：00	54.8
	16：00	123		6：00	52.5
	18：00	152		8：00	51.3
	20：00	175		14：00	49
	22：00	175		20：00	45.9
2021－7－21	0：00	180	2021－7－26	2：00	43.8
	2：00	233		6：00	42.3
	4：00	255		8：00	41.4
	6：00	266		14：00	40.5
	8：00	302		20：00	38.3
	10：00	374	2021－7－27	2：00	37.2
	12：00	460		6：00	36.4
	14：00	517		8：00	35.3
	18：00	489		14：00	33.9
	20：00	429		20：00	35.3
	22：00	362			
2021－7－22	2：00	268			
	8：00	305			
	9：00	460			
	10：00	489			
	14：00	352			
	20：00	201			

7.2.3　防洪能力复核

7.2.3.1　防洪能力复核主要内容

（1）根据陶岔大坝工程防洪标准和设计洪水复核结果，进行工程坝顶高程复核，评判工程防洪能力是否满足规范要求。

（2）根据工程防洪标准和设计洪水复核结果，复核穿（跨）总干渠河渠、渠渠交叉工程、左岸排水建筑物的泄洪能力，评判工程现状泄洪能力是否满足规范和设计要求。

（3）根据输水渠道与穿（跨）河流交叉断面设计洪水复核结果，评判输水倒虹吸工程埋深、输水渡槽工程基础底面埋深和槽下净空高度、进出口裹头高程是否满足规范和设计要求。

7.2.3.2 工程实例

1. 输水建筑物裹头高程复核

根据设计洪水复核中的河道断面水位计算结果，对比输水建筑物裹头高程。受河道冲刷影响，河道特征水位相较初步设计均有降低，偏安全考虑，选择初步设计成果进行对比，河道断面水位与防洪堤高程对比见表 7.2 - 8。

表 7.2 - 8　　　　　　　　　　河道断面水位与防洪堤高程对比表

建　筑　物	防洪堤高程/m	河道设计洪水位/m	河道校核洪水位/m
峪河暗渠	110.80	109.77（1%）	110.03（0.33%）
王村河倒虹吸	105.94	104.14（1%）	104.34（0.33%）
午峪河倒虹吸	106.58	105.05（2%）	105.23（0.5%）
石门河倒虹吸	103.20	100.91（1%）	101.13（0.33%）

结果显示，建筑物裹头高程均高于对应河道校核洪水位值，不会出现洪水侵入建筑物区域的问题。

2. 建筑物管身埋深复核

河道的一般冲刷采用《铁路工程水文勘测设计规范》（TB 10017）中有关公式进行计算。

河床为非黏土时，计算公式如下：

$$h_p = \left[\frac{A \dfrac{Q_c}{B_c} \left(\dfrac{h_{mc}}{\overline{h}_c} \right)^{\frac{5}{3}}}{E \overline{d}_c^{\frac{1}{6}}} \right]^{\frac{3}{5}} \qquad (7.2-2)$$

式中：h_p 为一般冲刷后的最大水深；h_{mc} 为河槽最大水深；$\overline{h}_c$ 为河槽平均水深；B_c 为河槽部分桥孔过水净宽；Q_c 为河槽部分通过的设计流量；A 为单宽流量集中系数，取 1.2；E 为与汛期含沙量有关的系数；$\overline{d}_c$ 为河槽土平均粒径。

以峪河暗渠为例进行分析。峪河河床为非黏土，经计算，100 年一遇洪水断面一般冲刷深度为南峪河河槽 1.12m、北峪河河槽 0.56m；300 年一遇洪水断面一般冲刷深度为南峪河河槽 1.73m、北峪河河槽 0.83m。现状峪河倒虹吸管身段最小埋深为 1.33m，不满足要求，设计时对河道上下游各 50m 范围内采用钢筋石笼护砌，以保护洞身防洪安全，2016 年 "7·19" 洪水后增设 0.3m 厚雷诺护垫，对峪河暗渠管身进行有效保护。但由于人为采砂及河道冲刷的影响，峪河交叉断面上下游河床均有不同程度的下切，管身河床高程与下游河床存在较大的高差会使河床冲刷不断加剧，导致管身防洪安全不足。

3. 输水建筑物河道断面过流能力复核

河道断面处堰顶出露段河床的泄流能力按有底坎宽顶堰堰流流量公式计算：

$$Q = \sigma_C m B \sqrt{2g} H_O^{\frac{3}{2}} \qquad (7.2-3)$$

式中：B 为河道行洪宽度；σ_C 为侧收缩系数，取 1；H_0 为包括行近流速水头的堰前水头，即 $H_0 = H + v_o^2/2g$；m 为流量系数；v_o 为行近流速。

以峪河暗渠为例进行分析。峪河暗渠管身段顶部河底高程为 107.00m，河道宽度为 26 节管身长度，共计 390m。设计洪水位时，满足洪水安全下泄所需河道宽度为 251.10m，校核洪水位时，满足洪水安全下泄所需河道宽度为 300.12m，均小于现阶段河道断面宽度。因此，经计算，峪河暗渠河道断面可以满足 100 年一遇、300 年一遇洪水的泄洪能力要求。但峪河下游 3km 以外河床大部分被改造成为农田，种植玉米等农作物，部分被改造成林地，河道被束窄后较大地影响了过流行洪能力。同时，在河道下游 3km 范围内仍存在小范围采砂现象，在河床部位形成大小不等的采砂坑，采砂筛余料在河道内无序堆放，改变了河床的原始地形地貌，对河道的行洪有一定的影响。

4. 左岸排水建筑物泄流能力复核

（1）薄壁南坡水排水倒虹吸。倒虹吸流量计算公式如下：

$$Q = \mu A \sqrt{2g\Delta z_2} \tag{7.2-4}$$

$$\Delta z_2 = \left[\sum \xi_i \left(\frac{A}{A_i}\right)^2 + \sum \frac{2gL_i}{C_i^2 R_i}\left(\frac{A}{A_i}\right)^2\right] \times \frac{v^2}{2g} + \frac{v^2 - v_2^2}{2g}$$

$$\mu = \frac{1}{\sqrt{\sum \xi_i \frac{A^2}{A_i^2} + \sum \frac{2gL_i}{C_i^2 R_i}\left(\frac{A}{A_j}\right)^2 + 1 - \left(\frac{A}{A_2}\right)^2}}$$

式中：v 为断面流速；v_2 为进口渐变段末端流速；A_i 为断面面积；ξ_i 为局部水头损失系数；C_i、R_i、L_i 为管身计算段水流的谢才系数、水力半径和管长。

薄壁南坡水排水倒虹吸按 50 年一遇洪水设计，洪峰流量为 81m³/s，洪水位为 105.02m，200 年一遇洪水校核，洪峰流量为 99m³/s，洪水位为 105.55m。经计算，设计洪水位时，倒虹吸泄流量为 84.34m³/s，校核洪水位时，倒虹吸泄流量为 102.86m³/s，泄流能力满足要求。

（2）小官庄北沟排水渡槽。渡槽流量按明渠均匀流公式计算：

$$Q = \omega c \sqrt{Ri} \tag{7.2-5}$$

式中：ω 为洞身过水断面面积；c 为谢才系数，按曼宁公式 $c = \frac{1}{n}R^{1/6}$ 计算，n 为糙率，取 $n = 0.014$；R 为水力半径；i 为洞底纵坡。

小官庄北沟排水渡槽按 50 年一遇洪水设计，洪峰流量为 81m³/s，洪水位为 102.00m，200 年一遇洪水校核，洪峰流量为 107m³/s，洪水位为 102.19m。经计算，设计洪水位时，渡槽泄流量为 87.31m³/s，校核洪水位时，渡槽泄流量为 116.43m³/s，泄流能力满足要求。

7.2.4 防洪能力复核结论

7.2.4.1 防洪能力复核结论导则

（1）防洪能力复核应作出以下明确结论：

1）工程原设计防洪标准是否需要调整。

2）水文系列延长后，原设计洪水是否需要调整。

3）评估涉及陶岔大坝工程时需明确现状坝顶高程是否满足规范要求。

4）河渠（渠渠）交叉工程、左岸排水建筑物的泄洪能力是否满足规范要求。

5）穿（跨）河流的倒虹吸工程埋深、渡槽工程基础底面埋深和槽下净空高度、进出口裹头高程是否满足规范要求。

（2）当工程防洪标准和防洪能力满足规范要求时，工程防洪安全性应评定为 A 级。

（3）评估涉及陶岔大坝工程时，当陶岔大坝工程防洪标准满足规范要求，但因坝顶高程不满足规范要求，通过采取临时应急措施可以满足规范要求时，工程防洪安全可评定为 B 级；否则，应评定为 C 级。

（4）当河渠（渠渠）交叉工程和左岸排水工程防洪标准满足 7.2.1 节的要求，但因设计洪水调整导致泄洪能力不足，若采取应急措施可以解决泄洪能力不足的问题时，工程防洪安全性可评定为 B 级；否则，应评定为 C 级。

（5）当穿越河流的倒虹吸工程防洪标准满足规范要求，但因交叉断面设计洪水增大导致工程埋深不满足规范要求时，工程防洪安全应评定为 C 级。

（6）当跨越河流的渡槽工程防洪标准满足规范要求，但因交叉断面设计洪水增大导致工程基础底面埋深和槽下净空高度不满足规范要求时，工程防洪安全应评定为 C 级。

（7）当工程防洪标准不满足规范要求时，工程防洪安全性应评定为 C 级。

7.2.4.2　工程实例

根据前述防洪标准复核、设计洪水复核、防洪能力复核等，可得出如下主要结论：

（1）南水北调中线干线工程辉县管理处段总干渠渠道和主要建筑物按 1 级建筑物设计，建筑物级别为 1 级的供水工程永久性水工建筑物洪水标准为 50～100 年一遇洪水设计，200～300 年一遇洪水校核。工程等别、建筑物级别以及防洪标准满足《防洪标准》（GB 50201）和《水利水电工程等级划分及洪水标准》（SL 252）要求，原设计防洪标准无须调整。

（2）本次洪水复核采用暴雨图集计算，复核峪河设计洪水位为 109.77m，洪峰流量为 3622m^3/s，校核洪水位为 110.03m，洪峰流量为 4950m^3/s；王村河设计洪水位为 104.14m，洪峰流量为 833m^3/s，校核洪水位为 104.34m，洪峰流量为 1070m^3/s，考虑河道冲刷后复核设计洪水位为 102.72m，校核洪水位为 103.11m；午峪河设计洪水位为 105.05m，洪峰流量为 541m^3/s，校核洪水位为 105.33m，洪峰流量为 738m^3/s，考虑河道冲刷后复核设计洪水位为 103.77m，校核洪水位为 104.33m。实测河道高程复核的特征水位低于原设计成果，因此维持河道特征水位不变。

（3）复核计算的峪河暗渠、王村河倒虹吸、午峪河倒虹吸、石门河倒虹吸泄洪能力及左岸排水建筑物的泄流能力均满足要求，但需关注河道采砂问题以及保障左岸排水建筑物出口行洪通畅。

（4）本次复核的峪河暗渠、王村河倒虹吸、午峪河倒虹吸、石门河倒虹吸防洪堤高程均高于河道的校核水位，不会出现洪水侵入建筑物区域的问题。峪河暗渠、王村河倒虹吸、午峪河倒虹吸、石门河倒虹吸加固前管身埋深不满足要求，需进行加固处理，目前石门河倒虹吸已完成永久加固。

综上所述，峪河暗渠、王村河倒虹吸、午峪河倒虹吸管身埋深不满足要求，需进行加固处理，工程防洪安全性评定为 B 级；其余建筑物防洪安全性评定为 A 级。

7.3 输水能力复核

7.3.1 水力复核

7.3.1.1 水力复核主要内容

（1）水力复核内容应包括进口控制断面过流能力、控制段流态与水面线、出口段消能防冲、水头损失计算、水锤等。

（2）水力复核应依据《水闸设计规范》（SL 265）、《水工隧洞设计规范》（SL 279）、《预应力钢筒混凝土管道技术规范》（SL 702）等相关条款进行。

（3）过流能力复核计算应符合下列规定：

1）根据建筑物现状，选定影响过流能力的进口控制性断面，糙率、流量系数、收缩系数、淹没系数等参数可通过水力学分析取用，必要时可通过试验确定。

2）无压隧洞、暗涵（渠）及长距离输水建筑物按均匀流计算，短距离输水建筑物或不同建筑类型过渡段可按非均匀流计算。

3）有压隧洞、天津箱涵应按管流计算。

4）输水建筑物开敞式进口按堰流计算，深式进口宜按管流计算。

（4）沿程水头损失复核计算应符合下列规定：

1）沿程水头损失复核计算中的糙率应根据衬砌型式及运行后过流壁面附着物的变化，类比已有工程综合分析选用。局部水头损失复核计算中的局部阻力系数，可参照水力学资料分析决定，必要时可通过试验确定。

2）渡槽、渠道、倒虹吸、暗涵（渠）等输水建筑物的总水头损失根据《水力计算手册》复核计算。当渡槽采用多槽方案时，进口渐变段应增加一项侧收缩引起的水面降落值。

3）有压隧洞、天津箱涵的水头损失复核计算应包括摩擦引起的沿程水头损失计算和进口、弯管、岔管、阀门及出口等引起的局部水头损失计算等。

（5）水面线复核应先判别水面线类型，在选定控制断面后，可按分段求和法或其他方法计算。

（6）预应力钢筒混凝土管道水锤复核计算应与开泵、停泵、调节流量等工况下机组转速变化和阀门正常关闭及拒动配合进行，复核计算内容包括正常工况最高压力线、特殊工况最高压力线、特殊工况最低压力线。通过水锤复核计算，评价调压井、减压阀、空气阀等的布设合理性。

7.3.1.2 工程实例

1. 过流能力复核

峪河暗渠段起止桩号为总干渠Ⅳ70＋951.4～Ⅳ71＋562.4，全长 611m，设计流量为 260m^3/s，加大流量为 310m^3/s。峪河暗渠由进口渐变段、进口节制闸、管身段、出口检修闸和出口渐变段组成，全长 333m。进、出口渐变段长分别为 55m 和 70m，暗渠总长

200m，管身横向为 1 联 3 孔箱形钢筋混凝土结构，左右对称布置，单孔孔径 7m×8.2m（宽×高）。设计水头为 0.24m。

过流能力按明渠均匀流计算。根据设计水头 0.24m 计算峪河暗渠过流能力，结果见表 7.3-1。计算结果显示，设计工况时暗渠过流能力为 282.51m³/s，大于设计流量 260m³/s，加大流量工况时暗渠过流能力为 312.68m³/s，大于设计流量 310m³/s，峪河暗渠过流能力满足要求。

表 7.3-1　　　　　　　　　　　　　峪河暗渠过流能力计算

计算工况	进口水位/m	出口水位/m	计算流量/(m³/s)	设计流量/(m³/s)
设计工况	102.815	102.575	282.51	260
加大流量工况	103.41	103.159	312.68	310

2. 水头损失复核

洞身段水头损失按明渠均匀流计算，进口水面跌落及出口水面回升按能量法计算。水面总降落值计算简图见图 7.3-1。

（1）计算公式。

进口渐变段水面跌落 $\Delta Z_{1\sim 2}$：

$$\Delta Z_{1\sim 2}=Z_1-Z_2$$
$$=(1+\varepsilon_1)\frac{V_2^2-V_1^2}{2g}$$
$$+\Delta h+k_1\frac{V_2^2}{2g}+J_1L_1$$

(7.3-1)

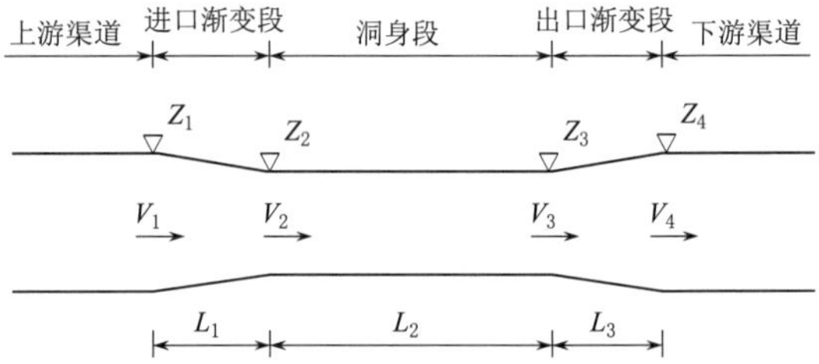

图 7.3-1　水面总降落值计算简图

洞身段水面跌落 $\Delta Z_{2\sim 3}$：

$$\Delta Z_{2\sim 3}=iL_2 \tag{7.3-2}$$

出口渐变段水面回升 $\Delta Z_{3\sim 4}$：

$$\Delta Z_{3\sim 4}=Z_4\sim Z_3$$
$$=(1-\varepsilon_2)\frac{V_3^2-V_4^2}{2g}-k_1\frac{V_3^2}{2g}-J_3L_3 \tag{7.3-3}$$

式中：ε_1 为进口渐变段局部水头损失系数，取 $\varepsilon_1=0.15$；ε_2 为出口渐变段局部水头损失系数，取 $\varepsilon_2=0.3$；k_1 为闸门槽水头损失系数，取 $k_1=0.05$；J_1 及 J_3 为分别为进口及出口渐变段水力坡降；Δh 为进口闸墩引起的水面降落值。

$$\Delta h=2k(k+10w-0.6)(\alpha+15\alpha^4)\frac{V_2^2}{2g} \tag{7.3-4}$$

式中：w 为束窄断面流速水头与水深之比；α 为闸墩总厚度与闸室总宽之比，为 0.12；k 为闸墩头部形状系数，取 0.9。

暗渠总水头损失：

$$Z=\Delta Z_{1\sim 2}+\Delta Z_{2\sim 3}-\Delta Z_{3\sim 4} \tag{7.3-5}$$

（2）计算结果。根据设计流量 260m³/s 及加大流量 310m³/s 分别进行水头损失复核，峪河暗渠水头损失复核见表 7.3-2。

表 7.3-2   峪河暗渠水头损失复核

计算工况	流量/(m³/s)	$\Delta Z_{1\sim2}$/m	$\Delta Z_{2\sim3}$/m	$\Delta Z_{3\sim4}$/m	Z/m	设计水头/m
设计工况	260	0.186	0.122	0.072	0.236	0.24
加大流量工况	310	0.217	0.113	0.091	0.239	0.24

计算结果显示，两种工况下峪河暗渠水头损失均小于设计水头损失，满足设计要求。水下检查管身段壳菜及淤泥较少，对糙率影响很小，现阶段能按设计水头损失运行。

3. 断面净空复核

峪河暗渠管身进口高程为 96.265m，出口高程为 96.125m，根据水头损失计算结果进行断面净空计算，暗渠管身净空复核见表 7.3-3。计算结果显示，暗渠管身净空高度大于 40cm，净空面积大于管身断面面积的 15%，满足设计要求。

表 7.3-3   暗渠管身净空复核

计算工况	$\Delta Z_{1\sim2}$/m	洞内水深/m	净空高度/m	净空面积/m²	净空占比
设计工况	0.186	6.35	1.85	12.95	22.5%
加大流量工况	0.217	6.92	1.28	8.96	15.6%

4. 峪河暗渠出口流态

现场检查中发现，峪河暗渠出口段流态呈波浪状态，经过五年多的实际运行效果来看，工程运行安全稳定，这种流态对工程安全影响较小。

5. 渠道糙率

(1) 设计糙率。根据《灌溉与排水工程设计规范》(GB 50288)，对金属模板浇筑、衬砌面平整顺直、表面光滑的渠道，其糙率取值范围为 0.012～0.014，对抛光木模板浇筑、表面一般的渠道，其糙率取值为 0.015。

黄河北—姜河北全线衬砌采用现浇混凝土，衬砌伸缩缝纵、横缝间距均为 4m，纵、横缝的设置必然增加渠道的糙率；其次是该渠段布置了共 69 个弯道，在平面上也很难实现衬砌面平整顺直；再次是沿线布置了 281 座建筑物，在局部连接处也不能保证衬砌面平整顺直。在渠道水头分配中，考虑河渠交叉建筑物和部分渠穿河的左岸排水建筑物的水头损失值，加上跨渠公路桥、铁路桥、渡槽、渠道连接段、渠道弯道等局部水头损失，现阶段渠道综合糙率为 0.015。

水下检查中发现，衬砌板错台、隆起、密封胶凸起等现象均会增大渠道的糙率，经过修复后，一定程度上能保证渠道糙率维持在设计水平。

(2) 糙率推算。为分析渠道实际糙率变化，通过实测渠道水位计算过流能力，对比实测流量。实测流量取峪河节制闸处流量，计算流量时糙率取设计糙率 0.015，计算流量与实测流量如图 7.3-2 所示。可以看出，根据设计糙率计算的流量与实测流量基本一致，现阶段渠道糙率与设计糙率比变化不大。

6. 过流能力

渠道过流能力按明渠均匀流公式计算，设计水头下渠道过流能力计算见表 7.3-4，根据设计水头计算渠道最小过流能力为 261.25m³/s，大于设计流量 260m³/s，满足设计要求。

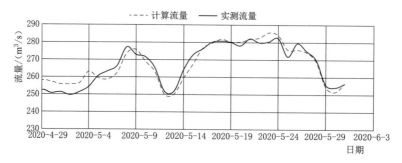

图 7.3-2　计算流量与实测流量

表 7.3-4　　　　　　　　　　设计水头下渠道过流能力计算表

分段	设 计 桩 号		设 计 断 面 要 素				计算流量 /(m³/s)
	起	止	纵坡倒数/(1/i)	设计水深/m	设计底宽/m	坡比/(1/j)	
1	Ⅳ66+856.5	Ⅳ76+964.2	28000	7	20	2	263.75
2	Ⅳ76+964.2	Ⅳ78+533.7	28000	7	17.5	2.5	287.15
3	Ⅳ78+533.7	Ⅳ93+929.8	28000	7	20	2	263.75
4	Ⅳ94+380.8	Ⅳ97+404.4	28000	7	21	1.75	261.25
5	Ⅳ97+765.4	Ⅳ100+655.7	28000	7	20	2	263.75
6	Ⅳ101+138.7	Ⅳ102+264	20000	7	15.5	2	261.86
7	Ⅳ102+264	Ⅳ103+720.7	20000	7	25	0.4	263.04
8	Ⅳ103+720.7	Ⅳ104+683.7	20000	7	15.5	2	261.86
9	Ⅳ104+683.7	Ⅳ105+589	20000	7	14.5	2.25	264.94
10	Ⅳ105+589	Ⅳ106+925.1	20000	7	23	0.7	264.57
11	Ⅳ107+198.1	Ⅳ109+720	20000	7	15.5	2	261.86
12	Ⅳ109+720	Ⅳ117+881.8	28000	7	20	2	263.75

7. 水面线复核

根据渠道设计流量 260m³/s 与加大流量 310m³/s，复核渠道水面线，计算结果见表 7.3-5，设计水位与加大流量水位水面线与原设计一致。

表 7.3-5　　　　　　　　　　渠 道 水 面 线 计 算

分段	设计桩号	计 算 水 头		计 算 水 面 线		加大流量水位 /m（原设计）
		设计水头/m	加大流量水头/m	设计水位/m	加大流量水位/m	
1	Ⅳ115+807.1	6.949	7.603	98.888	99.542	99.463
2	Ⅳ115+511.1	6.949	7.603	99.028	99.682	99.603
3	Ⅳ113+503.8	6.949	7.603	99.099	99.753	99.678
4	Ⅳ113+232.8	6.949	7.603	99.229	99.883	99.808

分段	设计桩号	计算水头		计算水面线		加大流量水位/m（原设计）
		设计水头/m	加大流量水头/m	设计水位/m	加大流量水位/m	
5	Ⅳ109+727.5	6.949	7.603	99.355	100.009	99.938
6	Ⅳ107+198.1	6.975	7.609	99.507	100.141	100.048
7	Ⅳ106+925.1	6.928	7.693	99.580	100.345	100.175
8	Ⅳ105+604	6.928	7.693	99.646	100.411	100.247
9	Ⅳ104+691.2	6.937	7.603	99.701	100.367	100.314
10	Ⅳ103+740.7	6.975	7.609	99.786	100.420	100.358
11	Ⅳ102+279	6.949	7.765	99.833	100.649	100.42
12	Ⅳ101+138.7	6.975	7.609	99.916	100.550	100.497
13	Ⅳ100+655.7	6.949	7.603	100.080	100.734	100.7
14	Ⅳ97+765.4	6.949	7.603	100.184	100.838	100.805
15	Ⅳ97+404.4	6.982	7.657	100.367	101.042	100.955
16	Ⅳ94+380.8	6.982	7.657	100.475	101.150	101.068
17	Ⅳ93+929.8	6.949	7.603	100.632	101.286	101.258
18	Ⅳ93+006.4	6.949	7.603	6.949	7.603	101.292
19	Ⅳ91+830.4	6.949	7.603	101.265	101.919	101.892
20	Ⅳ87+499.4	6.949	7.603	101.419	102.073	102.048
21	Ⅳ87+224.4	6.949	7.603	101.549	102.203	102.178
22	Ⅳ85+916.1	6.949	7.603	101.596	102.250	102.226
23	Ⅳ85+585.1	6.949	7.603	101.746	102.400	102.376
24	Ⅳ83+491.7	6.949	7.603	101.821	102.475	102.451
25	Ⅳ83+160.7	6.949	7.603	101.971	102.625	102.601
26	Ⅳ82+574.4	6.949	7.603	101.980	102.634	102.623
27	Ⅳ82+263.4	6.949	7.603	101.992	102.646	102.773
28	Ⅳ78+541.2	6.949	7.603	102.142	102.796	102.907
29	Ⅳ76+971.7	6.953	7.574	102.279	102.900	102.968
30	Ⅳ71+568.4	6.949	7.603	102.387	103.041	103.158
31	Ⅳ70+960.4	6.949	7.603	102.764	103.418	103.412
32	Ⅳ66+856.5	6.949	7.603	102.910	103.564	103.559

7.3.2 冰期过流能力复核

对可能存在冰期输水的区域需进行冰期过流能力复核。

冰期过流能力复核需进行冰期输水能力控制指标和输水特性分析，并建立冰期输水数学模型，区分为结冰期、稳定封冻期分别进行过流能力计算。

冰盖糙率和厚度可参照已有工程经验选用，对于重要工程区段宜结合原型观测、数值模拟和模型试验等综合分析确定。

基于与冰期输水有关的水文、气象及原型观测资料，复核渠道冰期的输水能力，并提出渠道冰期输水安全和运行控制等方面的建议。

7.3.3 水力复核结论

7.3.3.1 水力复核结论评价内容

（1）水力复核应作出以下明确结论：

1）各控制断面是否满足原设计过流能力要求，原设计水面线是否变化，控制段流态是否正常。

2）消能防冲设施是否满足规范要求，水锤是否影响输水效率。

3）冰期是否对输水能力产生影响，冰期过流能力能否满足原设计过流能力要求。

（2）过流能力满足设计输水要求，控制段流态良好、消能防冲等满足规范和设计要求，评定为 A 级。

（3）过流能力基本满足设计输水要求，控制段流态无明显异常、消能防冲影响输水效率但不影响水力安全，评定为 B 级。

（4）过流能力不满足设计输水要求或控制段输水流态异常、消能防冲影响水力安全，评定为 C 级。

7.3.2.2 工程实例

（1）水下检查结果显示辉县段渠道与建筑物过水断面糙率无明显改变，经计算，各控制断面满足原设计过流能力要求，复核水面线与原设计基本一致。

（2）峪河暗渠出口段波浪状流态对工程安全影响较小，其余控制段流态正常。

（3）南水北调中线干线工程辉县段工程无冰期过水问题。

综上所述，南水北调中线干线工程辉县段工程水力状况评定为 A 级。

第8章

工程安全性态评价

8.1 评价目的与重点

8.1.1 渠道与建筑物老化病害问题

近年来通过对南水北调中线工程进行专项安全鉴定、单项安全鉴定及年度安全评估，对部分风险渠段、关键建筑物进行了安全检测、安全监测资料分析及安全运行状况评估。主要包括高填方渠段、高地下水位渠段，中、强膨胀土渠段，区域沉降段、砂土筑堤段、测值异常段、运行期出现过隐患的渠段，以及存在渗水的输水建筑物和渠道结合部、存在冲刷破坏隐患的退水渠等。上述工作发现，目前中线工程渠道与建筑物主要的老化病害问题主要表现在以下几个方面：

（1）高填方渠段渠身存在渗水点，渠坡存在土体高含水率区域，高地下水位渠段部分存在局部不密实、松散情况。

（2）中、强膨胀土渠段部分存在局部土体不密实、松散情况，部分见高含水率异常，部分衬砌面板下方局部不密实。深挖方膨胀土渠段渠坡拱圈、排水沟等存在裂缝，渠坡已经产生变形，变形范围不明显。

（3）工程沿线仍存在渠坡变形量偏大、变形未稳定及地下水位较高的渠段，因区域整体性基础沉降造成沉降超设计警戒值且未收敛的渠段。

（4）部分渠道衬砌面板存在错台、裂缝、破损和冻胀隆起现象，部分渠道、输水建筑物水下部分混凝土表面有淡水壳菜、藻类等水生生物繁殖，部分工程所在区域河道现状、汇流面积变化。

（5）倒虹吸附近局部存在渗流异常点，倒虹吸管身渠顶部分边墙存在钢筋保护层厚度低于标准的问题。渠堤内部穿堤建筑物存在局部缺陷（空洞），分水口的渠道面板下方存在局部脱空现象，深层存在部分土体不密实现象。

（6）存在渡槽伸缩缝渗水、左岸排水建筑物管身洇湿、渗水等局部老化破损问题，部分左岸排水建筑物出口不畅。

8.1.2 评价目的与重点

8.1.2.1 评价目的

渗流安全评价的目的是复核建筑物渗流控制措施与当前实际工作性态是否满足建筑物设计条件及运行安全；结构安全评价的目的是复核输水渠道和建筑物在静力条件下的强度、变形与稳定性是否满足规范要求；而抗震安全评价的目的是按照现行规范复核渠道和控制、输水建筑区现状是否满足抗震要求。

8.1.2.2 评价重点

1. 渗流安全评价重点

高填方渠段重点关注其浸润线位置，判断渠道各填土体的渗透稳定性，注意渠道外坡反滤压坡体及结合部的渗漏状况[31]。

高地下水渠段应重点分析水位变化趋势、排水效果，以及对衬砌板的安全影响。

渠道渗流安全复核对以下情况应重点考虑和分析：①全填方渠段；②地下水位高于渠道运行低水位的挖方渠段或半挖半填渠段；③挖方渠道或半挖半填渠道外侧有水库、水塘、河道的渠段；④修建在河滩等透水地基上的渠段，应复核河道洪水期间渠基的渗透稳定性；⑤特殊性渠基土（膨胀土、湿陷性黄土、软土）渠段；⑥其他具有直接影响建筑物安全的渗流问题的渠段。

倒虹吸与暗涵（渠）渗流安全复核包括进出口渐变段、进出口闸室段和管身段渗流安全，重点复核进出口闸室段的基底渗流稳定、侧向渗流稳定，及相关建筑物的渗流稳定。

隧洞渗流安全评价应根据设计、施工、运行资料，尤其是监测资料，进行全面分析，评价渗流性态，重点分析进出口、洞身渗流状况。当隧洞及附属建筑物出现渗流条件变化和渗流安全隐患时，应进行渗流安全复核。

衬砌分缝、不良地质段、存在高内外水压等部位防渗止水措施应满足《水工隧洞设计规范》（SL 279）的要求，重点复核隧洞分缝部位止水措施的可靠性。

穿黄隧洞应重点复核以下内容：①内外衬间渗压水位和渗漏量是否超过设计控制值；②黄河水位对衬砌及其分缝止水的影响，外衬与土体是否存在接触渗透变形；③预应力内衬管片、接缝防渗材料和聚脲防渗体性能是否满足规范和设计要求；④排水弹性垫层和纵向排水孔的有效性，并对排水失效的最不利工况进行复核。

天津箱涵（预应力钢筒混凝土管道）渗流安全评价主要包括进口闸、调节池和箱涵（管道）基础渗流，重点分析结构伸缩缝渗流安全。

2. 结构安全评价重点

结构安全评价的主要内容包括渠道和控制、输水建筑物的强度、变形与稳定性复核。输水渠道结构安全评价的重点是变形与稳定分析；控制、输水和交叉建筑物结构安全评价的重点是强度与稳定分析。

结构安全评价可采用现场安全检查法、监测资料分析法、安全检测和计算分析法。应在现场安全检查基础上，根据工程地质勘察、安全监测、安全检测等资料，综合检测监测资料分析与结构计算对建筑物结构安全性进行评价。对有变形、应力、应变及温度监测资料的结构，应进行监测资料正反分析；对运行中暴（揭）露的影响结构安全的裂缝、孔洞、空鼓、腐蚀、塌陷、滑坡等问题或异常情况应作重点分析。

结构安全评价时，当按抗裂设计的结构构件出现裂缝，或需要限制裂缝宽度的结构构件出现超过允许值的裂缝时，应重点复核其结构强度和裂缝宽度。需要控制变形值的结构构件，出现超过允许值的变形时，应进行结构强度和变形验算。对主要结构构件发生锈胀裂缝或表面剥蚀、磨损而导致钢筋保护层破坏和钢筋锈蚀的，进行安全评价时应考虑其影响。

渠道结构安全复核应分析现状渠道能否满足设计条件下的结构安全要求，重点分析运行中曾出现或可能出现结构失稳的高风险渠段。

渠道结构安全复核应包括下列内容：①内外坡渠坡稳定性，应重点复核出现裂缝、不均匀沉降的渠段；②渠道衬砌板、支护体的稳定性；③深挖方渠段渠道一级马道以上边坡的稳定性；④抗浮稳定性，应重点复核渠道运行和检修期外水位高于渠道运行水位时渠道底板的抗浮稳定；⑤渠道的变形，应重点复核变形监测数据异常段及衬砌板破损严重渠段，以及堤顶、堤坡塌陷或隆起渠段。

渠道结构安全复核应重点考虑以下情况：①高填方渠段；②地下水位高于渠道运行低水位的挖方渠段或半挖半填渠段；③挖方渠道或半挖半填渠道外侧有水库、水塘、河道的渠段，或黄土类特殊土边坡段；④洪水影响显著的河滩地渠段；⑤特殊性渠基土（膨胀土、湿陷性黄土、软土、沙土）渠段；⑥其他具有直接影响建筑物稳定问题的渠段。

渠道衬砌工程结构安全复核应包括下列内容：①衬砌强度，应重点复核衬砌不完整或塌陷、剥落严重的渠段；②抗冲稳定性，应重点复核衬砌出现裂缝或受冲蚀比较严重的渠段；③衬砌板是否存在影响渠道糙率的冲刷、淤积、生物堆积等。

退水渠结构安全复核包括以下内容：①渠坡、渠脚的抗冲性，应重点复核退水闸运行工况变化、河势变化较快、迎流顶冲渠段；②渠坡和渠脚冲刷严重渠道的渠坡稳定性。

导流和防护工程安全复核包括以下内容：①防护堤强度，应重点复核防护堤不完整或塌陷的渠段；②抗冲稳定性，应重点复核防护体出现水平向裂缝或渠脚受冲蚀比较严重的渠段。

3. 抗震安全评价重点

渠道抗震安全性复核应分析现状渠道能否满足设计条件下的抗震安全性要求，复核重点应为运行中曾出现或可能出现结构失稳的高风险段。渠坡抗震稳定性复核应重点复核出现裂缝的渠段。

砂土筑堤段和砂土基础段重点复核是否有发生地震液化的可能，可按照《水利水电工程地质勘察规范》（GB 50487）、《水工建筑物抗震设计规范》（SL 203）执行。

煤矿采空区重点复核地震作用下是否有发生地基沉降开裂及塌陷的可能，可按照《煤矿采空区建（构）筑物地基处理技术规范》（GB 51180）执行。

退水渠抗震安全性复核应分析现状能否满足设计条件下的抗震稳定性要求，复核重点应为运行中曾出现或可能出现结构失稳的高风险段。渠坡抗震稳定性复核应重点复核出现裂缝的渠段。

8.2 渗流安全评价

8.2.1 渗流安全评价方法

水在孔隙和裂隙中的流动称为渗流，渗流水所流经的空间称为渗流场。

地下水渗流场一般可分为饱和带和非饱和带。在非饱和带中，介质的孔隙中既有液相的水，也有水汽和其他气体，水的压力小于大气压力。非饱和带的下部是毛细带，在毛细带中介质的孔隙逐步被水填充，但其中水的压力仍然小于大气压力，可视为非饱和带。水压力等于大气压力的界面称为自由面，是饱和带和非饱和带的分界面。饱和带中水的压力大于大气压力。在饱和带中的渗流称为饱和渗流，在非饱和带中的渗流称为非饱和渗流。

根据渗流的基本表征量，如水头、水力梯度、渗透流速的大小和方向是否随时间变化，可将渗流分为稳定渗流和非稳定渗流。当渗流的任一或全部基本表征量随时间而变化，则称此渗流为非稳定渗流。由于天然或人为因素的影响，地下水位总是在不断变化着，所以在多数情况下遇到的渗流都是非稳定渗流。但当地下水位变化不大时，可以将非稳定渗流当作稳定渗流考虑。

1. 渗流的运动方程

渗流运动方程可由作用到液体上各力的平衡求得：①液体表面的水压力；②重力；③渗流受到的阻力；④加速力。因其推导过程和一般流体力学中的运动方程类同，所以可以直接引用一般流体运动方程，只要把水质点运动速度当作多孔介质中孔隙水流运动速度，再按照孔隙水流真实速度 v' 与全断面上平均渗流速度 v 的关系（$v'=v/n$）把 v' 转换为 v 即可。

流体力学中的一般运动方程——纳维-司托克斯方程，是在考虑流体黏滞性产生的剪切应力，并将剪应力和正应力表示为流速梯度引证出来的。对于不可压缩流体，可对比引用纳维-司托克斯方程：

$$\begin{cases} \dfrac{\mathrm{d}v'_x}{\mathrm{d}t} = f_x - \dfrac{1}{\rho}\dfrac{\partial p}{\partial x} + v\,\nabla^2 v'_x \\[2mm] \dfrac{\mathrm{d}v'_y}{\mathrm{d}t} = f_y - \dfrac{1}{\rho}\dfrac{\partial p}{\partial y} + v\,\nabla^2 v'_y \\[2mm] \dfrac{\mathrm{d}v'_z}{\mathrm{d}t} = f_z - \dfrac{1}{\rho}\dfrac{\partial p}{\partial z} + v\,\nabla^2 v'_z \end{cases} \tag{8.2-1}$$

或写成向量式：

$$\frac{\mathrm{d}\boldsymbol{v}'}{\mathrm{d}t} = \boldsymbol{f} - \frac{1}{\rho}\mathrm{grad}\,p + \nu\,\nabla^2 \boldsymbol{v}' \tag{8.2-2}$$

上式的物理意义为质量力、流体压力、流动阻力与加速度的平衡关系，也是描述能量守恒的运动方程。当黏滞性 $v=0$ 时，最末一项消失，即变为理想流体运动的欧拉方程。

对于多孔介质中的渗流，可把上式中的水质点真实流速 v' 改换成全断面平均流速 v 除以孔隙率 n 得到相应的运动方程：

$$\frac{1}{n}\frac{\mathrm{d}\boldsymbol{v}}{\mathrm{d}t}=\boldsymbol{f}-\frac{1}{\rho}\mathrm{grad}p+\frac{\upsilon}{n}\nabla^2\boldsymbol{v} \tag{8.2-3}$$

因为 $\boldsymbol{v}=\boldsymbol{v}(x,y,z,t)$，将其求导展开：

$$\frac{\mathrm{d}\boldsymbol{v}}{\mathrm{d}t}=\frac{\partial\boldsymbol{v}}{\partial x}v_x+\frac{\partial\boldsymbol{v}}{\partial y}v_y+\frac{\partial\boldsymbol{v}}{\partial z}v_z+\frac{\partial\boldsymbol{v}}{\partial t} \tag{8.2-4}$$

渗流速度及其在各坐标方向的导数很小，可以略去，则得

$$\frac{1}{n}\frac{\partial\boldsymbol{v}}{\partial t}+\boldsymbol{f}-\frac{1}{\rho}\mathrm{grad}p+\frac{\upsilon}{n}\nabla^2\boldsymbol{v} \tag{8.2-5}$$

上式中的单位质量的体积力 $\boldsymbol{f}$，只有一个沿 z 方向向下的重力 $\boldsymbol{f}=\rho\boldsymbol{g}$，且因 $h=\dfrac{p}{\gamma}+z$，$\mathrm{grad}p-\rho\boldsymbol{g}=\rho g\,\mathrm{grad}h$，单位质量 $\rho=1$ 时，上式变为

$$\frac{1}{ng}\frac{\partial\boldsymbol{v}}{\partial t}=-\mathrm{grad}h+\frac{\upsilon}{ng}\nabla^2\boldsymbol{v} \tag{8.2-6}$$

式（8.2-6）中的最后一项 $\dfrac{\upsilon}{ng}\nabla^2\boldsymbol{v}$ 在流体力学中相当于牛顿黏滞性液体的内部摩擦力，而在渗流中应为液体对土颗粒表面的摩擦力，液体质点之间的内摩擦力相对很小，可以忽略。因此，可以引用达西定律表示该项仅有的阻力，对于单位质量液体来说，渗流阻力应为沿流程 S 单位长度的能量损失，即

$$\frac{\upsilon}{n}\nabla^2\boldsymbol{v}=-g\frac{\mathrm{d}h}{\mathrm{d}s}=-g\frac{\boldsymbol{v}}{k} \tag{8.2-7}$$

代入则得不可压缩流体在不变形多孔介质中得纳维-司托克斯方程：

$$\frac{1}{ng}\frac{\partial v}{\partial t}=-\mathrm{grad}h-\frac{\boldsymbol{v}}{k} \tag{8.2-8}$$

上式一般被称为地下水运动方程，如果是不随时间改变的稳定渗流，上式就简化为重力和阻力控制的达西流动，即

$$\boldsymbol{v}=-k\,\mathrm{grad}h \tag{8.2-9}$$

2. 渗流的连续性方程

连续性方程是质量守恒定律在渗流中的具体应用，它表明，流体在渗透介质中的流动过程中，其质量既不能增加也不能减少。

在渗流区内取一无限小的微元体，示意如图 8.2-1 所示，研究其中水流的平衡关系。设六面体的各边长度为 Δx、Δy、Δz，并且和坐标轴平行。设沿坐标轴方向的渗透速度分量为 v_x、v_y、v_z，液体的密度为 ρ。

取平行于坐标平面的两个面 $abcd$ 和 $a'b'c'd'$，其面积为 $\Delta y\Delta z$。在时间 Δt 内流入六面体左边界面的液体质量为

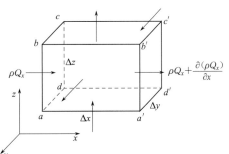

图 8.2-1 微元体示意图

$$\rho Q_x \Delta t = \rho v_x \Delta y \Delta z \Delta t \qquad (8.2-10)$$

其中，Q_x 表示沿 x 轴方向进入微元体的流量。而从六面体右边界面 $a'b'c'd'$ 流出的液体质量为

$$\left[\rho Q_x + \frac{\partial (\rho Q_x)}{\partial x} \Delta x \right] \Delta t = \rho v_x \Delta z \Delta t + \frac{\partial (\rho v_x)}{\partial x} \Delta x \Delta y \Delta z \Delta t \qquad (8.2-11)$$

所以沿 x 轴方向流入六面体和流出六面体的液体质量差为

$$\rho v_x \Delta y \Delta z \Delta t - \left[\rho v_x \Delta y \Delta z \Delta t + \frac{\partial (\rho v_x)}{\partial x} \Delta x \Delta y \Delta z \Delta t \right]$$

$$= -\frac{\partial (\rho v_x)}{\partial x} \Delta x \Delta y \Delta z \Delta t \qquad (8.2-12)$$

同理，可以写出沿 y 轴方向和 z 轴方向流入六面体和流出六面体的液体质量差分别为

$$-\frac{\partial (\rho v_y)}{\partial y} \Delta x \Delta y \Delta z \Delta t \qquad (8.2-13)$$

和

$$-\frac{\partial (\rho v_z)}{\partial z} \Delta x \Delta y \Delta z \Delta t \qquad (8.2-14)$$

因此，在 Δt 时间内，流入和流出平行六面体的总的质量差为

$$-\left[\frac{\partial (\rho v_x)}{\partial x} + \frac{\partial (\rho v_y)}{\partial y} + \frac{\partial (\rho v_z)}{\partial z} \right] \Delta x \Delta y \Delta z \Delta t \qquad (8.2-15)$$

在平行六面体内，液体所占体积为 $sn\Delta x \Delta y \Delta z$。其中，$n$ 为孔隙度，s 为饱和度，对于饱和土，有 $s=1.0$。因此，平行六面体内的液体质量为 $\rho sn\Delta x \Delta y \Delta z$。在 Δt 时间内，平行六面体内的液体质量的变化为

$$\frac{\partial}{\partial t} (\rho sn \Delta x \Delta y \Delta z) \Delta t \qquad (8.2-16)$$

平行六面体内液体质量的变化，即储存量的变化，是由流入平行六面体和流出平行六面体的液体质量差造成的。根据质量守恒定律，两者在数值上应当相等。所以

$$-\left[\frac{\partial (\rho v_x)}{\partial x} + \frac{\partial (\rho v_y)}{\partial y} + \frac{\partial (\rho v_z)}{\partial z} \right] \Delta x \Delta y \Delta z = \frac{\partial}{\partial t} (\rho sn \Delta x \Delta y \Delta z) \qquad (8.2-17)$$

式（8.2-17）称为渗流的连续性方程。

通常假定渗流水为不可压缩的均质液体，其密度 ρ 等于常数，渗流过程不考虑土体积的压缩，则上式可转化为

$$-\left(\frac{\partial v_x}{\partial x} + \frac{\partial v_y}{\partial y} + \frac{\partial v_z}{\partial z} \right) = \frac{\partial}{\partial t} (sn) \qquad (8.2-18)$$

3. 稳定渗流控制方程

在稳定渗流条件下，同一时间内流入的水量和流出的水量是相等的，故稳定渗流条件下渗流的连续性方程为

$$\frac{\partial v_x}{\partial x} + \frac{\partial v_y}{\partial y} + \frac{\partial v_z}{\partial z} = 0 \qquad (8.2-19)$$

根据达西定律，x、y、z方向的渗流流速可分别表示为

$$\begin{cases} v_x = -k_x \dfrac{\partial h}{\partial x} \\[2mm] v_y = -k_y \dfrac{\partial h}{\partial y} \\[2mm] v_z = -k_z \dfrac{\partial h}{\partial z} \end{cases} \qquad (8.2-20)$$

将式（8.2-20）代入式（8.2-19），有

$$\frac{\partial}{\partial x}\left(k_x \frac{\partial h}{\partial x}\right) + \frac{\partial}{\partial y}\left(k_y \frac{\partial h}{\partial y}\right) + \frac{\partial}{\partial z}\left(k_z \frac{\partial h}{\partial z}\right) = 0 \qquad (8.2-21)$$

式（8.2-21）即为稳定渗流问题的控制方程。

对于各向同性渗流场，即当$k_x = k_y = k_z = k$时，式（8.2-21）变为

$$\frac{\partial^2 h}{\partial x^2} + \frac{\partial^2 h}{\partial y^2} + \frac{\partial^2 h}{\partial z^2} = 0 \qquad (8.2-22)$$

式中：h为水头函数；x、y、z为空间直角坐标；k_x、k_y、k_z分别为x、y、z方向的渗透系数。式（8.2-22）称为拉普拉斯方程。

8.2.1.1　渗流问题的有限元分析

渗流计算是在已知定解条件下解渗流基本方程，以求得渗流场水头分布和渗流量等渗流要素。由于稳定渗流有渗流自由面（浸润线），而非稳定渗流自由面随库水位升降而变动，加之一般渗流场有不同程度的非均质和各向异性，几何形状和边界条件较复杂，解析求解在数学上带来不少困难，仅能对一些简单情况获得解析解，实际工程往往借助模拟试验求解。随着电子计算机的提高和数值计算方法的发展，特别是有限单元法的提出，推进了渗流数学模型的发展，为渗流计算提供了有效的方法。它能够解决非均质和几何形状、边界条件较复杂的问题，能够随边界条件和形状的不同划分网格进行求解。渗流分析中，有限元方法的数学基础是变分法或加权余量法，由此导出的变分表达式或加权余量表达积分式是有限元方法求解的出发点，通过计算，能够获得令人满意的近似解。

8.2.1.2　二维渗流的有限元控制方程

对于二维渗流问题，其控制方程为

$$\frac{\partial}{\partial x}\left(k_x \frac{\partial H}{\partial x}\right) + \frac{\partial}{\partial z}\left(k_z \frac{\partial H}{\partial z}\right) + Q = \frac{\partial H}{\partial t} \qquad (8.2-23)$$

考虑用伽辽金法建立有限元控制方程，在式（8.2-23）两边乘以任意变分δH，并对整个计算域积分，可得

$$\iint_S \left[\frac{\partial}{\partial x}\left(k_x \frac{\partial H}{\partial x}\right) + \frac{\partial}{\partial z}\left(k_z \frac{\partial H}{\partial z}\right)\right]\delta H \, \mathrm{d}S = \iint_S \mu_s \frac{\partial H}{\partial t}\delta H \, \mathrm{d}S \qquad (8.2-24)$$

其中，S是计算区域。对上式应用格林公式，可得

$$\iint_S \mu_s \frac{\partial H}{\partial t}\delta H \, \mathrm{d}S + \iint_S \left(\frac{\partial \delta H}{\partial x}k_x \frac{\partial H}{\partial x} + \frac{\partial \delta H}{\partial z}k_z \frac{\partial H}{\partial z}\right)\mathrm{d}S = \int_\Gamma \widetilde{v}_n \delta H \, \mathrm{d}\Gamma \qquad (8.2-25)$$

其中，Γ为整个计算域的边界，$\widetilde{v}_n = -\left(k_x \dfrac{\partial H}{\partial x}n_x + k_z \dfrac{\partial H}{\partial z}n_z\right)$为边界$\Gamma$上的法向速度；$n_x$、

n_z 为边界 Γ 的外法线方向。由于在第一类边界 Γ_1 上水头值 H 为固定值，故变分 $\delta H = 0$。代入上式，可得

$$\iint\limits_{S} \mu_s \frac{\partial H}{\partial t} \delta H \mathrm{d}S + \iint\limits_{S} \left(\frac{\partial \delta H}{\partial x} k_x \frac{\partial H}{\partial x} + \frac{\partial \delta H}{\partial x} k_x \frac{\partial H}{\partial x} \right) \mathrm{d}V = \int\limits_{\Gamma_2} \widetilde{v}_n \delta H \mathrm{d}\Gamma \qquad (8.2-26)$$

其中，Γ_2 为整个计算域的第二类边界。

对整个计算域的积分可变化为对计算域内所有单元积分的和式，则式（8.2-26）变为

$$\sum_{e=1}^{E} \iint\limits_{S^e} \mu_s \frac{\partial H^e}{\partial t} \mathrm{d}S + \sum_{e=1}^{E} \iint\limits_{S^e} \left(\frac{\partial \delta H^e}{\partial x} k_x \frac{\partial \delta H^e}{\partial x} + \frac{\partial \delta H^e}{\partial z} k_z \frac{\partial \delta H^e}{\partial z} \right) \mathrm{d}S$$

$$= \sum_{e=1}^{E} \int\limits_{\Gamma_2^e} \widetilde{v}_n \delta H^e \mathrm{d}\Gamma \qquad (8.2-27)$$

将 H 用单元节点的值表示，可得

$$\sum_{e=1}^{E} \iint\limits_{S^e} \mu_s [N] \frac{\partial \{H^e\}}{\partial t} [N] \{\partial H^e\} \mathrm{d}S + \sum_{e=1}^{E} \iint\limits_{S^e} \left(\frac{\partial [N]}{\partial x} \{\delta H^e\} k_x \frac{\partial [N]}{\partial x} \{H^e\} \right.$$

$$\left. + \frac{\partial [N]}{\partial z} \{\delta H^e\} k_z \frac{\partial [N]}{\partial z} \{H^e\} \right) \mathrm{d}S = \sum_{e=1}^{E} \int\limits_{\Gamma_2^e} \widetilde{v}_n [N] \{\delta H^e\} \mathrm{d}\Gamma \qquad (8.2-28)$$

式中：$[N]$ 为单元插值形函数向量。由于变分 δH 的随意性，上式约去 δH 整理得

$$\sum_{e=1}^{E} \iint\limits_{S^e} \mu_s [N]^{\mathrm{T}} [N] \mathrm{d}S \frac{\partial \{H\}}{\partial t} + \sum_{e=1}^{E} \iint\limits_{S^e} [B]^{\mathrm{T}} [C] [B] \mathrm{d}S \{H\}$$

$$= \sum_{e=1}^{E} \int\limits_{\Gamma_2^e} \widetilde{v}_n [N] \mathrm{d}\Gamma \qquad (8.2-29)$$

式中：$[C]$ 为渗透系数矩阵，表示为 $[C] = \begin{bmatrix} k_x & 0 \\ 0 & k_z \end{bmatrix}$；$[B]$ 为 $[N]$ 对整体坐标 x, z 的偏导数，可表示为

$$[B] = \left\{ \begin{array}{c} \dfrac{\partial [N]}{\partial x} \\ \dfrac{\partial [N]}{\partial z} \end{array} \right\} = [J]^{-1} \left\{ \begin{array}{c} \dfrac{\partial [N]}{\partial r} \\ \dfrac{\partial [N]}{\partial s} \end{array} \right\}$$

式中：$[J]$ 为雅可比矩阵；r, s 为局部坐标值。整理上式，可得

$$[M] \frac{\partial \{H\}}{\partial t} + [K] \{H\} = \{Q\} \qquad (8.2-30)$$

其中，$[M] = \sum_{e=1}^{E} \mu_s \iint\limits_{S^e} [N]^{\mathrm{T}} [N] \mathrm{d}S$；$[K] = \sum_{e=1}^{E} \iint\limits_{S^e} [B]^{\mathrm{T}} [C] [B] \mathrm{d}S$；$\{Q\} = \sum_{e=1}^{E} \int\limits_{\Gamma_2^e} [N] \widetilde{v}_n \mathrm{d}\Gamma$。

这就是二维渗流问题的有限元控制方程。

对式（8.2-30）中的时间项应用差分法，可得

$$([M] + w\Delta t[K])\{H\}^{n+1}$$

$$= ([M] - (1-w)\Delta t[K])\{H\}^n + \Delta t((1-w)\{Q\}^n + w\{Q\}^{n+1}) \quad (8.2-31)$$

式中：Δt 为时间步长；w 为松弛系数，介于 0 和 1 之间；$\{H\}^{n+1}$、$\{H\}^n$ 分别为第 $n+1$ 和第 n 时间步的水头值；$\{Q\}^{n+1}$、$\{Q\}^n$ 分别为第 $n+1$ 和第 n 时间步的右端项向量。

在求解中，先对单元进行分析，应用高斯点积分法得到单元的质量矩阵 $[M]^e$、刚度矩阵 $[K]^e$ 和右端项 $\{Q\}^e$，对单元的质量矩阵、刚度矩阵和右端项进行组装，得到整体的质量矩阵 $[M]$、刚度矩阵 $[K]$ 和右端项 $\{Q\}$，代入式（8.2-31）得到矩阵方程。代入相应的边界条件，对第二类边界条件已在方程中自动满足，对第一类边界条件则需代入已得到的矩阵方程中，求解该矩阵方程即可获得非稳定渗流场的水头值，由达西定律即可得到水力梯度和渗流速度。

8.2.2 渠道渗流全评价

8.2.2.1 渠道渗流全评价内容

渠基渗流安全评价应包括下列内容：

（1）应根据地基土的类型及其颗粒级配判别其渗透变形型式，复核其渗透稳定性，判断渗流出口有无管涌或流土破坏的可能性，以及渗流场内部有无管涌、接触冲刷等渗流隐患。

（2）接触面的渗透稳定应主要评价下列两种情况：

1）复核粗、细散粒料土层之间是否有接触冲刷和接触流土的可能性，粗粒料层能否对细粒料层起保护作用。

2）应分析散粒料土体与混凝土防渗墙、涵管和岩石等刚性结构界面结合的紧密程度、出口的反滤保护，复核其接触渗透稳定性。

（3）应分析地基防渗系统的防渗性能与渗透稳定性。渠身渗流安全评价应复核渠身的防渗性能是否满足规范要求、渠身实际浸润线（面）和背水坡出逸点高程是否满足规范要求，还应注意渠身有无横向或水平裂缝、松软结合带或渗漏通道等。渗流安全复核还应当包括以下内容：

1）按照地质、断面型式等条件进行归类，选择代表性断面进行渗流分析和安全评价。

2）应根据所评价渠段的水文地质条件、地下水补给和排泄条件，采取的截渗和排水措施，渠道的实际运行环境条件等确定计算工况。

3）计算分析与评价主要包括浸润线位置、出逸坡降以及衬砌底板扬压力分布、渠道渗漏量等。

4）渠道及附近区域渗流场的水头、压力、坡降、渗流量等渗流要素符合相关规定。

5）应根据工程地质勘探成果确定渗透系数取值范围，并合理取值；当有可靠的安全监测数据时，宜进行反演分析，确定计算参数。

6）高填方渠段重点关注其浸润线位置，判断渠道各填土体的渗透稳定性，注意渠道外坡反滤压坡体及结合部的渗漏状况。

7）高地下水渠段应重点分析水位变化趋势、排水效果，以及对衬砌板安全的影响。

渗流安全复核应对以下情况重点考虑和分析：

1）全填方渠段。

2）地下水位高于渠道运行低水位的挖方渠段或半挖半填渠段。

3）挖方渠道或半挖半填渠道外侧有水库、水塘、河道的渠段。

4）修建在河滩等透水地基上的渠段，应复核河道洪水期间渠基的渗透稳定性。

5）特殊性渠基土（膨胀土、湿陷性黄土、软土）渠段。

6）其他具有直接影响建筑物安全的渗流问题的渠段。

应复核渠道与控制、输水建筑物结合部的接触渗透稳定性，以及渠道两岸边坡地下水渗流是否影响渠坡的渗透稳定和岸坡的抗滑稳定。

应分析渗漏量与渠道水位之间的相关关系；当渗漏水出现浑浊或可疑物质时，应分析是否存在接触渗漏问题。

应综合安全检查、检测和计算分析结果，评价渠坡及地基防渗和排水布置、渠道与建筑物结合部等的防渗、反滤、排水措施的有效性和可靠性。

8.2.2.2 工程实例

选择南水北调中线工程中辉县管理处高填方与高地下水位渠段进行渗流安全评价。

1. 工程防渗与排水措施

（1）工程区地下水位。根据前期勘察成果资料，辉县段渠段多年最高地下水位高于渠底板的渠段主要分布在桩号Ⅳ70+700～Ⅳ72+200（地下水位高于渠底板0～1m）、Ⅳ77+900～Ⅳ91+730（地下水位高于渠底板0～6m）、Ⅳ93+280～Ⅳ96+400（地下水位高于渠底板0～3m）和Ⅳ104+600～Ⅳ108+700（地下水位高于渠底板0～2.5m），累计分布长度为22.55km；多年最高地下水位在渠底板附近的渠段分布在桩号Ⅳ102+600～Ⅳ104+600，长度为2.0km。地下水具动态变化特征，建议施工前或施工时复测地下水位。另外，桩号Ⅳ68+250～Ⅳ94+450为黏砾多（双）层、卵（砾）石均一结构段，卵（砾）石透水性强，地下水位受降雨和地表径流影响变化较大。

2010年10月及2011年2月对渠道沿线地下水位进行复核，资料显示地下水位高于渠道底板的渠段有：

1）桩号Ⅳ78+900～Ⅳ89+750段：2010年10月，地下水位高程在92.69～94.54m之间，高于换填建基面2.25～3.75m；2011年2月，地下水水位高程在91.30～92.90m之间。渠道最高水位在前期预测最高水位范围之内。

2）桩号Ⅳ104+200～Ⅳ105+606.5段：2010年10月，地下水位高程在94.60～95.70m之间，高于渠道换填建基面4.5～5.0m，汛期左岸渠坡局部渗水部位高程可达97.46m。

3）桩号Ⅳ107+700～Ⅳ108+800段：地下水位高程在92.56～95.94m之间，高于渠道换填建基面1.3～4.6m。2011年2月，地下水位高程在92.46～95.44m之间，高于渠道换填建基面1.2～4.1m。

4）桩号Ⅳ111+350～Ⅳ115+500段：2010年10月，地下水位高程在91.50～96.11m之间，高于渠道换填建基面0.5～4.9m；2011年2月，地下水位高程在91.21～

95.80m 之间，高于渠道换填建基面约 0.3～4.6m。

（2）工程防渗措施。

1）特殊地层防渗处理。渠道沿线分布有第四系卵砾石一般具中等～强透水性或弱～中等透水性。存在渠道渗漏问题。施工期间河滩卵石地基处理总长度为 17.9km，其中高喷截渗渠段长 2.1km，桩号为Ⅳ68+000～Ⅳ70+105；换填黏土铺盖渠段长 10.2km，换填黏土铺盖＋排水管网渠段长 5.6km。排水具体方案为：在渠道换填黏土层下方布设横向间距为 8m，纵向间距为 4m 的集水管网，并与布设在渠道两侧坡脚 4m 间距的 $\phi250$ 波纹管及渠道底部 16m 间距的 $\phi500$ 混凝土管连接形成自排排水体。

2）渠道防渗处理。辉县段沿线工程地质、水文地质条件复杂，沿线土的岩性差异很大，为防止渠水渗漏，保护渠坡及工程的安全运行，采取了有效的防渗措施。全渠段均采用混凝土衬砌，衬砌混凝土抗渗等级为 W6，对于渗透系数小于 $i\times10^{-5}$cm/s（$i=1～5$）的渠段不铺设土工膜，其余的渠段采用铺设复合土工膜防渗。

a. 防渗材料。根据《土工合成材料应用技术规范》（GB 50290）的规定和衬砌混凝土板抗滑稳定要求，选用强度高、均匀性好的长纤复合土工膜作为防渗材料。一般渠段采用规格为 600g/m^2 的两布一膜，其中膜厚为 0.3mm。

b. 防渗渠段。对于土层渗透系数大于 $i\times10^{-5}$cm/s（$i=1～5$）的渠段、湿陷性黄土渠段采用全断面铺设复合土工膜，其余土质渠段根据渠底、渠坡基础土层的渗透系数分别判断是否铺设土工膜，渗透系数小于 $i\times10^{-5}$cm/s（$i=1～5$）的渠段不再铺设土工膜，其余的铺设土工膜。工程明渠总长为 43.631km，其中需铺设复合土工膜渠坡长度为 40.252km，渠底长度为 35.417km。

c. 防渗设计。辉县段渠底防渗复合土工膜压在坡脚齿墙下，渠坡防渗复合土工膜顶部高程与衬砌顶部高程相同，并压在封顶板及路缘石下。

防渗材料均铺在混凝土衬砌板下，保温层之上。在土工膜防渗渠段，土工膜要求平面搭接，搭接宽度不小于 10cm，其搭接处采用 RS 胶粘接，粘接方向由下游向上游顺序铺设，上游边压下游边。

3）建筑物防渗处理。建筑物管身、进出口闸室及渐变段所用混凝土抗渗等级为 W6。建筑物管身段、管身与闸室段之间缝内采用两道止水，内侧为一道橡胶止水，外侧为一道紫铜片止水。在内侧涂密封胶，缝内填闭孔泡沫塑料板，外侧用土工布包裹。倒虹吸进出口闸与进出口渐变段、进出口渐变段之间缝、渠道与进出口渐变段之间缝采用一道止水，填缝材料采用聚硫密封胶和闭孔塑料泡沫板。

（3）反滤排水措施。

1）渠道暗管排水。对于地下水位低于渠道设计水位且地下水质较好的渠段采用暗管集水，逆止式排水器自流内排。在渠道两侧坡脚处设暗管集水，根据集水量的计算成果，每隔一定间距设一逆止式排水器。当地下水位高于渠道水位时，地下水通过排水暗管汇入逆止式排水器，逆止式阀门开启，地下水排入渠道内，使地下水位降低，减少扬压力；反之阀门关闭。

暗管排水系统包括两部分：集水暗管及其反滤材料、逆止式排水器。

集水暗管及其反滤材料采用强渗软透水管。强渗软透水管结构为两层尼龙纱织物中间设置一层土工布作为透水料，透水料以钢环支撑，开挖沟槽埋设后回填粗砂。该渠段采用直径为 15cm、25cm 的强渗软透水管，依据《土工合成材料测试规范》(SL/T 235)，该规格软管的抗压强度能满足要求。

渠坡纵向集水暗管布置原则为：若地下水位高于渠底 4m 以上，则布置双排纵向集水暗管，并每隔 45m 设一道横向连通管；4m 以下则布置单排纵向集水暗管。集水暗管采用软式透水管，软管周围设粗砂垫层。

2) 填方渠段外坡排水。对桩号 IV79+240～IV79+500 填方段外坡脚设置棱体排水，棱体排水采用干砌块石，顶部宽度 1.0m，高度为 1.3m（其中地面以下为 0.3m），内坡 1:1，外坡 1:1.5，内坡和底部下设 10cm 厚砂砾石垫层，垫层外设 400g/m² 土工布做反滤材料。

(4) 防渗排水主要问题与处理。

1) 2016 年 "7·9" 强降雨。辉县市 2016 年 7 月 9 日遭遇历史极值暴雨后，砂卵石层地下水位急剧升高，从初期一级马道排水孔冒水情况判断为局部冒水，从现场二级边坡荫湿情况判断，险情段地下水均已高于一级马道高程，最高处可高 2m 左右，地下水高程在 101.81～103.81m，远远超过初步设计采用的最高地下水位及施工期复核最高地下水位。持续高地下水位作用下，渠坡及衬砌板出现滑塌与变形。

主要进行的排水措施：

a. 桩号 IV104+882～IV104+934 段。排水系统主要由竖向排水孔、排水盲沟、横向排水管组成。

排水盲沟：在一级马道纵向排水沟外侧设置排水盲沟，排水盲沟排水系统与坡面排水沟排水系统不相互连通。排水盲沟紧挨一级马道纵向排水沟设置，底宽 1.0m，底部高程为 99.80m，外侧坡坡比为 1:0.7，底部设置 φ300 软式透水管集水，盲沟内回填砂砾料，上部采用 C20 六边形预制混凝土块护坡，护坡厚 20cm，排水盲沟。

竖向排水孔：竖向排水孔设置于一级马道纵向排水沟外侧排水盲沟下部，成孔孔径 φ220，孔底高程为 91.75m 左右，排水孔间距为 5m。成孔后下桥式钢滤水管（镀锌），公称规格为 146mm，内径为 130mm，壁厚 5mm，外部回填碎石。竖向排水孔出水口高程为 99.85m，通过四通与纵向集水管相接，上部伸至坡面高程。坡面处设置 C20 混凝土封口，孔口设置 C20 预制混凝土盖板，必要时可将盖板打开通过抽排措施降低渠外地下水位。纵向集水管采用 φ300 软式透水管，透水管中心高程为 100.00m。

横线排水管：设置横向排水管，与排水盲沟中的纵向集水管连通。当该处总干渠以设计水位或低于设计水位运行时，渠道外侧高水位地下水自流排入总干渠内。横向排水管采用 φ300 双壁波纹管，与纵向集水管采用三通连接。

横向排水管进水口，即与横向排水管相接位置的管底高程为 99.85m，管中心高程为 100.00m，设置向渠道侧纵坡，渠道侧出口处管底高程为 99.75m。

横向排水管出口位置逆止阀，向渠内单向排水，逆止阀采用钢制拍门，拍门开启水头为 10cm。出口位置波纹管外套钢管，钢管外部焊接法兰盘，以便与拍门相连，外套钢管长度约为 2.1m，钢管外侧设置 10cm 厚矩形混凝土包封，包封外边尺寸为 500mm×500mm。

b. 桩号Ⅳ104+691.2～Ⅳ104+882段。排水盲沟紧挨一级马道纵向排水沟设置，底宽1m，深1m，外侧坡坡比为1∶1，底部设置ϕ300纵向集水暗管，四周采用砂砾料反滤料回填，顶部设置C20六边形预制混凝土块压重，预制混凝土块厚20cm。渠段内每隔15m设置ϕ300横向双壁波纹管与软式透水管相连，横向双壁波纹管自一级马道下方穿过伸入渠内，双壁波纹管四周采用C20混凝土回填。

鉴于该渠段一级马道纵向排水沟结构完整，同时考虑到硅芯管紧邻一级马道纵向排水沟埋置，对局部纵向排水沟破坏部位拆除后按原结构设计断面恢复。

另外，为防止坡面水进入排水盲沟，排水盲沟上部设置C20混凝土纵向排水沟，并通过横向排水沟与一级马道位置纵向排水沟连通。一级马道以上排水沟壁厚10cm，尺寸约为30cm×30cm（宽×高）。

2）2021年"7·20"强降雨。2021年"7·20"强降雨期间，经处理过的桩号Ⅳ104+691.2～Ⅳ104+934渠段在本次降雨中未出现险情，抢险期间纵向排水盲沟上部二级坡面出现冒水现象，渠道马道、边坡及衬砌结构完好。该渠段的上、下游区域因渠坡内存在高水位地下水而出现险情，从初期一级马道排水孔冒水及二级坡局部点位冒水情况判断局部存在承压水，险情段地下水均已高于一级马道高程，最高处高于一级马道2.5m左右，一级马道附近地下水高程在101.81～104.31m，远远超过初步设计采用的最高地下水位及施工期复核最高地下水位，表明2016年加固处理的渠段排水措施有效，能实现降低渠坡地下水位的作用。

抢险期间采取降排水措施：利用纵向排水沟降水井抽排，增设二级坡坡脚降水井抽排降水。

降水井布设：在韭山高地下水渠段二级坡坡脚增设降水井，按间距10m布置，成孔孔径为220mm，孔底高程低于渠道底板1m，成孔后下桥式钢滤水管（镀锌），公称规格为159mm。

布设范围为桩号Ⅳ104+300～Ⅳ105+600段，选取配套水泵抽排地下水。

2. 渠坡渗流计算

（1）渗流反演分析。渠道防渗体、渠坡土体的渗透系数是分析渠堤渗流场的重要参数，是渗流评价的重要指标。在有实测渗压资料的情况下，通过有限元计算分析，不断调整各区域渗透系数，使有限元计算的渗压值与观测值在分布规律和大小上接近，反演各材料区的渗透系数。

1）计算断面。由于渠坡段渗压计测值受降雨及外部地下水影响，选取稳定渗流期间的渗压计测值，确定有限元计算中的地下水位边界条件，通过调整渗透系数使渠坡底部渗压水头与渗压计测值接近。渠道底部有明显渗水的断面有桩号Ⅳ79+238、Ⅳ93+450、Ⅳ104+292、Ⅳ105+443断面，针对这四个断面根据渗压计实测值进行参数反演分析。额外选择渠底明显无渗水的桩号Ⅳ76+304断面作为对比。

2）计算工况。渠道设计水位，渠坡内部稳定渗流期平稳地下水位。

3）地层性质。根据地质结构、岩性组合、特殊岩土及施工类型的不同将辉县段分为13个工程地质段，总干渠辉县段渠道工程地质分段见表8.2-1。

各工程地质渠段开挖范围内岩体地层结构及物理力学性质分述如下：

表 8.2 - 1   总干渠辉县段渠道工程地质分段一览表

序 号	段 名	分 布 桩 号	长度/km	结 构 类 型	
				类 别	亚 类 别
1	纸坊沟北段	Ⅳ66+960～Ⅳ68+250	1.29	土体双层结构	黏砾双层结构
2	峪河段	Ⅳ68+250～Ⅳ76+150	7.292	土体多层结构	黏砾多层结构
3	薄壁段	Ⅳ76+150～Ⅳ79+350	3.200		
4	早生河段	Ⅳ79+350～Ⅳ85+550	5.558		
5	王村河段	Ⅳ85+550～Ⅳ87+150	1.269	土体双层结构	黏砾双层结构
6	石门河段	Ⅳ87+150～Ⅳ91+730	4.305	土体均一结构	砾（卵）石均一结构
7	黄水河段	Ⅳ93+1280～Ⅳ94+450	0.719	土体多层结构	粘、砂、砾多层结构
8	孙村段	Ⅳ94+450～Ⅳ97+950	3.139	土体多层结构	粘砂多层结构
9	刘店干河段	Ⅳ97+950～Ⅳ102+260	3.827	土体多层结构	黏砾多层结构
10	苏门山段	Ⅳ102+260～Ⅳ103+730	1.47	岩体层状结构	坚硬中厚～厚层灰岩层状结构
11	辉县市段	Ⅳ103+730～Ⅳ105+550	1.82	土岩双层结构	上黏性土，下膨胀泥岩土岩双层结构
12	大官庄段	Ⅳ105+550～Ⅳ107+850	2.027	土岩双层结构	上黏性土为主，下坚硬灰岩，土岩双层结构
13	路固段	Ⅳ107+850～Ⅳ115+900	7.483	土体均一结构	膨胀土均一结构

a. 桩号Ⅳ79+238断面。本段以挖方为主，部分为半挖半填渠段，挖方深度一般为9～10m，最大挖深13.5m左右，渠坡土岩性由黄土状壤土和卵石组成。渠底板主要位于卵石层中，局部位于黄土状粉质壤土中。

b. 桩号Ⅳ79+238断面。本段为半挖半填段，挖方深度一般为5～7m。渠坡土岩性由砂壤土夹细砂、黄土状土和卵石夹中细砂组成。渠底板主要位于黄土状重粉质壤土和黄土状中壤土中。

c. 桩号Ⅳ104+292、Ⅳ105+443断面。该段以挖方为主，半挖半填次之。挖方深度一般为8～15m，最大挖深23.5m左右。渠坡土岩性主要由黄土状重粉质壤土、粉质黏土、卵石和黏土岩组成。渠底板主要位于卵石层底部或黏土岩顶部。

4）计算方法。渠堤稳定渗流场的计算归结为求解拉普拉斯方程，非稳定渗流场的计算在土体可压缩时求固结方程，在土体不可压缩时求解拉普拉斯方程，同时自由面作为渗流量补给边界，依据有限元数值分析方法，将渗流域离散化，引用三角形单元、四边形单元和线性插值函数，线性代数方程组用改进平方根法求解。

假定渗透介质不可压缩，渗流符合达西定律，其基本方程为

$$\frac{\partial}{\partial x}\left(k_x \frac{\partial H}{\partial x}\right)+\frac{\partial}{\partial y}\left(k_y \frac{\partial H}{\partial y}\right)=0 \qquad (8.2-32)$$

式中：H 为水头函数；k_x、k_y 分别为以 x、y 轴为主轴方向的渗透系数。

初始条件：$h\big|_{t=0}=h_0(x,y)$

边界条件：第一类边界（水头边界），$h\big|_{\Gamma_1}=f_1(x,y)$

第二类边界（流量边界），$k_n \dfrac{\partial h}{\partial n}\Big|_{\Gamma_2} = 0$

式中：n 是边界 Γ_2 的外法向，根据泛函与变分原理，将计算区域划分为有限个单元，单元任意点的水头由单元节点水头插值确定，通过对单元集成，建立代数方程组。求解方程组可得到渗流场的数值解，即各结点的水头值，即为渗流自由面水头线。

5）计算结果。各断面渗流反演结果如图 8.2-2～图 8.2-6 所示。

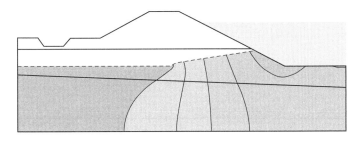

图 8.2-2 桩号Ⅳ79+238 断面渗流反演结果（渠道水位 101.54m）

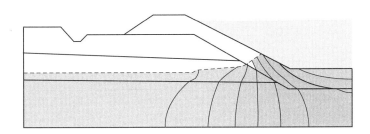

图 8.2-3 桩号Ⅳ93+450 断面渗流反演结果（渠道水位 101.15m）

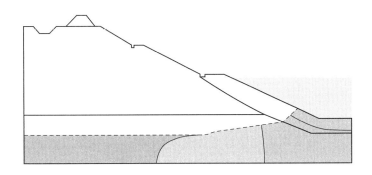

图 8.2-4 桩号Ⅳ104+292 断面渗流反演结果（渠道水位 100.23m）

桩号Ⅳ79+238 断面为高填方渠段，渠道底部未进行换填，计算浸润线较为平滑，与实测浸润线一致。其余计算断面渠道衬砌板底部有换填土，填土渗透性低于原土层渗透性，整体浸润线变化趋势与实测情况基本一致。各断面在稳定渗流期浸润线均较低，衬砌板底部土工膜防渗效果明显。

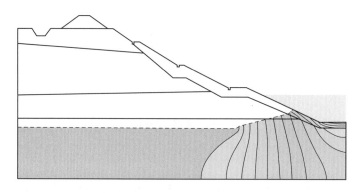

图 8.2-5 桩号 Ⅳ 105+443 断面渗流反演结果（渠道水位 100.17m）

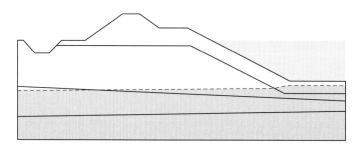

图 8.2-6 桩号 Ⅳ 76+304 断面渗流反演结果（渠道水位 101.39m）

8.2.3 建筑物渗流安全评价

8.2.3.1 陶岔大坝渗流安全评价

（1）陶岔大坝渗流安全评价按《水库大坝安全评价导则》（SL 258）、《水闸安全评价导则》（SL 214）的规定执行。应重点分析地基防渗系统的效果与渗透稳定性，以及引水闸、河床式电站、两岸连接坝段等排水孔的有效性，并结合扬压力监测数据，复核扬压力系数是否满足设计和规范要求，以及其对建筑物稳定性的影响。

（2）复核引水闸、河床式电站、两岸连接坝段的结构防渗性能是否满足设计和《混凝土重力坝设计规范》（SL 319）、《水闸设计规范》（SL 265）规范要求。

（3）对岸坡及两岸坝肩，应分析绕坝渗流，分析两岸地下水分布特性及防渗系统的防渗性能及渗透稳定性，以及两岸山体地下水渗流对坝肩地质构造带的渗透稳定和岸坡稳定的影响。

（4）对渗漏水及析出物，应分析析出物和水质化学成分，并与渠道水体的化学成分进行对比，以判断对建筑物混凝土或天然地基有无破坏性化学侵蚀。

（5）在渠水位相对稳定期或下降期，如渗流量和渗透压力单独或同时出现骤升、骤降的异常现象，且多与温度有关时，还应结合温度和变形监测资料进行结构变形分析。

（6）上游引渠、下游桩号 0+300 以前总干渠等主要建筑物渗流安全评价参见 8.2.2 节。

8.2.3.2 惠南庄泵站渗流安全评价

(1) 按《泵站设计规范》(GB 50265) 对惠南庄泵站地基进行防渗排水布置和渗流稳定复核,渗流稳定复核包括基底渗流稳定、侧向渗流稳定,并结合工程安全检查和安全检测结果,进行渗流稳定评价。

(2) 前池进水闸、泵站前池、泵站进水池、主泵房和副厂房等基底的渗流压力按《水闸设计规范》(SL 265) 附录 C 规定的公式或数值分析法计算。

(3) 当基底和岸(边)墙有可靠的渗流压力监测资料时,宜采用监测资料分析,进行渗流稳定安全复核。

(4) 基底允许渗流坡降应按《水闸设计规范》(SL 265) 的规定执行。

8.2.3.3 倒虹吸与暗涵(渠)渗流安全评价

(1) 倒虹吸与暗涵(渠)渗流安全复核包括进出口渐变段、进出口闸室段和管身段渗流安全,重点复核进出口闸室段的基底渗流稳定、侧向渗流稳定,及相关建筑物的渗流稳定。

(2) 复核混凝土结构裂缝或伸缩缝有无漏水、管(涵)内有无土体沉积、岩(土)体与管(涵)结合带是否有水流渗出、出口有无反滤保护,建筑物外围结合带有无接触冲刷等渗透稳定问题,以及建筑物自身断裂(含止水破坏)漏水产生的基础冲刷问题。

(3) 分析进、出口闸室段以及管身段等的渗流监测资料,评价内外水压力是否在设计允许范围内,必要时还应包括建筑物及其连接段的变形和应力应变(含压力)监测资料。

(4) 当出现渗流条件变化、存在渗流安全隐患时,应进行渗流安全复核,渗流分析计算宜采用三维有限元法。

(5) 渗流计算工况根据运行条件和设计工况选取,计算参数应采用反演值或现场检测、勘探试验值,并分析参数选取的合理性。

(6) 涵洞式(箱基)渡槽和浅基(落地)渡槽渗流评价工作可按上述要求进行。

8.2.3.4 隧洞渗流安全评价

(1) 隧洞渗流安全评价应根据设计、施工、运行资料,尤其是监测资料进行全面分析,评价渗流性态,重点分析进出口、洞身渗流状况。当隧洞及附属建筑物出现渗流条件变化和渗流安全隐患时,应进行渗流安全复核。

(2) 隧洞渗流安全复核应按《水工隧洞设计规范》(SL 279) 等规定执行。复核应选取合适的计算方法和计算模型,对于地质条件复杂或水力条件及周围建筑物情况复杂的隧洞,宜采用三维有限元法进行渗流计算分析和评价。

(3) 当隧洞有可靠的渗流监测资料时,宜采用监测资料进行反演分析,并进行渗流安全复核,参数应采用反演值。

(4) 应分析评价隧洞围岩的地下水位、隧洞渗漏量、衬砌上的扬压力变化情况以及对隧洞安全影响等。

(5) 衬砌分缝、不良地质段、存在高内外水压等部位防渗止水措施应满足《水工隧洞设计规范》(SL 279) 要求,重点复核隧洞分缝部位止水措施的可靠性。

(6) 穿黄隧洞应重点复核以下内容:

1) 内外衬间渗压水位和渗漏量是否超过设计控制值。

2) 黄河水位对衬砌及其分缝止水的影响，外衬与土体是否存在接触渗透变形。

3) 预应力内衬管片、接缝防渗材料和聚脲防渗体性能是否满足规范和设计要求。

4) 排水弹性垫层和纵向排水孔的有效性，并对排水失效的最不利工况进行复核。

8.2.3.5 天津箱涵与预应力钢筒混凝土管道渗流安全评价

（1）天津箱涵（预应力钢筒混凝土管道）渗流安全评价主要包括进口闸、调节池和箱涵（管道）基础渗流，重点分析结构伸缩缝渗流安全。

（2）当存在内水外渗时，应分析内水外渗对箱涵（预应力钢筒混凝土管道）围岩（土）的影响，判断箱涵（预应力钢筒混凝土管道）外围结合带有无接触冲刷等渗透稳定问题。

（3）当结合部存在渗漏时，应判断周围土体是否存在集中渗漏冲刷，并分析集中渗漏冲刷对建筑物安全的影响。

（4）应分析工程所在地工作条件、地区气候和环境等情况，评价箱涵（预应力钢筒混凝土管道）结构缝和止水的抗渗性能和耐久性。

（5）当有可靠的监测资料时，宜结合渗流监测资料，分析评价箱涵（预应力钢筒混凝土管道）外地下水的渗流性态及其对建筑物的影响。

（6）当出现渗流条件变化、存在渗流安全隐患时，应进行渗流安全复核，渗流分析计算宜采用三维有限元法。

（7）渗流计算工况根据运行条件和设计工况选取，计算参数应采用反演值或现场检测、勘探试验值，并分析参数选取的合理性。

8.2.3.6 闸室（房）渗流安全评价

（1）闸室（房）渗流安全评价按《水闸安全评价导则》（SL 214）的规定执行，闸室（房）渗流安全评价应包括基底渗流稳定、侧向渗流稳定复核，并结合工程安全检查和安全检测结果进行渗流安全评价。

（2）基底的渗透压力应按《水闸设计规范》（SL 265）附录 C 规定的公式或数值分析法计算。岩基上建筑物基底渗透压力计算可采用全截面直线分布法，但应考虑设置防渗帷幕和排水孔时对降低渗透压力的作用和效果。土基上建筑物基底渗透压力可采用改进阻力系数法或流网法计算；复杂地基上的建筑物，渗流压力宜采用有限元法计算。

（3）当岸墙、翼墙墙后土层的渗透系数不大于地基土的渗透系数时，侧向渗透压力可近似采用相对应部位的基底正向渗透压力计算值，但应考虑墙前水位变化和墙后地下水补给的影响；当岸墙、翼墙墙后土层的渗透系数大于地基土的渗透系数时，可按基底有压渗流计算方法进行侧向绕流计算；复杂地基上的建筑物，宜采用有限元法计算。

（4）当基底和挡墙后有可靠的渗流压力观测数据时，宜采用实测数据分析，进行渗流稳定安全复核。

（5）建筑物基底允许渗透坡降应按《水闸设计规范》（SL 265）的规定执行。

（6）应复核滤层、防渗帷幕与排水孔、岸墙与连接段防渗设施等防渗反滤设施的可靠性。

8.2.3.7 工程实例

以峪河暗渠为例进行建筑物渗流安全评价分析。

（1）闸室稳定计算公式。

渗流安全评价 **8.2**

1）渗径长度。土质闸基的渗径长度可采用勃莱系数法按下式复核：

$$L \geqslant c \cdot \Delta H \tag{8.2-33}$$

式中：L 为闸基防渗长度，即闸基轮廓线防渗部分水平段和垂直段长度总和；c 为勃莱渗径系数；ΔH 为水闸承受的最大上、下游水位差。

2）渗透压力。抗渗稳定应用改进阻力系数法，计算水平段渗透坡降和出口段出逸坡降。

a. 地基有效深度按照下式计算：

当 $\dfrac{L_0}{S_0} \geqslant 5$ 时，
$$T_e = 0.5 L_0 \tag{8.2-34}$$

当 $\dfrac{L_0}{S_0} < 5$ 时，
$$T_e = 5 L_0 / (2 + 1.6 L_0 / S_0) \tag{8.2-35}$$

式中：T_e 为地基有效深度；L_0 为地下轮廓的水平投影长度；S_0 为地下轮廓的垂直投影长度。

b. 分段阻力系数 ζ 计算公式如下：

进、出口段

$$\xi_0 = 1.5 \left(\frac{S}{T} \right)^{\frac{3}{2}} + 0.441 \tag{8.2-36}$$

式中：ξ_0 为进、出口段阻力系数；S 为板桩或齿墙的入土深度；T 为地基透水层深度。

内部垂直段

$$\xi_y = \frac{2}{\pi} \ln\cot\left[\frac{\pi}{4} \left(1 - \frac{S}{T} \right) \right] \tag{8.2-37}$$

式中：ξ_y 为内部垂直段阻力系数。

水平段

$$\xi_x = \frac{L_x - 0.7(S_1 + S_2)}{T} \tag{8.2-38}$$

式中：ξ_x 为水平段阻力系数；L_x 为水平段长度；S_1、S_2 分别为进、出口板桩或齿墙的入土深度。

当底板有倾斜时

$$\xi_s = \frac{L_x - \dfrac{0.7}{2}(T_1 + T_2)\left(\dfrac{S_1}{T_1} + \dfrac{S_2}{T_2} \right)}{T_2 - T_1} \ln \frac{T_2}{T_1} \tag{8.2-39}$$

式中：ξ_s 为倾斜段阻力系数；T_1、T_2 为倾斜段两端的地基透水层深度；S_1、S_2 为 T_1、T_2 相应端处板桩或齿墙的入土深度。

各分段水头损失值

$$h_i = \xi_i \frac{\Delta H}{\sum\limits_{i=1}^{n} \xi_i} \tag{8.2-40}$$

式中：h_i 为各分段水头损失值；ξ_i 为各分段阻力系数；n 为总分段数。

171

c. 进、出口段水头损失修正值：

$$h'_0 = \beta' h_0$$

$$h_0 = \sum_{i=1}^{n} h_i \qquad (8.2-41)$$

$$\beta' = 1.21 - \frac{1}{\left[12\left(\dfrac{T'}{T}\right)^2 + 2\right]\left(\dfrac{S'}{T} + 0.059\right)}$$

式中：h'_0 为进出口段修正后的水头损失值；h_0 为进出口段水头损失值；β' 为阻力修正系数，当计算的 $\beta' \geqslant 1.0$ 时，取 $\beta' = 1.0$；S' 为底板埋深与板桩入土深度之和；T' 为板桩另一侧地基透水深度。

d. 水头坡降：

水平坡降 $$J_K = \frac{\xi_i \Delta H}{\sum \xi L_i} \qquad (8.2-42)$$

出逸坡降 $$J_c = \frac{h'_0}{S'} \qquad (8.2-43)$$

式中：L_i 为各水平段长度；ξ_i 为各水平段阻力系数；h'_0 为出口段修正水头损失；S' 为消力池段地基深度。

（2）顺渠道方向渗流稳定。

1）闸基地下轮廓线分段。结合闸室运行情况，考虑闸室的防渗布置形式，简化处理后的闸基地下轮廓线示意如图 8.2 - 7 所示。

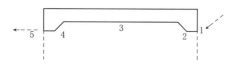

图 8.2 - 7 简化处理后的闸基地下轮廓线示意图

2）阻力系数计算。根据地质资料，进、出口闸基主要为卵石（alplQ₂）。$L_0 = 25\text{m}$，$S_0 = 3.5\text{m}$，$L_0/S_0 > 5$，所以地基有效深度为 $T_e = 0.5L_0 = 12.5\text{m}$。

进口闸各渗流段阻力系数及其计算参数见表 8.2 - 2。

表 8.2 - 2 进口闸各渗流段阻力系数及其计算参数

分 段	计 算 参 数				阻力系数 ξ_i
	S_1/m	S_2/m	T/m	L/m	
进口段	3.5		12.5		0.66
垂直段	1.5		12.5		
水平段	1.5	1.5	12.5	19	1.35
垂直段	1.5		12.5		
出口段	3.5		12.5		0.66

3）渗透坡降计算。修正进出口段水头损失，计算控制工况下的渗透水头损失和渗透坡降，计算结果见表 8.2 - 3。

表 8.2 - 3　　　　　　　　　　　　　渗透水头损失及渗透坡降

分　段	水头损失 H_i/m	渗压水头/m	渗透坡降
进口段	0.50	6.99	0.0025
垂直段	0.07	6.98	
水平段	1.77	6.96	0.0014
垂直段	0.07	6.95	
出口段	0.50	6.95	0.0025

根据各工况情况，不管设计工况还是加大流量工况，闸室两侧水位基本一致，水头差几乎为 0，因此顺渠道方向闸室渗径长度满足要求，闸室各段渗透坡降接近于 0，顺渠道方向不存在渗透稳定问题。出口闸同样渗透坡降接近于 0，不存在渗透稳定问题。

（3）顺河道方向渗流稳定。

1）渗径长度计算。与顺渠道方向渗流稳定分析方法一致，上下游方向水位差根据闸室两侧地层历史最大水位差以及闸室两侧渗压计实测水位差确定，$\Delta H = 2.1 \text{m}$。经计算，渗径计算长度为 12.6m，进、出口闸底板顺河道方向水平段长度分别为 29m、27.6m，水平段长度大于防渗长度要求，故进出口闸顺河道方向渗径长度满足规范要求。

2）渗透坡降计算。根据地质资料，进口闸基主要为卵石（alplQ$_2$）。$L_0 = 29 \text{m}$，$S_0 = 3.5 \text{m}$，$L_0/S_0 > 5$，所以地基有效深度为：$T_e = 0.5 L_0 = 14.5 \text{m}$。

进口闸各渗流段阻力系数及其计算参数见表 8.2 - 4。

表 8.2 - 4　　　　　　　　进口闸各渗流段阻力系数及其计算参数

分　段	计　算　参　数				阻力系数 ξ_i
	S_1/m	S_2/m	T/m	L/m	
进口段	3.5		14.5		0.62
垂直段	0		14.5		
水平段	1.5	1.5	14.5	29	1.86
垂直段	0		14.5		
出口段	3.5		14.5		0.62

3）渗透坡降计算。修正进出口段水头损失，计算控制工况下的渗透水头损失和渗透坡降，计算结果见表 8.2 - 5。

表 8.2 - 5　　　　　　　　渗透水头损失和渗透坡降计算结果

分　段	水头损失 H_i/m	渗压水头/m	渗透坡降
进口段	0.25	6.70	0.07
垂直段	0.00	6.70	
水平段	1.26	5.44	0.08

分 段	水头损失 H_i/m	渗压水头/m	渗透坡降
垂直段	0.00	5.44	
出口段	0.25	5.14	0.07

进口闸顺河道方向闸底板各处侧向渗透坡降最大为 0.08，小于规范允许值，不存在渗透稳定问题。同理，计算出口闸顺河道侧向渗透坡降为 0.10，小于规范允许值，不存在渗透稳定问题。

8.3 结构安全评价

8.3.1 结构安全评价方法

经稳定性初步判别有可能失稳的边坡均应进行稳定计算。初步判别难以确定稳定性状的边坡也应进行稳定计算。进行稳定计算时，应根据边坡的地形地貌、工程地质条件以及工程布置方案等，分区段选择有代表性的剖面。若某一种运用条件下存在多种工况，应计算出最危险工况的稳定安全系数。当最危险工况难以确定时，应对同一运用条件下的不同工况分别进行稳定计算。对于临水边坡，宜通过试算求出不利水位。

抗滑稳定计算应以极限平衡方法为基本计算方法。对于复杂条件的边坡，可同时采用强度指标折减的有限元法验算其抗滑稳定性。

渠道边坡整体稳定分析方法以安全系数为基础，认为当边坡所能承受的荷载值与所受外力之比大于某个值时为安全。主要包括极限平衡法和数值分析方法。

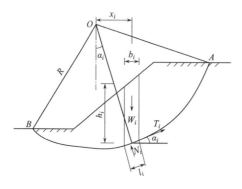

图 8.3-1 瑞典圆弧法计算简图

瑞典圆弧条分法是条分法中最古老而应用最为普遍的一种方法，该方法是瑞典工程师费伦纽斯在 1927 年提出的，也称为费伦纽斯法。该方法属于非严格条分法。该方法假定滑动面为圆弧面，在计算安全系数时，不考虑条块间的相互作用力，只是将条块重量向滑面法向分解来求得法向力，然后建立整体力矩平衡方程，求出安全系数。瑞典圆弧法计算简图如图 8.3-1 所示，AB 为滑动面圆弧，土条编号为 i，土条高为 h_i，宽为 b_i，自重为 W_i，N_i 和 T_i 分别为土条底部的总法向反力和切向阻力，土条底部坡脚为 α_i，长为 l_i，坡体容重为 r_i，R 为滑裂面圆弧半径，x_i 为土条中心到圆心 O 的水平距离。

假设滑裂面上的平均安全系数为 F_s，根据式（8.3-1）的定义，土条底部的切向阻力 T_i 为

$$T_i = \tau l_i = \frac{\tau_f}{F_s} l_i = \frac{1}{F_s} \left[c'_i l_i + (N_i - u_i l_i) \tan \varphi'_i \right] \tag{8.3-1}$$

由土条底部发现方向力平衡，可得

$$N_i = W_i \cos\alpha = r_i b_i h_i \cos\alpha_i \tag{8.3-2}$$

土条上所有力对圆弧圆心取矩，可以得到以下公式：

$$\sum W_i \cos\alpha - \sum T_i R_i = 0 \tag{8.3-3}$$

根据几何关系 $x_i = R \sin\alpha_i$，将式（8.3-1）和式（8.3-2）代入式（8.3-3），经过整理可以得到：

$$F_s = \frac{\sum \left[c'_i l_i + (W \cos\alpha_i - u_i l_i) \tan\varphi'_i \right]}{\sum W_i \sin\alpha_i} \tag{8.3-4}$$

将 $W_i = \gamma_i h_i b_i$ 代入上式，经整理可以得到：

$$F_s = \frac{\sum \left[c'_i l_i + (W_i \cos\alpha_i - u_i l_i) \tan\varphi'_i \right]}{\sum W_i \sin\alpha_i} \tag{8.3-5}$$

假定不同的滑弧，就能得出不同的安全系数值，从中可找出最小的值，此值即为最小安全系数，即土坡的安全系数。严格地说瑞典圆弧法不能满足土条的力平衡条件，也不能满足力矩平衡条件，仅能满足整个滑动土体的整体力矩平衡，由此产生误差使所求得的安全系数偏低，这种误差随滑裂面圆心角和孔隙压力的增大而增大。

8.3.2 渠道结构安全评价

8.3.2.1 渠道结构安全评价内容

（1）渠道结构安全复核应分析现状渠道能否满足设计条件下的结构安全要求，重点分析运行中曾出现或可能出现结构失稳的高风险渠段。

（2）根据地质分段、土（岩）的物理力学指标及地下水埋藏情况，及其失稳模式的特点，确定复核部位（断面）和工况，并应分析防渗排水失效或部分失效对结构安全性的影响。

（3）渠道结构安全复核计算工况可参照《南水北调中线一期工程总干渠初步设计明渠土建工程设计技术规定》（NSBD-ZGJ-1-21）的规定执行，计算分析与巡视检查、安全检测和安全监测资料分析相结合，必要时应开展专题研究。

（4）结构安全性复核应选取典型断面，并采用渠道现状参数和设计洪水位、风速等。

（5）渠道结构安全性复核应包括下列内容：①内外坡渠坡稳定性，应重点复核出现裂缝、不均匀沉降的渠段；②渠道衬砌板、支护体的稳定性；③深挖方渠段渠道一级马道以上边坡的稳定性。

（6）抗浮稳定性，应重点复核渠道运行和检修期外水位高于渠道运行水位时渠道底板的抗浮稳定。

（7）渠道的变形，应重点复核变形监测数据异常段及衬砌板破损严重渠段，以及堤顶、堤坡塌陷或隆起渠段。

（8）渠道结构安全性复核应重点考虑以下情况：①高填方渠段；②地下水位高于渠道运行低水位的挖方渠段或半挖半填渠段；③挖方渠道或半挖半填渠道外侧有水库、

水塘、河道的渠段，或黄土类特殊土边坡段；④洪水影响显著的河滩地渠段；⑤特殊性渠基土（膨胀土、湿陷性黄土、软土、沙土）渠段；⑥其他具有直接影响建筑物稳定问题的渠段。

（9）渠道衬砌工程结构安全复核应包括下列内容：①衬砌强度，应重点复核衬砌不完整或塌陷、剥落严重的渠段；②抗冲稳定性，应重点复核衬砌出现裂缝或受冲蚀比较严重的渠段；③衬砌板是否存在影响渠道糙率的冲刷、淤积、生物堆积等。

（10）穿渠建筑物的结构安全性复核内容和方法应按照相关标准执行，并应分析不均匀沉陷、裂缝、滑动等问题。

8.3.2.2 工程实例

以辉县段为例进行渠道结构安全评价分析。

（1）计算断面。根据现场检查及检测情况，结合安全监测资料分析结果，主要选取计算断面如下：

1）高地下水渠段桩号Ⅳ104+292断面：韭山段监测断面在 2021 年 7 月强降雨期间出现塌陷，位置处于 2016 年 "7·9" 强降雨塌陷区附近，本次选取韭山段桩号Ⅳ104+292断面重点监测断面作为渠坡稳定复核断面之一。

2）高填方渠段桩号Ⅳ79+238断面：辉县管理处渠段的高填方渠段有一个重点监测断面，此次监测资料分析显示高填方桩号Ⅳ79+150～Ⅳ79+700渠段一直处于下沉的状态，近期有加速的迹象，内部垂直位移显示桩号Ⅳ79+238断面整体有沉降量增大的趋势，本次选取桩号Ⅳ79+238断面重点监测断面作为渠坡稳定复核断面之一。

3）桩号Ⅳ76+304断面：峪河出口段渠坡在 2021 年 7 月强降雨期间二级边坡出现滑塌，现已进行修复，本次选取桩号Ⅳ76+304重点监测断面作为渠坡稳定复核断面之一。

4）高地下水渠段桩号Ⅳ105+443断面：桩号Ⅳ105+443断面为深挖方渠段，挖方深度超 20m，同时渠坡左岸设置有预应力伞型锚杆加固边坡，本次选取桩号Ⅳ105+443重点监测断面作为渠坡稳定复核断面之一。

5）桩号Ⅳ115+388断面：根据现场检查结果，2021 年 7 月强降雨期间小蒲河倒虹吸出口至孟坟河进口渠段存在外水入渠现象，本次选取该渠段的桩号Ⅳ115+388重点监测断面作为渠坡稳定复核断面之一。

6）桩号Ⅳ104+800断面与桩号Ⅳ105+000断面：渗流监测资料显示，桩号Ⅳ104+800断面与桩号Ⅳ105+000断面右岸渠坡渗压水位高于渠道水位，对边坡稳定影响较大，将这两个断面纳入研究范围。

7）河滩卵石段桩号Ⅳ77+395.5断面。

8）饱和砂土段桩号Ⅳ93+450断面。

（2）计算工况。

1）渠内现状水位，分别计算不同渠坡实测地下水稳定渗流情况下设计断面边坡稳定。

2）渠内设计水位，分别计算不同渠坡地下水稳定渗流情况下设计断面边坡稳定。

3）加大流量水位，分别计算不同渠坡地下水稳定渗流情况下设计断面边坡稳定。

4）针对桩号Ⅳ115+388断面强降雨期间外水入渠情况进行计算分析。

5）结合隐患探测结果，探明土体不密实区域，开展渠坡稳定分析。

6）河滩卵石段：设计工况为渠道内设计水深 7.0m，堤外设计洪水位；校核工况为渠道内设计水深 7.0m，堤外校核洪水位。

7）针对 2016 年"7·9"险情处置的情况进行分析。

（3）计算结果。计算断面渠坡抗滑稳定计算成果见表 8.3-1。

表 8.3-1　　　　　　　　　　　计算断面渠坡抗滑稳定计算成果

计算断面桩号	计 算 工 况		最小安全系数	设计值
	渠道水位	渠坡地下水位		
Ⅳ76+304	正常运行水位	实测低水位	2.376	
		实测高水位	2.244	
	设计水位	稳定地下水位	2.319	
	加大流量水位	稳定地下水位	2.357	
Ⅳ77+395.5	设计水位	稳定地下水位	2.039	
	加大流量水位	稳定地下水位	2.100	
	外坡设计水位	高地下水位	1.888	
	外坡校核水位	高地下水位	1.878	
Ⅳ79+238	正常运行水位	实测低水位	2.545	
		实测高水位	2.514	
	设计水位	稳定地下水位	2.543	
	加大流量水位	稳定地下水位	2.607	
	背水坡		2.894	
Ⅳ93+450	设计水位	稳定地下水位	2.498	1.5
	加大流量水位	稳定地下水位	2.673	
Ⅳ104+292	正常运行水位	实测低水位	1.849	
		实测高水位	1.771	
	设计水位	稳定地下水位	2.156	
	加大流量水位	稳定地下水位	2.221	
Ⅳ104+800	正常运行水位	实测低水位	1.837	
		实测高水位	1.729	
	设计水位	超高地下水位	1.419	
		加固处理后地下水位	1.645	
Ⅳ105+000	正常运行水位	实测低水位	1.635	
		实测高水位	1.507	
Ⅳ105+443	正常运行水位	实测低水位	1.802	
		实测高水位	1.534	
	设计水位	稳定地下水位	1.650	
	加大流量水位	稳定地下水位	1.660	

续表

计算断面桩号	计 算 工 况		最小安全系数	设计值
	渠道水位	渠坡地下水位		
Ⅳ115+388	正常运行水位	实测低水位	2.889	1.5
		实测高水位	2.672	
	设计水位	稳定地下水位	2.703	
	加大流量水位	稳定地下水位	2.960	
	外水入渠		2.379	

8.3.3 建筑物结构安全评价

8.3.3.1 陶岔大坝结构安全评价

（1）陶岔大坝结构安全评价应主要复核结构的强度与稳定、坝顶高程、坝顶宽度等是否满足规范要求。坝顶高程复核应按《水库大坝安全评价导则》（SL 258）的规定执行；坝顶宽度复核应按《混凝土重力坝设计规范》（SL 319）的规定执行。

（2）结构强度与稳定复核，重力坝、引水闸、两岸连接建筑物分别按照规范《混凝土重力坝设计规范》（SL 319）、《水闸安全评价导则》（SL 214）规定的方法进行。

（3）强度复核主要包括应力复核与局部配筋验算；引水闸结构应力复核应包括闸室底板和闸墩应力复核，闸室工作桥、检修便桥、交通桥、岸墙与翼墙的结构应力，可根据其结构型式采用结构力学法进行复核，并符合《水工混凝土结构设计规范》（SL 191）、《水工挡土墙设计规范》（SL 379）等标准的规定。

（4）重力坝稳定复核应核算沿坝基面和沿坝基软弱夹层、缓倾角结构面的抗滑稳定性；引水闸稳定复核应包括抗滑（倾）稳定、基底应力、闸墩结构应力、抗浮稳定复核；岸墙、翼墙稳定复核应包括抗滑（倾）稳定、基底应力复核。

（5）消能防冲应根据近期规划数据、现状渠道情况、运行条件和运行方式，按《水闸设计规范》（SL 265）附录 B 规定执行。

（6）结构安全分析计算的有关参数，当监测资料或分析结果表明应力较高、变形较大或安全系数较低时，应重新试验确定计算参数。在有监测资料的情况下，应同时利用监测资料进行反演分析，综合确定计算参数。

（7）陶岔大坝工程上游引渠、下游桩号Ⅳ0+300 以前总干渠等结构安全评价参照8.3.2 节执行。

8.3.3.2 惠南庄泵站结构安全评价

（1）惠南庄泵站结构安全复核应按《泵站设计规范》（GB 50265）的规定执行，包括前池进水闸、泵站前池、泵站进水池、主泵房和副厂房等的结构强度和稳定复核等，并应依据地基沉降监测点成果，进行稳定评价。

（2）惠南庄泵站结构强度复核应按《水工混凝土结构设计规范》（SL 191）的规定执行，并应注意以下内容：

1）前池进水闸、泵站前池、泵站进水池、主泵房和副厂房等的结构应复核主要受力构件、主泵房整体底板、水泵梁及电机梁、泵房框排架等的强度复核。

2）对结构构件已发生锈胀、裂缝或表面剥蚀、破损、碳化而导致钢筋保护层破坏和钢筋锈蚀的，应按构件实际有效截面尺寸进行复核和评价。

（3）前池进水闸、泵站进水池挡土墙及翼墙、泵房等应进行抗滑、抗倾和抗浮稳定复核。泵房稳定性应复核卵石基础抗拔桩抗拔极限承载能力，分析卵石极限抗拔侧阻力取值的合理性。

（4）应根据复核计算分析成果，分别评价惠南庄泵站每个建筑物的安全类别。

（5）主泵房和副厂房的强度及稳定性复核宜采用三维有限元法进行，计算参数宜采用安全检测（探测）或反演成果。

8.3.3.3 倒虹吸与暗涵（渠）结构安全评价

（1）倒虹吸与暗涵（渠）结构安全评价应包括结构强度、变形和稳定性等。

（2）倒虹吸与暗涵（渠）结构安全复核方法可参照《南水北调中线一期工程总干渠初步设计河道倒虹吸技术规定》（NSBD-ZGJ-1-6）、《南水北调中线一期工程总干渠初步设计渠道倒虹吸技术规定》（NSBD-ZGJ-1-7）、《水工隧洞设计规范》（SL 279）、《水工建筑物抗冰冻设计规范》（SL 211）等规范。

（3）应根据地形地质条件、荷载组合、构件尺寸选择典型断面进行强度和稳定复核，可采用结构力学法，必要时可采用有限元法建立建筑物和地基整体模型进行结构强度、变形分析和稳定分析。

（4）结构强度安全复核还应注意以下内容：

1）结构计算可采用结构力学法进行，按进口斜管段、水平管身段和出口斜管段分别取出单宽管段进行计算。

2）应按弹性地基上的框架进行结构计算，当基底为软土时，可按自由变形框架计算。

3）结构抗裂度、裂缝宽度和变形验算按《水工混凝土结构设计规范》（SL 191）的规定进行，预应力结构按《水工混凝土结构设计规范》（SL 191）、《预应力混凝土结构设计规范》（JGJ 369）的规定进行计算。

4）倒虹吸荷载组合及安全系数可按《南水北调中线一期工程总干渠初步设计河道倒虹吸技术规定》（NSBD-ZGJ-1-6）选定，暗涵（渠）荷载组合和有关标准及安全系数可参照《南水北调中线一期工程总干渠初步设计暗渠土建工程设计技术规定》（NSBD-ZGJ-1-19）执行。

（5）结构稳定复核包括管身抗浮稳定、斜管段抗滑稳定、基底应力、地基整体稳定性验算等。

1）抗浮稳定计算可参照《南水北调中线一期工程总干渠初步设计河道倒虹吸技术规定》（NSBD-ZGJ-1-6）进行。

2）斜管段抗滑稳定计算宜参照《水闸设计规范》（SL 265）的规定，选取最易失稳的一节管段进行分析，当结构未埋置于冲刷线以下时，还应按管身挡水工况验算其抗滑稳定性。

3）宜采用材料力学法及结构力学法分别计算基底应力，取其大值验算地基承载力，具体可参照《建筑地基基础设计规范》（GB 50007）进行。

4）地基整体稳定性可按圆弧法或改良圆弧法（有软弱夹层）进行计算。

5）按《水闸设计规范》（SL 265）的规定计算复核地基沉降。

6）应复核结构相邻构筑物间的不均匀沉降是否满足《水闸设计规范》（SL 265）的规定。

（6）对地处湿陷性黄土、膨胀土地区等特殊地质条件的结构，应按《湿陷性黄土地区建筑规范》（GB 50025）的有关规定，计算地基沉降量、基底应力等，分析其对结构安全的影响。

（7）结构发生异常沉降、倾斜等变形时，应按实际地基岩土和填料土的物理力学指标，核算其稳定性及变形，并分析其对结构安全、开裂、止水等的影响。

（8）应复核河道冲刷及防护。可结合水文地质条件，参考《铁路工程水文勘测设计规范》（TB 10017）的规定进行冲刷计算，并根据计算结果，复核河道及岸坡防护措施。

（9）对受冰冻影响的暗涵（渠），应考虑冰冻荷载作用。结构安全复核、基础的抗冻拔稳定和强度验算应符合《水工建筑物抗冰冻设计规范》（GB 50662）的规定。

（10）结构伸缩沉陷缝和止水等细部构造，应符合《水工混凝土结构设计规范》（SL 191）的有关规定，并应根据现场安全检查和安全检测成果，评价其有效性和耐久性。

（11）进出口建筑物结构安全评价包括强度、刚度、稳定、地基承载力等方面，应符合《南水北调中线一期工程总干渠初步设计河道倒虹吸技术规定》（NSBD－ZGJ－1－6）的有关规定。

（12）穿越渠道的左排倒虹吸、暗涵的结构复核可参照上述评价方法。

8.3.3.4 渡槽结构安全评价

（1）渡槽结构安全评价应包括结构强度、变形和稳定复核，应根据不同结构型式确定安全复核内容。对于受冰冻影响的渡槽，复核时应考虑冰冻荷载作用。槽身、支承结构的结构安全评价以及桩、墩基础的抗冻拔稳定和强度验算，应符合《水工建筑物抗冰冻设计规范》（GB 50662）的有关规定；对采用预应力钢筋混凝土渡槽，应根据安全监测或检测资料进行评价，评价时计入预应力损失情况。

（2）渡槽结构安全评价应按《南水北调中线一期工程总干渠初步设计梁式渡槽土建工程设计技术规定》（NSBD－ZGJ－1－25）、《南水北调中线一期工程总干渠初步设计涵洞式渡槽土建工程设计技术规定》（NSBD－ZGJ－1－23）及《水工混凝土结构设计规范》（SL 191）等有关规定进行结构安全评价。

（3）渡槽稳定性复核包括抗滑、抗倾覆稳定复核，基底应力和地基沉降复核等内容，并应当注意以下内容：

1）梁式渡槽槽墩（或槽架）的刚性基础需进行抗滑稳定验算；结合河道冲刷情况，复核灌注桩基础的承载能力；并应结合沉降监测资料，评价渡槽结构整体稳定性。

2）涵洞（箱基）式渡槽应进行滑动分析，判别其是发生基底面滑动还是深层滑动，并进行抗滑稳定计算。基底面抗滑稳定、深层滑动复核计算按《水闸设计规范》（SL 265）进行。

3）浅基础渡槽（落地槽）的基底应力复核按《水闸设计规范》（SL 265）进行。刚性基础底面下有软土层时，应验算软土层顶面的承载力。

4）除地基土为岩石地基或持力层中无软弱下卧层的砾卵石、中粗砂地基外，均应进行沉降量复核。地基沉降量计算、地基容许最大沉降量和沉降差控制应按《水闸设计规范》（SL 265）规定进行。

（4）渡槽发生异常沉降、倾斜等变形时，应按实际地基岩土和填料土的物理力学指标，核算渡槽稳定性及变形，并分析其对结构安全、开裂、止水等方面的影响。

1）对地处湿陷性黄土地区的渡槽，应按《湿陷性黄土地区建筑规范》（GB 50025）的规定，计算地基沉降量、地基承载力等，并分析其对结构安全的影响。

2）对地处膨胀土地区的渡槽，应按《膨胀土地区建筑技术规范》（GB 50112）的有关规定，计算地基沉降量、地基承载力等，并分析其对结构安全的影响。

（5）梁式渡槽结构计算应注意以下内容：

1）应根据槽身结构型式，采用空间结构力学法或三维有限元法进行结构应力和变形复核。

2）在各种荷载组合下，槽身内壁表面不允许出现拉应力，槽身外壁表面拉应力不大于混凝土轴心抗拉强度设计值的 0.9 倍。

3）预应力荷载计算按《水工混凝土结构设计规范》（SL 191）规定执行。

4）下部结构计算主要是双排架或墩台及桩基础的内力计算。墩帽可按局部承压计算。多柱、多横梁的双排架是空间结构，宜采用空间杆系有限元法计算。实体墩或空心墩可按偏心受压构件进行结构计算，对于空心墩墩帽，可按双向板或单向板进行结构计算。对于桩，主要是桩的承载力及受力验算。

（6）涵洞（箱基）式渡槽结构计算应注意以下内容：

1）涵洞式渡槽的无肋侧墙沿纵向取单宽，按悬臂梁计算；有肋侧墙的竖肋按悬臂梁算，槽侧墙按板计算。

2）涵洞式渡槽的下部洞身为箱涵型式，可简化为刚结点框架进行结构计算。

3）箱涵的内力可采用结构力学法计算，当采用框架模型计算时，断面应力分布可按材料力学法求得。

4）涵洞式渡槽的结构和作用复杂时，除采用结构力学法进行计算外，还应采用三维有限元法进行结构应力和变形复核。涵洞式渡槽的下部箱涵与上部渡槽底板、侧墙为一个整体结构，可与地基一起联合建模。

（7）渡槽支座结构应能够适应槽身因温度变化、混凝土收缩、徐变及荷载作用而引起的位移，支座的安装方式宜符合《南水北调中线一期工程总干渠初步设计梁式渡槽土建工程设计技术规定》（NSBD - ZGJ - 1 - 25）的规定。

（8）渡槽分缝止水措施，应根据安全检查和安全检测成果，判断其安装质量，评价其有效性和耐久性。大型渡槽伸缩缝止水材料和结构型式，应符合《南水北调中线一期工程总干渠初步设计梁式渡槽土建工程设计技术规定》（NSBD - ZGJ - 1 - 25）的规定。

（9）渡槽应满足每种环境条件及多种环境的共同作用的耐久性要求，其合理使用年限及耐久性，应符合《水利水电工程合理使用年限及耐久性设计规范》（SL 654）的规定。对于槽身有渗漏现象的渡槽，应分析渗漏部位的安全隐患，评估其对渡槽结构耐久性的影响。

（10）跨越河流的渡槽，应满足相关行业设计标准的要求，并应符合《调水工程设计导则》（SL 430）的相关规定。跨越非通航河流（渠道）、非等级乡村道路的渡槽，应按《南水北调中线一期工程总干渠初步设计梁式渡槽土建工程设计技术规定》（NSBD-ZGJ-1-25）的相关规定复核槽下净空。

（11）对位于河道中或受洪水影响的渡槽墩台，应查明墩台周围冲刷情况，结合河道冲淤变化规律，按不利荷载组合对墩台进行安全评价，可参照《铁路工程水文勘测设计规范》（TB 10017）的规定进行计算，并评价防护措施。

（12）进出口建筑物应按《水闸设计规范》（SL 265）的规定进行结构安全复核。

（13）跨越渠道的渡槽结构复核可参照梁式渡槽的评价方法。

8.3.3.5 隧洞结构安全评价

（1）隧洞结构安全评价包括围岩稳定性、支护与衬砌结构安全、进出口边坡安全和进出口建筑物结构安全等。

（2）围岩稳定性评价按《水工隧洞设计规范》（SL 279）的规定执行，并应注意以下内容：

1）应搜集施工揭露的地质资料，必要时进行补充地质勘察，分析评价隧洞围岩现状稳定性。

2）无压隧洞稳定复核荷载组合按《南水北调中线一期工程总干渠初步设计无压隧洞土建工程设计技术规定》（NSBD-ZGJ-1-18）选取，有压隧洞稳定复核荷载组合按《水工隧洞设计规范》（SL 279）的规定执行。

3）稳定复核时，应根据地形、地质、运行条件、构件尺寸选择多个典型断面进行，必要时可进行整体稳定分析。

（3）支护与衬砌结构安全复核应按《水工隧洞设计规范》（SL 279）、《岩土锚杆与喷射混凝土支护工程技术规范》（GB 50086）和《水工预应力锚固设计规范》（SL 212）的规定执行，并注意以下内容：

1）应根据衬砌结构特点、荷载作用形式及围岩条件，依照规范选取合适的计算方法、计算模型评价结构的强度和裂缝控制要求的符合度。

2）采用结构力学法计算时，围岩抗力的大小和分布，可根据实测变形数据、工程类比或理论公式分析确定。

3）采用有限元法计算时，应根据围岩特性选取适宜的本构模型，并模拟围岩中的主要构造。

（4）进出口边坡稳定性评价按《水利水电工程边坡设计规范》（SL 386）执行，并应当考虑以下内容：

1）应结合地质勘察及监测资料进行边坡稳定性评价，必要时进行计算复核。

2）根据不同地质情况，采取不同稳定性分析方法。对于土质边坡，可按圆弧滑动法计算；对于岩质边坡，可采用刚体极限平衡法分析；对于有软弱夹层或断层的边坡，应分析软弱面的稳定性；对于地质情况复杂的边坡，应采用有限元法分析。

3）新老滑坡体或潜在滑坡体、危岩体，应重点分析监测资料，判断其稳定性，必要时可开展专题研究。

（5）渐变段和闸室段结构安全评价按《水闸设计规范》（SL 265）的规定执行，并应当注意以下内容：

1）对地下水位较高的隧洞段、进出口渐变段和闸室应复核抗浮稳定。

2）进出口渐变段和闸室稳定性计算及稳定安全系数应按《水闸设计规范》（SL 265）规定执行。

3）可采用材料力学法及结构力学法分别计算基底应力，取其大值进行地基承载力验算。

4）在结构基底荷载和分布范围变化较大的部位，以及地层结构变化较为剧烈的部位，应计算地基沉降变形，相邻构筑物间的沉降差应满足《水闸设计规范》（SL 265）的规定。

（6）衬砌结构分缝止水措施，应根据安全检查和监测资料，对其有效性和耐久性进行评价。

8.3.3.6 闸室（房）结构安全评价

（1）闸室（房）结构安全复核应包括上游连接段、闸室段、下游连接段的结构稳定与强度复核，以及消能防冲复核。

（2）闸室稳定复核和岸墙、翼墙稳定复核应包括抗滑（倾）稳定、基底应力，按《南水北调中线一期工程总干渠初步设计节制闸、退水闸、排冰闸土建工程设计技术规定》（NSBD-ZGJ-1-24）、《水闸设计规范》（SL 265）、《水闸安全评价导则》（SL 214）的规定执行。

（3）闸室基础存在较大变形时，应复核地基承载力，并分析对结构安全和渗流安全的影响。地基沉降应符合《水闸设计规范》（SL 265）的规定。

（4）建筑物连接段渠道的稳定与变形复核应按《南水北调中线一期工程总干渠初步设计节制闸、退水闸、排冰闸土建工程设计技术规定》（NSBD-ZGJ-1-24）的规定进行，并满足与渠道工程交叉、连接的要求。

（5）闸室结构强度复核应包括闸室底板应力复核和闸墩应力复核，按《水闸设计规范》（SL 265）、《水工混凝土结构设计规范》（SL 191）的规定执行。受力条件复杂的闸室结构宜采用三维有限元法进行分析复核。

（6）闸室工作桥、检修便桥、交通桥、岸墙与翼墙的结构应力，可根据其结构型式采用结构力学方法进行计算，并符合《水工混凝土结构设计规范》（SL 191）等的规定。

（7）消能防冲应根据近期规划数据、现状河床情况、运行条件和运行方式，按《水闸设计规范》（SL 265）附录 B 执行。

8.3.3.7 工程实例

以峪河暗渠为例开展建筑物结构安全评价分析。

1. 出口裹头边坡稳定复核

2016 年"7·19"抢险时，已对原出口裹头进行修复。本次边坡稳定计算与分析如下：

（1）防洪标准。防洪标准按相邻的河渠交叉建筑物的防洪标准设防。

（2）边坡稳定计算荷载。在边坡稳定计算中，一级马道或堤顶公路荷载按公路-Ⅱ

级、路面净宽为 4.0m 考虑，采用 10t 车辆作为荷载标准进行计算，将汽车荷载以均匀分布的形式作用在路面上。

（3）计算工况。根据《堤防工程设计规范》（GB 50286），结合现场实际情况，计算工况为设计洪水位下的背水侧堤坡。

（4）岩土物理力学指标选用。根据《南水北调中线一期工程总干渠峪河暗渠初步设计阶段工程地质勘察报告》成果，部分计算参数采用值见表 8.3 - 2，其余参数同渠道稳定计算参数。

表 8.3 - 2 计 算 参 数 采 用 值 表

岩土名称	力 学 性 质					
	饱 和 快 剪		饱 和 固 结 快 剪		休止角/(°)	
	黏聚力/kPa	内摩擦角/(°)	黏聚力/kPa	内摩擦角/(°)		
卵石（alplQ$_4^2$）					34	28
卵石（alplQ$_3^2$）					36	30
重壤土卵（alplQ$_3^2$）	14.0	17.0	16.0	15.0		
卵石（alplQ$_2$）					39	36

（5）安全系数。根据南水北调中线工程的规模和《水利水电工程等级划分及洪水标准》（SL 252），并参照《堤防工程设计规范》（GB 5028）的规定，对于 1 级建筑物，采用简化毕肖普法计算边坡抗滑稳定的安全系数。1 级堤防工程土堤边坡抗滑稳定安全系数采用简化毕肖普法计算不应小于 1.5。

裹头边坡稳定计算结果见图 8.3 - 2。经计算，峪河出口裹头边坡抗滑稳定系数为 1.56，大于规范要求，裹头边坡稳定。

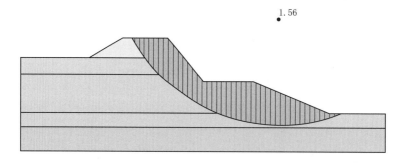

1.56

图 8.3 - 2 裹头边坡稳定计算结果

2. 闸室稳定复核

根据规范要求，土基上闸室的结构稳定计算内容句括闸室平均基底应力、基底应力不均匀系数、闸基抗滑稳定安全系数等。

（1）计算工况。

1）基本组合。

工况 1：闸门全开，过设计流量（考虑非汛期地下水位）。

2）特殊组合。

工况1：检修期，闸门挡渠道设计水位（考虑非汛期地下水位）。检修1为边1孔挡水，中、边孔过水；检修2为中孔挡水，两边孔过水；检修3为边1、中孔挡水，边3过水；检修4为中孔过水，两边孔挡水。

工况2：闸门全开，过设计流量（需考虑汛期河道设计洪水位对闸后地下水位的影响）。

工况3：闸门全开，过加大流量（考虑非汛期地下水位）。

工况4：闸门全开，过设计流量加地震（考虑非汛期地下水位）（在8.4节计算）。

（2）计算公式。

1）基底应力。基底应力计算公式如下：

$$P_{min}^{max} = \frac{\sum G}{A} \pm \frac{\sum M}{W} \tag{8.3-6}$$

式中：P_{min}^{max} 为闸室基底应力的最大值或最小值，kPa；$\sum G$ 为作用在闸室上的全部竖向荷载（包括闸室基础底面上的扬压力在内），kN；$\sum M$ 为作用在闸室上的全部竖向和水平向荷载对于基底面垂直水流向的形心轴的力矩之和，kN·m；A 为底板底面面积，m²。

2）抗滑稳定安全系数。黏性土基上闸基底面抗滑稳定安全系数计算公式如下：

$$K_c = \frac{f \sum G}{\sum H} \leqslant [K_c] \tag{8.3-7}$$

式中：f 为闸室基底面与地基之间的摩擦系数；$\sum H$ 为作用在闸室上的全部水平向荷载之和。

（3）计算结果。对峪河暗渠进出口闸进行整体稳定复核。闸室所受的主要荷载有自重、水重、水平水压力、扬压力（浮托力和渗透压力）、土压力等，地下水位根据渗压计实测水位确定。进出口闸稳定及应力评估计算结果见表8.3-3、表8.3-4。

表8.3-3   进口闸稳定及应力评估计算结果表

计 算 工 况		抗滑稳定安全系数		基底最大压应力 /kPa	基底最小压应力 /kPa	基底平均压应力 /kPa	地基承载力标准值 /kPa	基底应力不均匀系数	
		K_c	$[K_c]$					η	$[\eta]$
基本组合	工况1	—	1.35	186.24	185.54	185.89		1.00	2
特殊组合	工况1 检修1	30.23	1.2	213.17	137.39	175.28		1.55	2.5
	工况1 检修2	30.23	1.2	180.96	164.86	172.91		1.10	2.5
	工况1 检修3	14.31	1.2	202.28	118.32	160.3	450	1.71	2.5
	工况1 检修4	14.31	1.2	171.11	147.39	159.25		1.16	2.5
	工况2	—	1.2	162.27	150.39	156.33		1.08	2.5
	工况3	—	1.2	164.83	150.63	157.73		1.09	2.5

各工况下，进口闸基底最大应力为185.89kPa，小于基底卵石层地基承载力标准值450kPa，基底应力不均匀系数最大为1.71，抗滑稳定安全系数最小为14.31，满足规范要求，通水运行情况下不存在抗滑稳定问题。

表 8.3 - 4　　　　　　　　出口闸稳定及应力评估计算结果表

计　算　工　况		抗滑稳定安全系数		基底最大压应力/kPa	基底最小压应力/kPa	基底平均压应力/kPa	地基承载力标准值/kPa	基底应力不均匀系数	
		K_c	$[K_c]$					η	$[\eta]$
基本组合	工况 1	—	1.35	100.31	97.15	98.73		1.03	2
特殊组合	检修 1	13.81	1.2	141.13	125.31	133.22		1.13	2.5
	检修 2	11.86	1.2	135.62	131.62	133.62	450	1.03	2.5
	检修 3	11.03	1.2	145.67	125.33	135.5		1.16	2.5
	检修 4	6.33	1.2	132.31	127.55	129.93		1.04	2.5
	工况 2	—	1.2	123.52	119.81	121.66		1.03	2.5
	工况 3	—	1.2	151.11	146.78	148.94		1.03	2.5

注：特殊组合一列中，"检修 1、检修 2、检修 3、检修 4" 属于"工况 1"。

各工况下，出口闸基底最大应力 148.94kPa，小于基底卵石层地基承载力标准值 450kPa，基底应力不均匀系数最大为 1.16，抗滑稳定安全系数最小为 6.33，满足规范要求，通水运行情况下不存在抗滑稳定问题。

3. 进出口翼墙稳定复核

基本组合：①墙前为设计水深 7m，墙后非汛期地下水位。

特殊组合：①总干渠检修；②墙前为设计水深 7m，墙后水位考虑河道洪水影响；③墙前为加大水深，墙后非汛期地下水位。

翼墙所受的主要荷载除自重、水重、水平水压力、扬压力（浮托压力和渗透压力）和地震惯性力等外，还包括土压力和地震动土压力。翼墙稳定计算工况及荷载组合见表 8.3 - 5，墙后水位根据地质勘探地层高地下水位确定。

表 8.3 - 5　　　　　　　　翼墙稳定计算工况及荷载组合表

计算工况	荷　　载								
	自重	水重	土重	静水压力	扬压力	土压力	墙后荷载	地震惯性力	地震动土压力
运行工况	√	√	√	√	√	√	√	—	—
校核工况	√	√	√	√	√	√	√	—	—

注　"√"表示存在该荷载。

各种计算情况平均基底应力不大于地基容许承载力；最大基底应力不大于地基容许承载力的 1.2 倍；基底应力的最大值与最小值之比在基本组合时不大于 2，特殊组合时不大于 2.5；抗滑稳定安全系数在基本组合时不小于 1.35，特殊组合时不小于 1.2，地震情况时不小于 1.1。

翼墙各种工况下的稳定计算荷载计算如图 8.3 - 3 所示。

分别演算进出口翼墙在不同水位工况下的基底应力、基底应力不均匀系数、抗滑安全系数等。进、出口翼墙稳定及应力评估计算结果见表 8.3 - 6、表 8.3 - 7。

各工况下，进口翼墙基底最大应力 288.6kPa，小于基底卵石层承载力标准值 450kPa，基底应力不均匀系数最大为 2.07，抗滑稳定安全系数最小为 1.33，满足规范要求。

结构安全评价 **8.3**

表 8.3-6 进口翼墙稳定及应力评估计算结果表

工况		抗滑稳定安全系数		基底应力/kPa			不均匀系数		承载力标准值
		K_c	$[K_c]$	P_{max}	P_{min}	P	η	$[\eta]$	f_k
基本组合	①	1.43	1.35	279.3	160.2	219.75	1.74	2	450
特殊组合	①	1.33	1.2	288.6	139.3	213.95	2.07	2.5	450
	②	2.47	1.2	201.4	160.5	180.95	1.25	2.5	450
	③	3.12	1.2	190.3	178.2	184.25	1.07	2.5	450

表 8.3-7 出口翼墙稳定及应力评估计算结果表

工况		抗滑稳定安全系数		基底应力/kPa			不均匀系数		承载力标准值
		K_c	$[K_c]$	P_{max}	P_{min}	P	η	$[\eta]$	f_k
基本组合	①	1.56	1.35	206.5	131.3	168.9	1.57	2	450
特殊组合	①	1.3	1.2	201.6	117.8	159.7	1.71	2.5	450
	②	1.73	1.2	139.8	80.3	110.05	1.74	2.5	450
	③	35.4	1.2	196.1	101.6	148.85	1.93	2.5	450

各工况下，出口翼墙基底最大应力 206.5kPa，小于基底卵石层承载力标准值 450kPa，基底应力不均匀系数最大为 1.93，抗滑稳定安全系数最小为 1.3，满足规范要求。

4. 管身稳定复核

（1）抗浮稳定。

1）计算工况。设计工况如下：

基本组合：渠道设计水位，河道设计洪水。

特殊组合：①倒虹吸管检修，河道枯水位；②渠道设计水位，河道校核洪水。

2）计算公式。选取河床中间断面进行计算，抗浮稳定按下式计算：

$$k_w = \frac{G + G_z + G_w}{w} \geq [K_w] \quad (8.3-8)$$

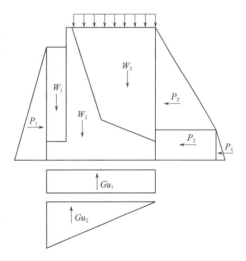

图 8.3-3 翼墙稳定计算荷载计算图

式中：k_w 为计算的抗浮安全系数；$[K_w]$ 为抗浮安全系数允许值，设计工况为 1.1，校核情况为 1.05；G 为洞身段结构自重；G_z 为洞身上方回填料及砌体重量；G_w 为洞内水重；w 为洞身段扬压力。

3）计算结果。经计算，基本组合①，洞身抗浮安全系数 $k_w=1.14$，大于抗浮安全系数允许值 1.1；特殊组合①，抗浮安全系数 $k_w=1.39$，特殊组合②，抗浮安全系数 $k_w=1.06$，均大于抗浮安全系数允许值 1.05。满足抗浮要求。

（2）洞身地基承载力校核。地基承载力校核时选取各种工况下最不利的基底应力进行地基承载力验算。

对洞身段沿纵向取 1m 宽切条，建基面压应力按下式计算：

$$\sigma_{\min}^{\max} = \frac{N}{F} \pm \frac{6M}{B^2} \qquad (8.3-9)$$

式中：N 为单位宽洞身段上全部作用力的合力；M 为所有力对洞身底面中心点的力矩；F 为洞身段基底面积；B 为基底宽度。

暗渠洞身河堤和河床下断面基底应力成果见表 8.3-8、表 8.3-9。

表 8.3-8　　　　　　　　　暗渠洞身河堤下断面基底应力成果表

计 算 工 况	最小应力/kPa	最大应力/kPa	平均应力/kPa	不均匀系数 η
渠道设计水位，河道枯水位	123.3	123.3	123.3	1
渠道设计水位，河道无水	279.1	279.1	279.1	1

表 8.3-9　　　　　　　　　暗渠洞身河床下断面基底应力成果表

计 算 工 况	最小应力/kPa	最大应力/kPa	平均应力/kPa	不均匀系数 η
渠道设计水位，河道枯水位	76.1	76.1	76.1	1
渠道设计水位，河道无水	183.2	183.2	183.2	1

暗渠洞身段基础主要位于第④层中，局部位于第③层重壤土层的底部，开挖后剩余厚度很小，不足 0.5m，予以清除，使洞身段完全位于第④层卵石中，卵石层地基承载力为 450kPa，计算基础底面最大应力为 279.1kPa，小于卵石层地基承载承力标准值 450kPa，因此地基承载力满足设计要求。

5. 峪河暗渠结构强度复核

（1）荷载及其组合。

荷载计算：

1）自重。钢筋混凝土容重取 25kN/m³。

2）土压力。土压力分竖向和侧向土压力。侧向土压力按主动土压力计算；当暗渠填土厚度不大时，竖向土压力按土重计算。

3）内（外）水压力、扬压力。

4）混凝土收缩力。温度及收缩应力与混凝土的浇筑方法、养护情况、洞身分缝间距等有关，在施工中应加以控制。

5）地震荷载。工程设防Ⅶ度地震考虑，地震荷载包括地震动土压力、动水压力及地震惯性力，根据《水工建筑物抗震设计规范》（GB 51247），地震荷载按拟静力法计算。

6）地面荷载。按人群及车辆荷载计算。

7）施工荷载。指结构承受的静荷载与动荷载。

峪河暗渠洞身结构计算荷载组合见表 8.3-10，基本组合要求限裂。

（2）计算方法。

采用结构力学法进行内力计算。

结构力学法将洞身横向简化为平面刚架，沿暗渠轴线取单位长作为搁置在地基上的静力平衡框架，地基反力假定按直线分布，洞身底板计算考虑边荷载。根据《工程建设标准强制性条文》（水利工程部分），暗渠的结构强度、限裂设计依照《水工混凝土结构设计规范》（SL 191）中的有关规定进行计算。钢筋混凝土结构构件最大裂缝宽度允许值见表8.3-11，钢筋混凝土结构构件纵向受力钢筋最小配筋率见表8.3-12。

表 8.3-10 峪河暗渠洞身结构计算荷载组合表

荷载组合	工况	计 算 情 况	荷 载							
			自重	外水压力	内水压力	土压力	扬压力	地震力	地面荷载	施工
基本组合	1	洞内设计流量，河道设计洪水	√	√	√	√	√	—	√	—
	2	洞内设计流量，河道枯水	√	√	√	√	√	—	√	—
	3	完建期	√	—	—	√	—	—	—	√
特殊组合	1	检修一（边孔、中孔设计流量，河道无水）	√	√		√	√	—	√	—
	2	检修二（中孔设计流量，两边孔挡水河道无水）	√	√		√	√	—	√	—
	3	检修三（两边孔设计流量，中孔挡水河道无水）	√	√	√	√	√	—	√	—
	4	洞内加大流量，河道校核洪水	√	√	√	√	√	—	√	—
	5	洞内加大流量，河道无水、地震	√	√	√	√	√	√	√	—

表 8.3-11 钢筋混凝土结构构件最大裂缝宽度允许值 单位：mm

环境条件类别	最大裂缝宽度允许值	
	短 期 组 合	长 期 组 合
一	0.40	0.35
二	0.30	0.25
三	0.25	0.20
四	0.15	0.10

表 8.3-12 钢筋混凝土结构构件纵向受力钢筋最小配筋率 %

项 次	分 类		钢 筋 等 级	
			Ⅰ级	Ⅱ、Ⅲ级
1	受弯或偏心受拉构件的受拉钢筋	梁	0.20	0.15
		板	0.15	0.15
2	轴心受压柱的全部纵向钢筋		0.40	0.40
3	偏心受压构件的受拉或受压钢筋			

项 次	分 类	钢 筋 等 级	
		Ⅰ级	Ⅱ、Ⅲ级
3	柱	0.25	0.20
	墙	0.20	0.15

结构力学法计算的河堤下断面、河床下断面内力计算成果见表 8.3-13、表 8.3-14，管身结构计算成果汇总见表 8.3-15～表 8.3-18。

表 8.3-13　　　　　　　　　　河堤下断面内力计算成果表

部 位		内 力	基 本 组 合			特 殊 组 合				
			设计 1	设计 2	设计 3	校核 1	校核 2	校核 3	校核 4	校核 5
顶板	外侧	弯矩/(kN·m)	698.8	695.2	773.7	746.1	653.9	741.9	702.7	791.9
		轴力/kN	446.1	184.7	265.5	277.6	445.5	188.1	442.8	184.8
		剪力/kN	557.1	531.3	62.7	621.8	546.5	618.7	570.9	642.1
	内侧	弯矩/(kN·m)	431.2	613.1	570.6	548.4	402.2	539.4	449.9	588.4
		轴力/kN	446.1	214.2	265.5	277.6	455.5	188.1	442.8	184.8
		剪力/kN	0	0	0	0	0	0	0	0
底板	外侧	弯矩/(kN·m)	829.4	574.6	1192.5	621.5	804.3	626.5	814.8	675.4
		轴力/kN	721	420.3	557	389.1	705.9	419.7	708.6	424.3
		剪力/kN	694.6	655.9	836.4	618.7	688.7	658.9	699.2	677.8
	内侧	弯矩/(kN·m)	616.5	705.3	557	745.3	591.6	602.9	318.3	586.6
		轴力/kN	749.7	393.9	541.2	373.6	733.1	402	737.2	424.3
		剪力/kN	0	0	0	0.1	0	0	0	0
边墙	外侧	弯矩/(kN·m)	869.7	800.6	848.8	807.2	836.3	810.3	869.3	850.3
		轴力/kN	837.6	835	847	858.9	832.3	804.6	847.3	822.8
		剪力/kN	583.5	308.6	457.1	445	566.7	315.1	569.4	318
	内侧	弯矩/(kN·m)	442.9	77.1	183.2	168.1	439.2	112.9	419	91.4
		轴力/kN	837.6	835	847	858.9	832.3	804.6	847.3	822.8
		剪力/kN	0.2	0	0	0.3	0.2	0	0.2	0
中隔墙		弯矩/(kN·m)	117.2	143	139.2	161.5	111.8	234.1	118.4	239.8
		轴力/kN	1452.4	1593.2	1581.2	1562.1	1431.9	1531.1	1480.6	1580.4
		剪力/kN	28.7	29.4	30.2	61.7	27.2	78.5	28.6	42.1

计算结果显示，峪河暗渠洞身计算裂缝宽度小于对应环境下的规范允许值，配筋率大于最小配筋率要求。

8.3.4　天津箱涵结构安全评价

（1）天津箱涵结构安全评价应包括地基稳定，箱涵顶板、底板、边墙和中隔墙的结构安全，保水堰、通气孔的结构安全，以及进出口顶部渠（路）边坡稳定和进出口建筑物结构安全等。

表 8.3 – 14 河床下断面内力计算成果表

部　位		内　力	基　本　组　合			特　殊　组　合				
			设计 1	设计 2	设计 3	校核 1	校核 2	校核 3	校核 4	校核 5
顶板	外侧	弯矩/(kN·m)	286.5	394.1	257.6	344.8	438.7	360	474.9	392.3
		轴力/kN	367.2	60.3	82.2	122.5	365.4	31.4	363.7	28.7
		剪力/kN	303.2	261.1	198.4	237.7	247.5	247.3	364.7	260.1
	内侧	弯矩/(kN·m)	231.9	230	189.8	172.3	219.6	209.9	248.3	266.1
		轴力/kN	367.2	60.3	95	122.5	365.4	31.4	363.7	33.6
		剪力/kN	0	0	0	0	24.5	0	0	0
底板	外侧	弯矩/(kN·m)	663.1	331.2	1189.5	257.3	677.8	359.9	685.6	376.7
		轴力/kN	602.5	193.8	336.7	333.3	588.2	185.3	589.9	197.5
		剪力/kN	493.7	344.3	377.3	379.4	503.2	319.4	509.3	333.5
	内侧	弯矩/(kN·m)	454.8	352.4	412.2	382	439	390.7	457.7	410.9
		轴力/kN	629.4	193.8	612.8	176.8	643.7	168.1	617.1	187.3
		剪力/kN	0	0	0	0	0	0	0	0
边墙	外侧	弯矩/(kN·m)	702.4	483.8	523.3	480.8	665.8	465.6	686.8	492.6
		轴力/kN	600.1	422.2	436	445.7	600.3	388.4	609.4	410
		剪力/kN	505.9	142.9	292.8	282.3	478.1	137.3	479.9	142.3
	内侧	弯矩/(kN·m)	403.4	60.7	142.4	134.1	393.8	85.5	380.6	79.3
		轴力/kN	600.1	422.2	436	445.7	300.3	398.4	609.4	41
		剪力/kN	0.1	0	0.3	0.1	0.1	0.2	0.1	0.1
中隔墙		弯矩/(kN·m)	125	117.8	125	130.5	117.7	214.5	122.4	259.8
		轴力/kN	996.9	748.8	735	717.6	992.9	721.1	1025.1	741.6
		剪力/kN	20.9	31.5	29.8	58.2	25.5	40.9	27.2	82.3

表 8.3 – 15 河堤下断面管身结构计算成果汇总表（限裂计算）

部　位		弯矩/(kN·m)	轴力/kN	控制工况	裂缝宽度/mm	备　注
顶板（1.2m）	外侧	773.7	265.5	设计 3	0.17	杆端
	内侧	613.1	214.2	设计 2	0.12	杆中
底板（1.3m）	外侧	1192.5	557	设计 3	0.09	杆端
	内侧	836.4	557	设计 2	0.13	杆中
边墙（1.2m）	外侧	869.7	837.6	设计 1	0.19	杆端
	内侧	442.9	837.6	设计 1	0	杆中
中隔墙（1m）		143.0	1593.2	设计 2	0	杆中

表 8.3 - 16   河堤下断面管身结构计算成果汇总表（强度计算）

部 位		弯矩/(kN·m)	轴力/kN	选配钢筋	控制工况	配筋率/%
顶板（1.2m）	外侧	791.9	184.8	8Φ25	校核 5	0.32
	内侧	588.4	184.8	8Φ25	校核 5	0.22
底板（1.3m）	外侧	1192.5	557	8Φ28	设计 3	0.37
	内侧	745.3	373.6	8Φ25	校核 1	0.3
边墙（1.2m）	外侧	909.2	825.1	8Φ25	校核 4	0.33
	内侧	439.2	832.3	8Φ22	校核 2	0.25
中隔墙（1m）		129.8	1580.4	8Φ22	校核 5	0.3

表 8.3 - 17   河床下断面管身结构计算成果汇总表（限裂计算）

部 位		弯矩/(kN·m)	轴力/kN	控制工况	裂缝宽度/mm	备 注
顶板（1.0m）	外侧	394.1	60.3	设计 2	0.13	杆端
	内侧	230	60.3	设计 2	0.04	杆中
底板（1.2m）	外侧	1189.5	336.7	设计 3	0.2	杆端
	内侧	454.8	629.4	设计 1	0.02	杆中
边墙（1.2m）	外侧	702.4	600.1	设计 1	0.01	杆端
	内侧	403.4	600.1	设计 1	0	杆中
中隔墙（1m）		125	735	设计 3	0	杆中

表 8.3 - 18   河床下断面管身结构计算成果汇总表（强度计算）

部 位		弯矩/(kN·m)	轴力/kN	选配钢筋	控制工况	配筋率/%
顶板（1.0m）	外侧	474.9	363.7	8Φ22	校核 4	0.2
	内侧	248.3	363.7	8Φ22	校核 4	0.2
底板（1.2m）	外侧	1189.5	336.7	8Φ28	设计 3	0.41
	内侧	457.7	617.1	8Φ25	校核 4	0.33
边墙（1.2m）	外侧	702.4	600.1	8Φ25	设计 1	0.33
	内侧	403.4	600.1	8Φ22	设计 1	0.25
中隔墙（1m）		259.8	741.6	8Φ22	校核 3	0.3

（2）地基稳定评价应按《南水北调中线一期工程总干渠初步设计压力管道工程设计技术规定》（NSBD-ZGJ-1-9）的规定执行，应搜集各地层土体的力学参数，必要时进行补充地质勘测，分析评价基底应力及地基沉降量是否满足规范要求。

（3）结构安全复核应考虑自重、内水压力、外水压力、围岩（土）压力和地面荷载等荷载。计算工况应包括运行期、检修期等各阶段可能出现的典型工况。当结构两侧基础存在不对称荷载或约束条件时，除应计入横向非对称荷载和约束外，还应考虑地基横向变形作用对结构的影响。

（4）结构安全复核内容应包括：①管段及镇墩的抗滑稳定、抗浮稳定；②地基纵向沉降变形。对于地基条件复杂或特殊管段应复核结构纵向内力（或应力）、变形、强度、抗裂（或裂缝开展宽度）和稳定性等；③结构截面内力（或应力）、变形、截面强度（配筋或预应力配束）、抗裂（或裂缝开展宽度）、结构稳定性等；④保水堰、通气孔的基础承载力、强度、变形、抗滑、抗倾稳定。

（5）结构计算宜采用结构力学法。当管道穿越的地形条件较为复杂，管段内存在较大的不均匀变形或地基纵向变形参数差别较大时，应针对该管段进行专门的纵向结构分析计算。当有可靠的监测资料时，应结合监测资料以及箱涵上部回填土厚度等进行强度复核，分析各部位沉降量及不均匀沉降是否满足规范要求。

（6）对软土地基上的管道，纵向地基沉降变形可采用分层总和法计算，必要时可采用非线性有限元法进行对比分析。对岩石地基上的管道，应采用有限元法分析纵向变形，应重点分析地质缺陷部位和岩性变化部位的变形。

（7）应根据地基条件和荷载条件进行地基承载能力验算。

（8）钢筋混凝土顶板、底板、边墙及中隔墙结构安全评价应按《水工混凝土结构设计规范》（SL 191）、《调水工程设计导则》（SL 430）或其他标准的有关规定执行。应根据箱涵孔数、孔径、洞顶填土厚度、各部位的结构特点及荷载作用形式等，依据规范选取合适的计算方法和计算工况评价其结构强度和裂缝控制是否满足要求。

（9）进出口建筑物结构安全评价应按《水利水电工程进水口设计规范》（SL 285）执行。对于消能防冲，可根据出水口建筑物结构型式、材料特性与过流特点选取合适的计算方法和计算模型进行分析评价。

（10）管道穿越河道时，应复核河道冲刷深度，可参照《铁路桥渡勘测设计规范》（TBJ 17）的规定进行计算，并根据计算结果评价河道及河岸的防护措施。

8.3.5 PCCP 结构安全评价

（1）预应力钢筒混凝土管道结构安全复核应包括管身和连接段的强度和稳定性等。

（2）预应力钢筒混凝土管道结构稳定和强度复核计算方法可参照《南水北调中线一期工程总干渠初步设计压力管道工程设计技术规定》（NSBD-ZGJ-1-9）、《预应力钢筒混凝土管道技术规范》（SL 702）。

（3）预应力钢筒混凝土管道结构复核应遵守工作极限状态设计准则、弹性极限状态设计准则和强度极限设计准则，其设计准则判别标准、计算方法可参照《预应力钢筒混凝土管道技术规范》（SL 702）执行。应考虑管芯裂缝、预应力钢丝断丝和预应力松弛对PCCP 承载力的影响，以及地表超高填土和堆载的影响。

（4）预应力钢筒混凝土管道安全复核计算应考虑永久荷载、可变荷载和偶然荷载等。永久荷载包括自重、管内水重、土压力、预加应力等，可变荷载包括管道内水压力、外水压力和地面荷载等，偶然荷载为水锤荷载。

（5）预应力钢筒混凝土管道结构稳定及地基承载力复核计算包括以下内容：①管道抗浮稳定；②管道直径变化处、转弯处、堵头、闸阀、伸缩节处的镇墩（支墩）或由限制性接头连接的管段抗滑稳定；③管道、镇墩（支墩）及阀井等建筑物基底应力应满足《预应力钢筒混凝土管道技术规范》（SL 702）的规定；④对埋深在冲刷深度以上的过河管道应复核其抗滑稳定。

（6）预应力钢筒混凝土管道结构安全评价的其他内容可参照 8.3.4 节进行。

8.4　抗震安全评价

8.4.1　抗震安全评价方法

抗震安全评价的目的是按照现行规范复核渠道和建筑物现状是否满足抗震要求，主要内容包括：

（1）复核工程场地地震基本烈度和工程抗震设防类别，在此基础上复核工程的抗震设防烈度或地震动参数是否符合《中国地震动参数区划图》（GB 18306）的要求。

（2）复核工程的抗震稳定性与结构强度。

（3）复核渠道及建筑物地基的地震永久变形，以及砂土地段是否存在地震液化的可能。

（4）复核工程的抗震措施是否合适和完善。

（5）对布置有地震监测台阵的工程，应对地震原型监测资料进行分析。

当工程原设计抗震设防烈度或采用的地震动参数不符合现行规范要求时，应对抗震设防烈度或地震动参数进行调整，并履行审批手续。

抗震复核计算的荷载和荷载组合、计算方法、计算参数、计算结果的控制标准应按照相关规范执行，并符合《水工建筑物抗震设计规范》（SL 203）的相关规定。抗震措施复核及抗震荷载计算按照《水工建筑物抗震设计规范》（SL 203）执行。机电设施抗震设计复核按照《建筑机电工程设计规范》（GB 50981）执行。

对特殊地段和地质条件复杂的地段对建筑物抗震安全性评价应做专题论证。

8.4.2　抗震烈度复核

工程抗震安全评价关心的是可能发生的地震对其场址的影响程度，通常以地震烈度表征地震引起的地面震动及其影响的强弱程度。工程场地地震动参数及与之对应的地震基本烈度应按《中国地震动参数区划图》（GB 18306）确定，地震动峰值加速度分区与地震基本烈度对照见表 8.4－1，或专门研究确定的基本地震参数及设计烈度。工程抗震设防类别为甲类的水工建筑物，应根据其遭受强震影响的危害性，在地震基本烈度基础上提高 1 度作为抗震设防烈度。当工程现状抗震设防烈度不满足上述要求时，应按《中国地震动参数区划图》（GB 18306）和《水工建筑物抗震设计规范》（SL 203）对抗震设防烈度进行调整，并作为抗震安全评价的依据。

表 8.4－1　　　　　　　　地震动峰值加速度分区与地震基本烈度对照表

地震动峰值加速度分区/g	<0.05	0.05	0.1	0.15	0.2	0.3	≥0.4
地震基本烈度	<6	6	7	7	8	8	≥9

水工建筑物的工程抗震设防类别应根据其重要性和工程场地基本烈度按表 8.4－2 的规定确定。

表 8.4-2　　工程抗震设防类别

工程抗震设防类别	建筑物级别	场地基本烈度
甲	1（壅水）	≥6
乙	1（非壅水）、2（壅水）	
丙	2（非壅水）、3	≥7
丁	4、5	

8.4.3　地震荷载确定

抗震复核计算的荷载和荷载组合、计算方法、计算参数、计算结果的控制标准应按照相关规范执行，并符合《水工建筑物抗震设计规范》（SL 203）的相关规定。抗震措施复核及抗震荷载计算应按照《水工建筑物抗震设计规范》（SL 203）执行。机电设施抗震设计复核应按照《建筑机电工程设计规范》（GB 50981）执行。

对特殊地段和地质条件复杂的地段对建筑物抗震安全性评价应做专题论证。

1. 地震动分量及其组合

地震动可分解为三个互相垂直的分量。根据已有大量强震记录的统计分析，地震动的两个水平向峰值加速度大致相同，而竖向峰值加速度平均约为水平向峰值加速度的1/2～2/3。根据水工建筑物的种类、设计烈度和工程级别，结合地震动不同分量对不同种类水工建筑物的影响，《水工建筑物抗震设计标准》（GB 51247）对抗震计算中应计入的地震动分量及其组合方式做出如下规定：

（1）一般情况下，水工建筑物可只考虑水平向地震作用。

（2）设计烈度为8度、9度的1、2级下列水工建筑物，如壅水建筑物、长悬臂、大跨度或高耸的水工混凝土结构，应同时计入水平向和竖向地震作用。

（3）一般情况下混凝土重力坝，在抗震设计中可只计入顺河流方向的水平向地震作用。

（4）混凝土拱坝应同时考虑顺河流方向和垂直河流方向的水平向地震作用。

（5）闸墩、进水塔、闸顶机架和其他两个主轴方向刚度接近的水工混凝土结构，应考虑结构的两个主轴方向的水平向地震作用。

（6）当同时计算相互正交方向地震的作用效应时，总的地震作用效应可取各方向地震作用效应平方和的方根值；当同时计算水平向和竖向地震作用效应时，总的地震作用效应也可将竖向地震作用效应乘以0.5的遇合系数，与水平向地震作用效应直接相加。

2. 地震作用的类别

一般情况下，水工建筑物抗震计算应考虑的地震作用为建筑物自重和其上的荷重所产生的地震惯性力、地震动土压力、水平向地震作用的动水压力。

由于土石坝（除面板堆石坝外）的上游坝坡较缓，其地震动水压力影响很小，可以忽略。瞬时的地震作用对渗透压力浮托力的影响很小，地震引起的浪压力数值也不大，在抗震计算中都可予以忽略。地震淤沙压力的机理十分复杂，目前在国内外的工程抗震设计中大多是在计算地震动水压力时，将建筑物前水深算到库底，而不再另行计入地震淤沙压力。但当坝前的淤沙高度很大时，这样近似处理的结果可能偏于不安全，因此对高坝遇到这类情况应作专门研究。

3. 设计地震加速度和设计反应谱

（1）设计地震加速度。目前，水利水电工程一般均进行专门的地震危险性分析，给出不同超越概率水平的场址基岩水平向峰值加速度，根据枢纽中不同水工建筑物的抗震设防类别确定其设防概率水平和相应的设计地震加速度。对于没有专门地震危险分析成果的工程，其水平向设计地震加速度应根据其设计烈度，按表 8.4-3 取值。对于需要计入竖向地震影响的，竖向地震加速度应取水平向的 2/3。

表 8.4-3　　　　　　　水平向设计地震加速度

设 计 烈 度	7	8	9
α_h	0.1g	0.2g	0.4g

注　$g=9.81\text{m/s}^2$。

（2）设计反应谱。当前，我国各行业的抗震设计规范中，设计反应谱主要基于美国西部强震加速度记录的归一化加速度反应谱均值。场地类别和地震远近仅以设计反应谱最大值和其平台终点的特征周期大小体现。

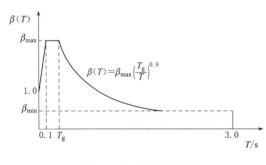

图 8.4-1　设计反应谱

《水工建筑物抗震设计标准》（GB 51247）规定的设计反应谱如图 8.4-1 所示。图中设计反应谱最大值 β_{max}、不同场地类别的场地特征周期分别按表 8.4-4 和表 8.4-5 取值。设计反应谱最小值 β_{min} 不小于设计反应谱最大值 β_{max} 的 20%。同时规定，对于设计烈度不高于 8 度且结构基本自振周期大于 1.0s 的结构，场地特征周期宜延长 0.05s，以反映远震长周期分量对高度大、频率低的水工建筑物的影响。

表 8.4-4　　　　　　　设计反应谱最大值 β_{max}

建筑物类型	重 力 坝	拱 坝	水闸、进水塔及其他混凝土建筑物
β_{max}	2.00	2.50	2.25

表 8.4-5　　　　　　　特 征 周 期 T_g

场 地 类 别	Ⅰ	Ⅱ	Ⅲ	Ⅳ
T_g/s	0.20	0.30	0.40	0.65

（3）设计地震加速度时程。目前重要大坝工程的地震反应几乎都要进行非线性动力分析。因而基于叠加原理的反应谱法已不再适用，需要采用基于时间历程法的非线性分析。地震动加速度时间历程受地震类型、震级、场址震中距及地形地质条件的控制。

目前全球仅限于少数国家有较多实测的强震记录，高坝大库坝址基岩上的强震记录更少，因此，很难找到与设定场址有类似地震地质条件的实测强震记录作为设计地震动输入的加速度时间历程。为此，一般都采用拟合设计反应谱和峰值加速度的人工合成方法。

鉴于地震动的随机性，通常采用以设计反应谱为目标的人工拟合随机地震动加速度时程。传统的合成方法为：用三角级数和 $0\sim2\pi$ 间均匀分布的随机相角构造平稳模型，引入随时间变化的强度包络函数后，按功率和反应谱的近似关系式，通过迭代调整幅值，以拟合目标反应谱和设计峰值加速度。

4. 地震作用和其他作用的组合

一般情况下，作抗震计算时的上游水位可采用正常蓄水位；多年调节水库经论证后可采用低于正常蓄水位的上游水位。

土石坝的上游坝坡抗震稳定计算，应根据运用条件选用对坝坡抗震稳定最不利的常遇水位进行抗震计算。需要时，应将地震作用和常遇的水位降落幅值组合。

重要的拱坝及水闸的抗震强度计算，宜补充地震作用和常遇低水位组合的验算。

5. 结构计算模式及计算方法

采用合适的结构计算模式是抗震计算的基本前提。《水工建筑物抗震设计标准》（GB 51247）规定，水工建筑物抗震计算采用的结构计算模式应与相应的基本设计规范的计算模式相同。随着水工结构工程学科的显著进步，我国水工建筑物的设计水平不断提高，陆续完成了各类水工建筑物基本设计规范的修编工作，其中所采用的结构计算模式也有所变化，例如对混凝土重力坝和拱坝的结构分析，除规定以结构力学方法为基本分析方法外，也规定了目前应用广泛的有限单元法为基本分析方法。

目前地震作用效应计算方法主要采用动力法和拟静力法两类计算方法。动力法考虑了地震作用特征和建筑物动态特性，按动力学理论求解结构的地震作用效应。拟静力法则将重力作用、设计地震加速度与重力加速度的比值、按结构类型和高度等归纳给出的动态分布系数三者乘积作为设计地震力，作用于结构上进行静力分析，求出地震作用效应。

除土石坝、水闸外，各工程抗震设防的水工建筑物的地震作用效应计算方法均应按表 8.4-6 的规定采用。对于土石坝，考虑到目前土石坝坝料的非线性特性、动态本构关系、非线性动力分析方法及相应的抗震安全评价准则诸方面尚不成熟，规范规定应以拟静力法进行坝坡稳定计算，同时规定对于设计烈度 8 度、9 度的 70m 以上土石坝，或地基中存在可液化土时，应同时用有限单元法对坝体和坝基进行动力分析。至于水闸，则按照水闸级别和设计烈度（不是采用工程抗震设防类别）确定采用的地震作用效应计算方法。

表 8.4-6　　　　　　　　地震作用效应的计算方法

工程抗震设防类别	地震作用效应的计算方法	工程抗震设防类别	地震作用效应的计算方法
甲	动力法	丁	拟静力法或着重采取抗震措施
乙、丙	动力法或拟静力法		

采用动力法进行水工建筑物的地震作用效应计算时，应遵循以下原则性规定：

（1）应考虑结构和地基的动力相互作用；与水体接触的建筑物，还应考虑结构和水体的动力相互作用，但可不计库水可压缩性及地震动输入的不均匀性。

（2）作为线弹性结构的混凝土建筑物，可采用振型分解反应谱法或振型分解时程分析法，此时，拱坝的阻尼比可在 3%～5% 范围内选取，重力坝的阻尼比可在 5%～10% 范围内选取，其他建筑物可取 5%。

（3）采用振型分解反应谱法计算地震作用效应时，可有各阶振型的地震作用效应按平方和方根法（SRSS）组合。当两个振型的频率差的绝对值与其中一个较小的频率之比小于 0.1 时，地震作用效应宜采用完全二次方根法（CQC）组合：

$$S_E = \sqrt{\sum_i^m \sum_j^m \rho_{ij} S_i S_j} \qquad (8.4-1)$$

$$\rho_{ij} = \frac{8\sqrt{\zeta_i \zeta_j}(\zeta_i + \gamma_\omega \zeta_j)\gamma_\omega^{3/2}}{(1-\gamma_\omega^2)^2 + 4\zeta_i \zeta_j \gamma_\omega (1+\gamma_\omega^2) + 4(\zeta_i^2 + \zeta_j^2)\gamma_\omega^2} \qquad (8.4-2)$$

其中

$$\gamma_\omega = \omega_j / \omega_i$$

式中：S_E 为地震作用效应；S_i、S_j 分别为第 i 阶、第 j 阶振型的地震作用效应；m 为计算采用的振型数；ρ_{ij} 为第 i 阶和第 j 阶振型的相关系数；ζ_i、ζ_j 分别为第 i 阶、第 j 阶振型的阻尼比；γ_ω 为圆频率比；ω_i、ω_j 分别为第 i 阶、第 j 阶振型的圆频率。

（4）地震作用效应影响不超过 5% 的高阶振型可略去不计。采用集中质量模型时，集中质量的个数不宜少于地震作用效应计算中采用的振型数的 4 倍。

（5）采用时程分析法计算地震作用效应时，宜符合下列规定：①应至少选择类似场地地震地质条件的 2 条实测加速度记录和 1 条以设计反应谱为目标谱的人工生成模拟地震加速度时程；②地震加速度时程的峰值应按照设计基岩峰值加速度代表值进行峰值调整；③不同地震加速度时程计算的结果应进行综合分析，以确定设计验算采用的地震作用效应。

当采用拟静力法计算地震作用效应时，沿建筑物高度作用于质点 i 的水平向地震惯性力代表值应按下式计算：

$$F_i = \alpha_h \xi G_{Ei} \alpha_i / g \qquad (8.4-3)$$

式中：F_i 为作用在质点 i 的水平向地震惯性力代表值；α_h 为水平向设计地震加速度；ξ 为地震作用的效应折减系数，除另有规定外，取 $\xi = 0.25$；G_{Ei} 为集中在质点 i 的重力作用标准值；α_i 为质点 i 的动态分布系数。应按本章中各类水工建筑物抗震计算的具体规定采用；g 为重力加速度。

6. 承载能力分析系数极限状态抗震设计

《水工建筑物抗震设计标准》（GB 51247）中各类水工建筑物的抗震设计，是在遵循《水利水电工程结构可靠性设计统一标准》（GB 50199）中的承载能力分项系数设计原则并保持规范连续性基础上，按照从确定性方法向可靠度方法"转轨"、从确定性方法规定的安全系数或容许强度向可靠度方法规定的分项系数及结构系数"套改"，统一给出了各类水工建筑物抗震强度和稳定验算的承载能力分项系数极限状态抗震设计表达式：

$$\gamma_0 \psi S (\gamma_G G_k, \gamma_Q Q_k, \gamma_E E_k) \leqslant \frac{1}{\gamma_d} R \left(\frac{f_k}{\gamma_m}, a_k \right) \tag{8.4-4}$$

式中：γ_0 为结构重要性系数，应按 GB 50199 的规定取值；ψ 为设计状况系数，地震时取 0.85；$S(\cdot)$ 为结构的作用效应函数；γ_G 为永久作用的分项系数；G_k 为永久作用的标准值；γ_Q 为可变作用的分项系数；Q_k 为可变作用的标准值；γ_E 为地震作用的分项系数，取 1.0；E_k 为地震作用的标准值；a_k 为几何参数的标准值；γ_d 为承载能力极限状态的结构系数；$R(\cdot)$ 为结构的抗力函数；f_k 为材料性能的标准值；γ_m 为材料性能的分项系数。

对于与地震作用组合的各种静态作用的分项系数和标准值，应按各类水工建筑物相应的设计规范规定采用。凡在这些规范中未规定分项系数的作用和抗力，或在抗震计算中引入地震作用的效应折减系数时，分项系数均可取为 1.0。

对于钢筋混凝土结构构件的抗震设计，在按照水工抗震规范的规定确定其地震作用效应后，应按水工钢筋混凝土结构设计规范的相关规定进行抗震验算。当地震作用效应是按动力法求得时，应对地震作用效应乘以 $\xi = 0.35$ 的折减系数。这是因为，建筑部门在核算钢筋混凝土构件的截面强度时，采用的是相应于"小震"的地震作用，其加速度代表值为相应于"中震"的设计地震加速度代表值的 35%，因此，在水工钢筋混凝土结构构件截面强度验算中，也相应折减至 35%，以求统一。

8.4.4 渠道抗震安全评价

8.4.4.1 渠道抗震安全评价的主要内容

渠道抗震安全性复核应分析现状渠道能否满足设计条件下的抗震安全性要求，复核重点为运行中曾出现或可能出现结构失稳的高风险段。渠坡抗震稳定性复核重点复核出现裂缝的渠段。

渠道抗震安全性计算工况按《南水北调中线一期工程总干渠初步设计明渠土建工程设计技术规定》（NSBD-ZGJ-1-21）、《南水北调中线一期工程总干渠渠道设计补充技术规定》（NSBD-ZGJ 1-35）、《水工建筑物抗震设计标准》（GB 51247）的规定执行，计算分析与巡查、检测和安全监测资料分析相结合，必要时开展专题研究。

影响渠道安全的穿跨渠建筑物的抗震安全性复核内容和方法按照相关标准执行。砂土筑堤段和砂土基础段重点复核是否有发生地震液化的可能，可按照《水利水电工程地质勘察规范》（GB 50487）、《水工建筑物抗震设计规范》（SL 203）执行。煤矿采空区重点复核地震作用下是否发生地基沉降开裂及塌陷的可能，可按照《煤矿采空区建（构）筑物地基处理技术规范》（GB 51180）执行。

8.4.4.2 工程实例

以辉县管理处渠道为例进行抗震安全评价分析。

1. 渠坡地震液化

对于饱和砂土段需进行砂土液化分析。依据《水利水电工程地质勘察规范》（GB 50487）附录 N 第 N.0.3 条之规定，对本渠段饱和砂土、饱和少黏性土以及将来可能呈现饱和状态的砂土、少黏性土进行了初判：桩号Ⅳ84+000～Ⅳ87+150 黄土状中壤土（al-plQ$_4^1$）、桩号Ⅳ89+150～Ⅳ89+830 砂壤土（alplQ$_4^1$）、桩号Ⅳ92+650～Ⅳ94+550 砂壤土和中壤土（alplQ$_4^1$）、桩号 Ⅳ94＋300～Ⅳ97＋400 断续分布砂（alplQ$_4^1$）均为可能液化土层。按标贯击数进行复判，地基液化判别见表 8.4－7。

表 8.4－7 　　　　　　　　　　　地 基 液 化 判 别 表

分布桩号	地下水位 d_w'/m	岩性名称	黏粒含量 ρ_c/%	计算标贯位置 d_s/m	标贯实际位置 d_s'/m	标贯击数实测值 /$N_{63.5}'$	校正后标贯击数 /$N_{63.5}$	临界值 N_{cr}	判别
Ⅳ84＋000～Ⅳ87＋150	5.2	黄土状中壤土	8	5	1.5	8	4.74	3.23	不液化
	5.2		8	5	2.5	9	5.33	3.23	不液化
	5.2		8	5	3.5	7	4.15	3.23	不液化
	5.2		8	5	4.5	6	3.55	3.23	不液化
	5.2		15	5.5	5.5	5	3.06	2.50	不液化
	5.2		15	6.5	6.5	5	3.22	2.76	不液化
	5.2		15	7.5	7.5	7	4.70	3.03	不液化
	9.2	黄土状中粉质壤土	10	5	2	9	3.67	1.58	不液化
	9.2		10	5	3	10	4.08	1.58	不液化
	9.2		10	5	4	10	4.08	1.58	不液化
	9.2		10	5	5	11	4.48	1.58	不液化
	9.2		10	6	6	14	6.26	1.91	不液化
	9	黄土状中壤土	10	5	4	6	2.48	1.64	不液化
	9		10	5	5	12	4.96	1.64	不液化
	9		10	6	6	18	8.15	1.97	不液化
Ⅳ89＋150～Ⅳ89＋830	7.4	砂壤土	6	7.5	7.5	3	1.87	3.86	液化
	7.4		6	8.5	8.5	9	5.83	4.29	不液化
	9		6	7.5	7.5	6	3.68	3.18	不液化
	9		6	8.5	8.5	6	3.82	3.61	不液化
Ⅳ92＋650～Ⅳ94＋550	6	砂壤土	6	5	1	2	1.03	3.39	液化
	6	黄土状中壤土	11	5	4	4	2.05	2.51	液化
	6		11	5	5	3	1.54	2.51	液化
	6		11	6	6	4	2.21	2.82	液化
	6		11	7	7	7	4.11	3.13	不液化
	6		11	8	8	6	3.70	3.45	不液化
	4.4		11	5	2.7	8	4.72	3.01	不液化
	4.4		11	5	3.7	6	3.54	3.01	不液化
	4.4		11	5	4.7	4	2.36	3.01	液化
	5		11	5	4	6	3.35	2.82	不液化
	5		11	5	5	7	3.91	2.82	不液化
	5		11	6	6	5	2.99	3.13	液化

分布桩号	地下水位 d_w'/m	岩性名称	黏粒含量 $\rho_c/\%$	计算标贯位置 d_s/m	标贯实际位置 d_s'/m	标贯击数实测值 $/N_{63.5}'$	校正后标贯击数 $/N_{63.5}$	临界值 N_{cr}	判别
	10		3	5	1	9	3.49	2.40	不液化
	10		3	5	2	8	3.10	2.40	不液化
Ⅳ94+300～ Ⅳ97+400	10.6	细砂	3	5	1	11	4.11	2.04	不液化
	10		3	5	1	4	1.55	2.40	液化
	10		3	5	2	10	3.88	2.40	不液化

经判别，桩号Ⅳ93+000～Ⅳ93+750（石门河—黄水河）的砂壤土、黄土状中壤土，为可液化土层，液化指数为0.5～12，属轻微～中等液化，即在渠道正常运行后存在地震液化问题，影响渠道的安全。施工期该渠段进行地震液化地层处理的共2段，即桩号Ⅳ93+280.0～Ⅳ93+928.8（长648.8m）渠段和桩号Ⅳ94+379.8～Ⅳ94+500.0（长120.2m）渠段。桩号Ⅳ93+280.0～Ⅳ93+928.8（长648.8m）渠段采用渠坡强夯、渠底换填的综合处理措施处理该段饱和砂土地震液化问题；Ⅳ94+379.8～Ⅳ94+500.0（长120.2m）渠段采用强夯法处理。根据施工方自检、监理抽检成果，石门河倒虹吸标（桩号Ⅳ93+280.0～Ⅳ93+928.8）及辉县五标（Ⅳ93+280.0～Ⅳ93+928.8）强夯及挤密土桩处理质量满足设计要求。渠道通水运行后，该渠段未发生砂土地震液化问题。

2. 渠坡抗震稳定复核

对渠道边坡进行地震工况的稳定计算分析，各计算断面地震工况渠坡稳定计算如图8.4-2～图8.4-8所示，抗滑稳定系数计算结果见表8.4-8。计算结果显示，所选各计算断面地震工况下渠坡抗滑稳定安全系数均大于规范值1.2，渠坡抗滑稳定满足要求。

表8.4-8 计算断面地震工况渠坡抗滑稳定系数计算结果

计算断面桩号	计算工况		地震动加速度 /g	最小安全系数	规范值
	渠道水位	渠坡地下水位			
Ⅳ76+304	设计水位	稳定地下水位	0.15	1.448	
Ⅳ77+395.5	设计水位	稳定地下水位	0.15	1.335	
Ⅳ79+238	设计水位	稳定地下水位	0.15	1.597	
Ⅳ93+450	设计水位	稳定地下水位	0.15	1.227	1.2
Ⅳ104+292	设计水位	稳定地下水位	0.20	1.242	
Ⅳ105+443	设计水位	稳定地下水位	0.20	1.222	
Ⅳ115+388	设计水位	稳定地下水位	0.20	1.435	

8.4.5 建筑物抗震安全评价

8.4.5.1 陶岔渠首工程抗震安全评价

陶岔渠首工程抗震安全评价主要复核抗震稳定、结构强度以及抗震措施是否满足《水

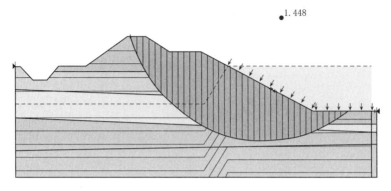

图 8.4-2　Ⅳ76+304 断面地震工况渠坡稳定计算

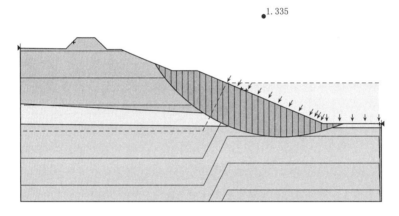

图 8.4-3　Ⅳ77+395.5 断面地震工况渠坡稳定计算

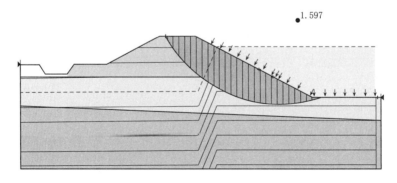

图 8.4-4　Ⅳ79+238 断面地震工况渠坡稳定计算

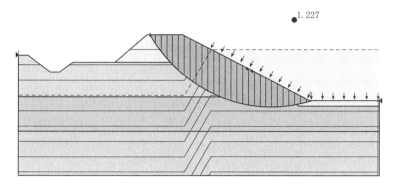

图 8.4－5　Ⅳ93＋450 断面地震工况渠坡稳定计算

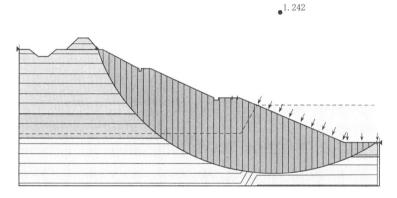

图 8.4－6　Ⅳ104＋292 断面地震工况渠坡稳定计算

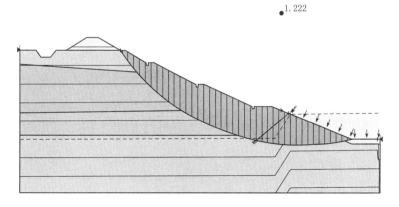

图 8.4－7　Ⅳ105＋443 断面地震工况渠坡稳定计算

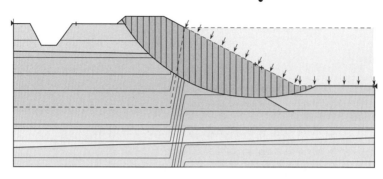

图 8.4-8　Ⅳ115＋388 断面地震工况渠坡稳定计算

工建筑物抗震设计标准》（GB 51247）标准的要求。重力坝强度复核方法应以同时计入动、静力作用下弯曲和剪切变形的材料力学法为基本方法，必要时可以采用数值分析方法进行动力分析。

引水闸结构应力复核包括闸室底板应力复核和闸墩应力复核，闸室工作桥、检修便桥、交通桥、岸墙与翼墙的结构应力，可根据其结构型式采用结构力学方法进行计算复核，必要时可以采用数值分析方法进行动力分析，并符合《水工建筑物抗震设计标准》（GB 51247）、《水工混凝土结构设计规范》（SL 191）等标准的规定。

重力坝抗震稳定复核应核算沿坝基面和沿坝基软弱夹层、缓倾角结构面的抗滑稳定性；引水闸抗震稳定复核应包括抗滑（倾）稳定、基底应力、抗浮稳定复核；岸墙、翼墙抗震稳定复核应包括抗滑（倾）稳定、基底应力复核。

河床式电站应复核设计地震条件下整体稳定性、厂房地基面的应力水平、厂房上部结构承载力，水下部分的分缝形式和止水变形是否满足设计要求，具体可以按照《水工建筑物抗震设计标准》（GB 51247）执行。

抗震措施需满足《水工建筑物抗震设计标准》（GB 51247）、《水工混凝土结构设计规范》（SL 191）标准的要求。

抗震安全分析计算的有关参数，当监测资料或分析结果表明应力较高、变形较大或安全系数较低时，应重新试验确定计算参数。在有监测资料的情况下，应同时利用监测资料进行反演分析，综合确定各计算参数。

8.4.5.2　惠南庄泵站抗震安全评价

泵站抗震安全评价主要包括泵站抗震稳定性和结构安全性复核。其计算工况应按实际运行及《水工建筑物抗震设计标准》（GB 51247）的规定执行，计算分析与巡查、检测和安全监测资料分析相结合。

前池进水闸、泵站前池、泵站进水池、主泵房和副厂房等进行地震作用下的抗滑和抗倾稳定复核，并进行稳定安全性评价。进出水建筑物主要受力构件、主泵房底板、水泵梁及电视梁、泵房排架等进行地震作用下的结构强度评价。主泵房和副厂房的抗震复核宜采用三维有限元法进行，计算参数宜采用安全检测（探测）或反演成果。

8.4.5.3　倒虹吸与暗涵（渠）抗震安全评价

倒虹吸与暗涵（渠）抗震安全评价主要对倒虹吸和暗涵地基、基础进行抗震稳定复核，对结构构件进行抗震强度复核，计算按照《南水北调中线一期工程总干渠初步设计河道倒虹吸技术规定》（NSBD－ZGJ－1－6）、《南水北调中线一期工程总干渠初步设计渠道倒虹吸技术规定》（NSBD－ZGJ－1－7）及《水工建筑物抗震设计标准》（GB 51247）、《水工混凝土结构设计规范》（SL 191）执行。

地基中存在软弱土、饱和砂土或饱和粉土时，应进行液化、震陷和抗震承载力的分析。地基中液化土层的判别可按《水利水电工程地质勘察规范》（GB 50487）的有关规定执行。地基处理应分析评价是否满足建筑物抗震安全的要求。

对邻近边坡或其他建筑物地震失稳时可能影响倒虹吸和暗涵工程安全的，需评估其影响。

8.4.5.4　渡槽抗震安全评价

对设计烈度为Ⅶ度及Ⅷ度以上的渡槽，抗震安全评价应同时考虑顺槽向、横槽向和竖向的地震作用。荷载要考虑槽内动水压力作用，具体计算按照《南水北调中线一期工程总干渠初步设计涵洞式渡槽土建工程设计技术规定》（NSBD－ZGJ－1－23）、《南水北调中线一期工程总干渠初步设计梁式渡槽土建工程设计技术规定》（NSBD－ZGJ－1－25）及《水工建筑物抗震设计标准》（GB 51247）执行。

渡槽抗震安全评价主要对渡槽和地基、基础进行抗震稳定评价，对结构构件进行抗震强度评价。地基中存在软弱土、饱和砂土或饱和粉土时，应进行液化、震陷和抗震承载力的分析。地基中液化土层的判别可按《水利水电工程地质勘察规范》（GB 50487）的有关规定执行。地基处理应分析评价是否满足建筑物抗震安全的要求。对邻近边坡或其他建筑物地震失稳时可能影响渡槽工程安全的，应评估其影响。

渡槽的抗震计算方法、计算工况、荷载组合等应按照《水工建筑物抗震设计标准》（GB 51247）执行，结构或地质条件复杂的渡槽，抗震复核宜采用三维有限元法。

8.4.5.5　隧洞抗震安全评价

隧洞抗震安全评价主要包括进出口边坡岩体稳定性、围岩稳定性、衬砌结构安全性。临近不稳定边坡或其他建筑物可能影响工程安全时，应评估其影响。

应根据隧洞的类型和特点，按照《南水北调中线一期工程总干渠初步设计无压隧洞土建工程设计技术规定》（NSBD－ZGJ－1－18）及《水工建筑物抗震设计标准》（GB 51247）选取合适的计算方法和计算模型，必要时可采用数值仿真分析。

隧洞抗震措施应符合《水工建筑物抗震设计规范》（SL 203）中的规定，结构构件抗震构造要求应符合《水工混凝土结构设计规范》（SL 191）的相关规定。

隧洞及附属建筑物抗震复核应符合下列规定：

（1）抗震复核计算应包括抗震稳定复核和结构强度复核，复核应符合《水工建筑物抗震设计标准》（GB 51247）、《水工建筑物抗震设计规范》（SL 203）的规定。

（2）进出口建筑物的抗震安全复核应按《水工建筑物抗震设计规范》（SL 203）和《水利水电工程进水口设计规范》（SL 285）进行结构强度、整体稳定、地基应力复核。

（3）隧洞进出口边坡的抗震稳定性应按照《水利水电工程边坡设计规范》（SL 386）

复核。

（4）设计烈度为Ⅷ度及以上时，还应对洞身围岩和结构段进行抗震稳定性复核。

穿黄隧洞抗震安全评价主要包括抗震稳定性和结构强度复核，按照《水工建筑物抗震设计标准》（GB 51247）选取合适的计算方法和计算模型，必要时可采用数值仿真分析。评价砂基是否存在发生液化的可能。

8.4.5.6 闸室（房）抗震安全评价

闸室（房）结构应力复核应包括闸室底板应力和闸墩应力复核，闸室工作桥、检修便桥、交通桥、岸墙与翼墙的结构应力复核，可根据其结构型式采用结构力学方法进行计算复核，必要时可以采用三维有限元方法进行动力分析，并符合《南水北调中线一期工程总干渠初步设计节制闸、退水闸、排冰闸土建工程设计技术规定》（NSBD-ZGJ-1-24）及《水工建筑物抗震设计标准》（GB 51247）、《水工混凝土结构设计规范》（SL 191）、《水工挡土墙设计规范》（SL 379）等标准的规定。

闸室（房）抗震稳定复核应包括抗滑（倾）稳定、基底应力、抗浮稳定复核；岸墙、翼墙抗震稳定复核应包括抗滑（倾）稳定、基底应力复核。

地基中存在软弱土、饱和砂土或饱和粉土时，应进行液化、震陷和抗震承载力的分析。地基中液化土层的判别可按《水利水电工程地质勘察规范》（GB 50487）的有关规定执行。

基础处理应分析评价是否满足建筑物抗震安全的要求。

8.4.5.7 退水渠抗震安全评价

退水渠抗震安全性复核应分析现状能否满足设计条件下的抗震稳定性要求，复核重点应为运行中曾出现或可能出现结构失稳的高风险段。渠坡抗震稳定性复核应重点复核出现裂缝的渠段。

退水渠临近不稳定边坡或其他建筑物可能影响工程安全时，应评估其抗震稳定性及其对退水渠的影响。

复核退水渠及工程地基的地震永久变形，以及砂土地段是否存在地震液化的可能。

复核工程的抗震措施是否合适和完善。

8.4.5.8 工程实例

以辉县管理处峪河暗渠为例，进行建筑物抗震稳定分析。

闸室所受的主要荷载有自重、水重、水平水压力、扬压力（浮托力和渗透压力）、土压力、地震惯性力等，地下水位根据渗压计实测水位确定。

1. 地震惯性力

采用拟静力法计算，只考虑水平向地震荷载。水平地震惯性力计算如下：

$$F_i = K_h \xi G_{Ei} \alpha_i \qquad (8.4-5)$$

式中：F_i 为作用在质点 i 的水平地震惯性力；ξ 为地震作用效应折减系数，取 0.25；G_{Ei} 为集中在质点 i 的重力作用标准值；K_h 为水平向地震加速度代表值，本建筑物设计烈度为Ⅶ度，取 0.10；α_i 为质点 i 的动态分布系数。

单位宽度水闸面的总地震动水压力作用在水面以下 $0.54H_0$ 处，代表值按下式计算：

$$F_0 = 0.65 K_h \xi \gamma H_0^2 \qquad (8.4-6)$$

式中：F_0 为地震动水压力代表值；H_0 为作用水深；γ 为水的容重。

2. 地震动土压力

计算公式如下：

$$F_E = \frac{1}{2} \gamma_t H_t^2 \left(1 - \frac{\zeta a_v}{g}\right) K_a$$

$$K_a = \frac{\cos^2(\varphi - \theta_e)}{\cos\theta_e \cos(\delta + \theta_e)(1 + \sqrt{Z})^2}$$

$$Z = \frac{\sin(\delta + \varphi)\sin(\delta - \theta_e - \beta)}{\cos(\delta + \theta_e)\cos\beta}$$

$$\theta_e = \arctan\frac{\zeta a_h}{g - \zeta a_v} \tag{8.4-7}$$

式中：F_E 为地震主动动土压力代表值；ζ 为计算系数，取 0.25；θ_e 为地震系数角；γ_t 为土的容重；H_t 为土层厚度；δ 为挡土墙与土之间的摩擦角；β 为挡土结构墙后填土表面坡角；a_h 为水平向设计地震加速度代表值，取 0.10；a_v 为竖向设计地震加速度代表值，取 $\frac{2}{3}a_h$。

地震力的方向，假定作用于建筑物最危险的方向，水平向惯性力指向下游对闸室整体最不利。据《水工建筑物抗震设计规范》（GB 51247—2018）第 4.1.1 条，一般情况下，水工建筑物只需考虑水平向地震作用。

闸室地震工况稳定计算水位组合见表 8.4-9。

表 8.4-9 闸室地震工况稳定计算水位组合表

位　置	水　位　组　合	
	渠道水位/m	墙后水位/m
进口闸	设计水深	非汛期地下水
出口闸	设计水深	非汛期地下水

进、出口闸室地震工况稳定及应力评估计算结果见表 8.4-10、表 8.4-11。

表 8.4-10 进口闸室地震工况稳定及应力评估计算结果表

评　估　项　目	计　算　值	允　许　值	结　　论
最大基底应力/kPa	190.36	≤450	满足
最小基底应力/kPa	176.24	无拉应力	满足
基底应力不均匀系数	1.08	≤2.5	满足
抗滑稳定安全系数	2.82	≥1.10	满足

表 8.4-11 出口闸室地震工况稳定及应力评估计算结果表

评　估　项　目	计　算　值	允　许　值	结　　论
最大基底应力/kPa	171.34	≤450	满足
最小基底应力/kPa	111.31	无拉应力	满足
基底应力不均匀系数	1.54	≤2.5	满足
抗滑稳定安全系数	7.21	≥1.10	满足

计算结果表明，进、出口闸室地震工况下最大基底应力、基底应力不均匀系数、抗滑稳定安全系数均满足规范和安全运行要求。

8.4.6 天津箱涵抗震安全评价

天津干线箱涵抗震安全评价主要包括箱涵、保水堰、通气孔、地基和基础抗震稳定性，结构构件抗震强度，计算按照《南水北调中线一期工程总干渠初步设计压力管道工程设计技术规定》（NSBD-ZGJ-1-9）及《水工建筑物抗震设计标准》（GB 51247）、《水工混凝土结构设计规范》（SL 191）执行。对邻近边坡或其他建筑物地震失稳时可能影响箱涵、保水堰、通气孔工程安全的，应评估其影响。

地基中存在软弱土、饱和砂土或饱和粉土时，应进行液化、震陷和抗震承载力的分析。地基中液化土层的判别可按《水利水电工程地质勘察规范》（GB 50487）的有关规定执行。地基处理应分析评价是否满足建筑物抗震安全的要求。

天津干线箱涵抗震措施应符合《水工建筑物抗震设计规范》（SL 203）的相关规定。

天津干线箱涵及其附属建筑物抗震复核应符合下列要求：

(1) 抗震复核计算应包括抗震稳定和结构强度计算，计算方法、计算工况、荷载组合应符合《水工建筑物抗震设计规范》（SL 203）的规定。

(2) 进出口建筑物的抗震安全复核应按《水工建筑物抗震设计规范》（SL 203）和《水利水电工程进水口设计规范》（SL 285）进行结构强度、整体稳定、地基应力安全分析评价。

8.4.7 PCCP 抗震安全评价

PCCP 抗震安全评价主要包括复核整体抗震稳定性、结构强度、接头变形以及管顶防护设施是否满足设计要求。计算方法按照《南水北调中线一期工程总干渠初步设计压力管道工程设计技术规定》（NSBD-ZGJ-1-9）、《水工建筑物抗震设计标准》（GB 51247）、《水工混凝土结构设计规范》（SL 191）执行。对邻近边坡或其他建筑物地震失稳时可能影响 PCCP 工程安全的，应评估其影响。

8.5 工程安全性态评价

8.5.1 渗流安全评价结论

渗流安全复核结论需要明确建筑物防渗和排水设施是否完善、有效；建筑物渗流压力与渗漏量变化规律是否正常，渗透压力是否满足要求；各种建筑物材料及地基的渗透稳定性是否满足要求；运行中有无异常渗流现象。

当满足以下条件时，可认为建筑物渗流性态安全，评定为 A 级：①建筑物防渗和排水设施完善、有效，设计与施工质量满足规范要求；②监测资料和计算分析表明，渗流压力与渗流量变化规律正常，渗透压力满足设计要求，各种建筑物材料及地基的渗透比降小于其允许渗透比降；③运行中无渗流异常现象。

当满足以下条件时，可认为建筑物渗流性态基本安全，评定为 B 级：①建筑物防渗和排水设施较为完善，或部分失效；②监测资料和计算分析表明，渗流压力与渗流量变化规律基本正常，渗透压力满足设计要求；③运行中虽出现局部渗流异常现象，但尚不影响建筑物安全。

当满足以下条件之一时，应认为建筑物渗流性态不安全，评定为 C 级：①建筑物防渗和排水设施不完善或失效，或存在严重质量缺陷；②监测资料和计算分析表明，渗流压力与渗漏量变化不符合既往规律，在相同条件下显著增大，关键部位的渗透比降大于其允许渗透比降，或渗流出逸点高于排水设施顶高程，或渗透压力超过设计要求；③运行中已出现严重渗流异常现象。

根据上述内容，前述工程实例中渗流安全评价结论如下：

（1）渠道河滩卵石渠段采用高喷截渗与换填黏土铺盖方式防渗，设置排水管网进行排水。渠道衬砌混凝土抗渗等级满足规范要求，除湿陷性黄土段渠道外，渠道铺设复合土工膜防渗，填方渠段外坡脚设置棱体排水；建筑物管身、进出口闸室及渐变段所用混凝土抗渗等级满足规范要求。建筑物管身段、管身与闸室段之间缝内采用两道止水，满足规范要求。目前，渠道和建筑物防渗、排水设施完善、有效。

（2）渗流计算结果显示，大部分计算断面渠道渗漏量较小，渠道无严重渗水风险。韭山段桩号Ⅳ104＋691.2～Ⅳ104＋934渠段加固采用的排水盲沟能有效降低渠坡高地下水位。"7·20"特大暴雨情况下桩号Ⅳ104＋340断面二级边坡底部渗透坡降大于渗透坡降允许值，韭山段未设置盲沟的渠段地下水会从二级渠坡底部逸出；高填方渠段存在的高渗透性区域会抬高渠坡逸出点高度，但目前渠道防渗性能良好，高渗透性区域对渗流影响不大。

（3）峪河暗渠进出口闸室各段渗透坡降均低于允许值，无渗透稳定问题。暗渠管身段浸润线出逸点在下游水位处，河道为设计洪水位时渗透坡降满足要求，经过延长渗径及设置排水，校核洪水位时渗透坡降满足要求。老郭沟排水倒虹吸渗透坡降满足要求。

综上，渠道渗透压力及渗漏量、建筑物地基渗透稳定性均满足设计和规范要求，渗流性态安全，但只在"7·20"特大暴雨情况下韭山段桩号Ⅳ103＋730～Ⅳ105＋500（桩号Ⅳ104＋691.2～Ⅳ104＋934除外）渠段渗透坡降接近其至大于渗透坡降允许值，渗透稳定不满足要求，工程渗流性态安全等级评定为 B 级，其余渠段和建筑物渗流性态安全等级评定为 A 级。

8.5.2　结构安全评价结论

结构安全复核结论需要明确各建筑物的稳定与强度是否满足规范要求；各建筑物的变形规律是否正常，是否存在危及安全的异常变形。

结构安全评价分为 3 个等级：①结构的稳定、强度、消能防冲及衬砌安全满足规范要求，无异常变形现象，可认为结构安全，评定为 A 级；②结构的稳定、消能防冲及衬砌安全满足规范要求，存在的局部强度不足或异常变形尚不严重影响工程安全时，可认为结构基本安全，评定为 B 级；③结构的稳定、强度、消能防冲或衬砌安全不满足规范要求，存在危及工程安全的异常变形，应认为结构不安全，评定为 C 级。

根据上述内容，前述工程实例中结构安全评价结论如下：

（1）渠坡地下水位对边坡抗滑稳定有较大影响，"7·20"特大暴雨情况下桩号Ⅳ104

＋800 断面抗滑稳定安全系数低于规范值。2016 年"7·9"暴雨后设置的排水措施能有效降低渠坡水位，提高渠坡抗滑稳定性。桩号Ⅳ115＋388 断面出现的外水入渠虽会降低渠坡的稳定性，但未造成渠坡稳定问题。

（2）高填方渠段不密实区域的存在会降低坡的稳定性，改变了最不利滑移面的位置，但由于不密实区处于渠底板高程附近，对渠坡抗滑稳定安全系数影响不大。饱和砂土筑堤渠段的软弱层虽使得最不利滑移面更接近渠坡表层，降低了渠坡的稳定性，但抗滑稳定安全系数仍满足规范要求，整体影响不大。

（3）稳定地下水位条件下各断面衬砌板抗浮稳定安全系数均大于规范值，"7·20"特大暴雨情况下，桩号Ⅳ105＋000 渠段渠坡高地下水位工况以及桩号Ⅳ104＋292、Ⅳ104＋800 渠段渠道水位骤降工况下，衬砌板抗浮稳定不满足要求。该渠段正进行水下衬砌板拆除与更换以及水下不分散混凝土换填，开展衬砌板的修复工作，并在渠坡设置排水井进行地下水抽排，能有效降低地下水位，保障渠道输水运行安全。

综上，"7·20"特大暴雨情况下，桩号Ⅳ104＋800 断面抗滑稳定安全系数低于规范值，2016 年险情加固采用的排水措施能显著提高渠坡抗滑稳定性。峪河暗渠进出口闸室和翼墙抗滑稳定、基底应力及不均匀系数均满足规范要求。韭山段桩号Ⅳ103＋730～Ⅳ105＋500 渠道、峪河暗渠工程结构安全等级评定为 B 级；其余渠道结构安全等级评定为 A 级。

8.5.3 抗震安全评价结论

建筑物抗震安全评价结论需要明确工程的抗震设防烈度是否符合规范要求；建筑物的抗震稳定性与结构强度是否满足规范要求；建筑物地基是否存在地震液化可能性；连接建筑物抗震稳定性是否满足规范要求；工程抗震措施及防震减灾应急预案是否符合要求。

建筑物抗震安全性评价分为 3 个等级：①满足标准要求，抗震措施有效，评定为 A 级；②满足标准要求，抗震措施存在缺陷，尚不影响总体安全，评定为 B 级；③不满足标准要求，抗震措施缺少或不合适，影响工程抗震安全，评定为 C 级。

根据上述内容，前述工程实例中结构安全评价结论如下：

（1）辉县管理处渠段纸坊河北—黄水河支流以东地震动峰值加速度为 0.15g，相当于地震基本烈度Ⅶ度；黄水河支流以东—孟坟河地震动峰值加速度为 0.20g，相当于地震基本烈度Ⅷ度，抗震设防烈度符合规范要求。

（2）桩号Ⅳ92＋650～Ⅳ94＋500 渠段为砂土筑堤段，存在地震液化问题，施工期已采用渠坡强夯、渠底换填的综合处理措施进行处理。现阶段各部位渗压计所测水位低于渠内水，现场安全检测显示，渠段高含水率地层主要分布在 5～8m 的深度范围，渠坡饱和区较深，不易出现液化。

（3）所选各计算断面地震工况下渠坡抗滑稳定安全系数均大于规范值 1.2，渠坡抗滑稳定满足要求。

（4）地震工况下，峪河暗渠进出口闸室及翼墙抗滑稳定、基底应力及不均匀系数均满足规范要求，管身段地基承载力满足设计要求。

综上，南水北调中线干线工程辉县段工程抗震设防烈度符合规范要求，渠道及建筑物抗震稳定性满足规范要求，渠道地基液化可能性低，工程抗震安全性评价为 A 级。

第9章
金属结构与机电设备安全评价

9.1 评价目的与重点

9.1.1 金属结构与机电设备

　　南水北调中线干线工程金属结构主要有弧形钢闸门、平面钢闸门、拦污栅及清污机、液压启闭机、固定卷扬式启闭机、螺杆式启闭机、门式启闭机等设备。全线共有各类闸门1395扇（套）（含拦污栅），其中弧形闸门402扇（套）、平面闸门979扇（套）、拦污栅14套；各类启闭设备1142台（套），其中液压启闭机474台（套）、固定卷扬式启闭机250台（套）、螺杆式启闭机97台（套）、台车式启闭机49台（套）、电动葫芦启闭机270台（套）、坝顶门机2台（套）。

　　金属结构与机电设备常见问题统计如下：

　　（1）金属结构的腐蚀。金属结构的腐蚀是十分普遍的一种现象，主要有化学腐蚀和生物腐蚀两种。由于制造金属结构及设备的材料——钢铁并非纯净体，或多或少含有其他导电物质，两者的电位不同，且金属结构工作在水中和阴暗潮湿等环境中，形成化学腐蚀的条件，引起金属结构的腐蚀。由于水工金属结构的工作环境，在发生化学腐蚀的同时还伴随着生物腐蚀，必然加大了金属结构的腐蚀。无论哪种腐蚀都将导致金属结构构件的截面面积减少，结构强度、刚度、稳定性降低，承载力下降。

　　（2）金属结构的变形。金属结构工作时，各构件均承受着各种荷载，这些荷载或长期、或重复、或间隙作用在各构件上，不论其承受的荷载大小如何。由于制造结构材料的自身特性，随着使用时间的延长和使用次数的增加，各构件必然产生冷作硬化或疲劳，产生变形。同时，在使用过程中有时由于误操作或一些其他原因，使结构的实际荷载超过构件的承载能力，如冲击荷载等，使构件或构件的局部产生变形，也将导致结构强度、刚度、稳定性降低，承载力下降。

　　（3）金属结构的磨损。其磨损的主要原因有：①部分金属结构在使用时需不断运动，有些结构或部件是在高速条件下工作的，如启闭机齿轮、轴瓦等，在长期的运行过程中，必然产生磨损；②部分金属结构，如闸门、钢管等，需在高速水流条件下长期工作，而水中不可避免存在如砂、石等杂物，这类杂物对其结构必然产生冲刷，导致结构磨损；③为防止金属结构的腐蚀，需对金属结构进行防腐处理，在金属结构中常常采用油漆和喷涂金属进行防腐，这些防腐措施均有一定的使用年限，当达到使用年限时又需重新进行防腐处理，而在进行防腐处理之前，需对各构件进行除锈处理，在不断地防腐及除锈过程中各构件必然产生磨损，导致结构强度、刚度、稳定性降低，承载力下降。

（4）金属结构焊接质量存在缺陷，不能满足要求。由于受焊接技术和工艺水平的限制，对金属结构的焊接工艺和质量把关不严，造成焊缝存在尺寸未达到设计尺寸、咬边、焊瘤、裂纹等质量缺陷。同时在使用时，焊缝也将发生腐蚀、开裂等现象，造成金属结构的焊接质量或焊接强度不满足设计要求，给工程带来安全隐患。

（5）部分金属结构的活动部件锈死。如闸门的行走轮、导向轮等部件，经多年的运行后，部分部件被锈死或不灵活，影响结构的安全运行。

（6）供电设施存在安全隐患，无备用电源。一些中小型水库地处僻远，供电设施电源单一、稳定性较差，存在安全隐患；另外，大量的小型水库甚至少数中型水库未配置备用电源。

9.1.2 金属结构与机电设备安全评价方法

金属结构与机电设备安全评价方法主要有现场检查与检测、运行表现、计算分析等方法。评价金属结构及电气是否安全，应首先结合运行表现，检查其是否存在直观上的险情，然后结合检测结果和复核计算值是否超过或小于有关规程、规范、设计、试验等规定的容许值来综合评判其安全性。

1. 现场检查

现场检查是最直观有效的方法。通过现场检查或观测闸门、启闭机等金属结构的气蚀、腐蚀、磨损、变形、位移、转动，接缝止水、启闭设备、安全供电、埋件与支撑体系，以及整体工作等情况，判断并评价其安全性。现场检查一般不能发现所有问题与隐患的严重程度，还需要配合现场检测与必要的计算分析才能对金属结构的安全状况作出全面的评价。

2. 现场检测

现场检测是根据检测结果对金属结构安全性进行分析评价的重要手段和方法，既可以直接发现问题（如钢板厚度、承重构件的挠度、行走支撑的变形、闸门槽的扭曲变形、压力钢管的裂缝、镇支墩的变形、伸缩节的变形等是否满足要求），也可为计算分析提供有关参数和对象（如薄弱部位）。现场检测需要充分收集金属结构的基本资料，并结合金属结构的运行表现及现实现状进行开展。需要注意的是，金属结构安全检测应委托具备相应检测资质的专业单位进行。

当同一规格的闸门和启闭机数量较多时，抽检项目应根据同类型闸门孔数和同类型启闭机台数，按比例抽样检测，选样时应考虑闸门和启闭机运行状况及布置位置等因素，闸门（启闭机）抽样检测比例见表9.1-1。当所检测的水库闸门均存在严重腐蚀、无法正常开启或尺寸不符合设计要求等问题时，应对全部闸门进行检测。

钢闸门（含拦污栅）与启闭机检测应遵照《水工钢闸门及启闭机安全检测技术规程》（SL 101）规定进行，主要检测项目包括：巡视检查、外观检测、启闭机性能状态检测、腐蚀检测、材料检测、焊缝无损探伤、应力检测、闸门振动检测、闸门启闭力检测、启闭机考核、特殊项目检测。其

表 9.1-1　　　闸门（启闭机）抽样检测比例

闸门（启闭机）数量/台	抽样比例/%
100 以上	10
100～51	10～15
50～31	15～20
30～11	20～30
10～1	30～100

中，巡视检查、闸门外观检测、启闭机性能状态检测等 3 项为必检项目，应逐孔进行检测；其他 6 项为抽检项目。

（1）巡视检查。巡视检查主要检查与闸门和启闭机相关的水力学条件，建筑物是否有异常迹象，附属设施是否完善、有效，并判断对闸门和启闭机的影响。这里的巡视检查相比于现场检查的深度要更深一些。巡视检查的主要内容包括闸门泄水时的水流流态，闸门关闭时的漏水状况，闸门淤积状况，门槽及附近区域混凝土的空蚀、冲刷、淘空等，闸墩、胸墙、牛腿等部位的裂缝、剥蚀、老化等，通气孔坍塌、堵塞或排气不畅等，启闭机室的裂缝、漏水、漏雨等，寒冷地区闸门防冻设施的运行状况。

（2）外观检测。外观与运行状况检测是金属结构现场检测中必须检测的项目，是工程管理的经常性工作，以目测为主，配合必要的量具。对金属结构构件的变形、裂缝、断裂、损伤，以及焊缝及其热影响区表面的裂缝等危险缺陷进行检测，对各零件或部件实际运用情况进行检查，从而判断其是否存在安全隐患，能否满足设备的正常使用。

（3）启闭机性能状态检测。主要检测启闭机的运行噪声，制动器的制动性能，电动机的电流、电压、温升、转速，滑轮组的转动灵活性等。移动式启闭机需要检测车轮啃轨和转动灵活性，缓冲器、风速仪、夹轨器、锚定装置的运行可靠性等。双吊点启闭机需要检测同步偏差、荷载控制装置、行程控制装置、开度指示装置的精度及运行可靠性等。

（4）腐蚀检测。腐蚀检测主要是了解金属结构腐蚀部位、程度及其分布状况，根据检测结果计算构件的平均蚀余厚度、平均腐蚀速率、最大腐蚀深度、最大腐蚀速率以及严重腐蚀面积占闸门和启闭机或构件表面积的百分比。腐蚀检测应遵循的原则是施测截面应位于构件的腐蚀严重的部位，且单个杆件的检测截面应不少于 2 个，每个截面的测点均应不少于 2 个点，每块节点板的测点应不少于 2 个点；闸门面板应根据腐蚀状况划分为若干个测量单元，每个测量单元的测点应不少于 5 个点。

（5）材料检测。当金属结构具有材料出厂质量证明书和工程验收等文件，足以证明材料牌号和性能符合设计图样要求时，可不再进行材料检测，否则应对金属结构的材质进行必要的检测。当主要材料牌号不清或对主要材料牌号有疑问时，应进行材料牌号鉴别检测以及机械性能试验与金相试验。对工作在冰冻地区的金属结构还应做低温冲击试验，以鉴定材料脆化程度。

（6）焊缝无损探伤。对金属结构的焊缝外观和内部质量进行检测，外观检测时，可采用渗透或碳粉探伤方法进行表面或近表面裂缝检查。一类、二类受力焊缝的内部缺陷应进

行射线探伤或超声波探伤检测。焊缝内部缺陷探伤数量应按下列原则确定，一类焊缝，超声波探伤应不少于 20%，射线探伤应不少于 10%；二类焊缝，超声波探伤应不少于 10%，射线探伤应不少于 5%。当发现裂纹时，应根据具体情况在裂纹的延伸方向增加探伤长度直至焊缝全长。受力复杂且易于产生疲劳裂纹的零部件，应采用渗透或磁粉探伤方法进行表面裂缝检查，发现裂纹时，应进行射线或超声波探伤。如结构使用年限较短，检测比例可酌减。

（7）应力检测。应力检测前，应根据材料特性、结构特点、荷载条件等，对闸门和启闭机主要结构进行应力计算分析，了解结构应力分布状况，确定测点位置和数量。测点应具有代表性，高应力区域和复杂应力区域均应布置足够数量的测点。检测宜在设计工况下进行。如无法实现，则应充分利用现场条件，尽可能使检测工况接近设计工况。结构静应力检测的重点为闸门的主梁、次梁、支臂、面板及启闭机的门架结构、桥架结构、支承梁柱等主要受力构件；检测结果应与计算结果进行分析比较，必要时应根据检测工况的应力值推算设计工况和校核工况的应力值。运动状态结构应力检测的重点为闸门启闭过程中容易产生附加应力的主要受力构件；检测时宜尽可能使检测工况接近设计工况，检测荷载不分级；测点数据应连续采集，以得到完整的应变应力过程线；闸门开度宜结合实际情况尽可能达到最大。

（8）闸门振动检测。闸门振动检测内容应包括振动量检测（包括位移、速度、加速度、动应力）以及自振特性检测（包括自振频率、阻尼比、振型等）。振动检测的测点应布置在振动响应较大的位置，测振传感器的测振方向应与结构的振动方向一致。振型检测的测点布置应根据结构型式确定。对实测数据进行必要的预处理后，应进行时间域和频率域分析处理。

（9）闸门启闭力检测。当闸门及启闭机处于正常工作状况下，通过仪器测定闸门在实际挡水水头下的启门力、持住力、闭门力及启闭力过程线，并确定在此情况下闸门的最大启门力、最大持住力、最大闭门力。闸门启闭力检测应重复进行 3 次，当各次检测数据相差较大时，应找出原因，重新进行检测。

（10）启闭机考核。启闭机考核试验的对象为移动式启闭机。固定卷扬式启闭机、液压启闭机、螺杆启闭机等其他类型启闭机一般不进行启闭机考核试验。移动式启闭机的考核试验荷载不得大于《水利水电工程启闭机制造安装及验收规范》（SL 381）或设计文件（图样）规定的静载试验荷载值或动载试验荷载值。移动式启闭机考核试验的荷载宜采用专用配重试块。静载试验荷载宜分为 50%、75%、90%、100%、110%、125% 额定荷载共六级，动载试验荷载宜分为 50%、75%、90%、100%、110% 额定荷载共五级，试验时逐级增加荷载。静载试验时，荷载离开地面 100~200mm，保持时间不少于 10min，测量门架或桥架挠度；然后卸去荷载，测量门架或桥架的变形；试验宜重复三次，必要时进行机架结构应力检测；静载试验结束后，各部件和金属结构不应有裂纹、永久变形、连接松动或损坏、油漆剥落等现象出现。动载试验时，启闭机在全扬程范围内进行重复的起升、下降、停车等动作，延续时间不少于 1h。试验过程中对各机构的性能状态进行检查。要求各机构工作平稳可靠、动作灵敏，安全保护装置动作正确、可靠。试验结束后，要求零部件、结构件无损坏，连接处无松动或损坏。行走试验的最大荷载为 1.10 倍的设计行走载荷。试验时，应检查门架或桥架的摆动情况，制动装置是否可靠，车轮与轨道的配合是否正常，有无啃轨现象。

3. 计算分析

金属结构及电气安全评价应根据现场检查与检测、运行表现及计算分析等的结果综合评定。由于现场检查与检测主要是对现状下金属结构安全进行评价的手段，往往与设计和校核工况运用条件还有一定差别，因此，根据现状条件，结合现场检查与检测情况，通过计算分析，既可以对金属结构现场检查和检测中发现的一些问题（如变形、裂缝）进行验证和原因分析，也可以复核并评价金属结构在设计和校核工况下的安全性。当然，应充分重视和紧密结合金属结构的现实性状与运行表现，避免评价工作变成纯设计复核或计算。

9.1.3 评价目的与重点

金属结构与机电设备安全评价的目的是复核金属结构（闸门、拦污栅及清污机、启闭设备）、水力机械、电气设备及供电系统等影响工程安全和运行的金属结构与机电设备，在现状下能否按设计和规范要求安全与可靠运行。

应在工程安全检查基础上，综合安全检测及复核计算成果对金属结构与机电设备安全进行评价。制造与安装过程中的质量缺陷、安全检测揭示的薄弱部位与构件、运行中出现的异常与事故，应作为评价的重点。

金属结构与机电设备安全计算分析的有关荷载、计算参数，应根据最新复核成果，监测、试验及安全检测结果确定。

9.2 金属结构与机电设备安全评价

9.2.1 金属结构安全评价

9.2.1.1 金属结构安全评价主要内容

南水北调中线干线工程金属结构主要有弧形钢闸门、平面钢闸门、拦污栅及清污机、液压启闭机、固定卷扬式启闭机、螺杆式启闭机、门式启闭机等设备，安全评价主要对这些设备，复核闸门、拦污栅及清污机、启闭设备等金属结构现状能否满足安全运行，以及复核应急闸门的启闭机供电可靠性。

根据工程安全检查与检测的结果，复核金属结构布置、闸门、拦污栅及清污机、启闭设备选型、结构设计（包括结构布置与结构计算）、埋件设计、启闭力（持住力）计算等是否符合《水利水电工程钢闸门设计规范》（SL 74）、《水利水电工程启闭机设计规范》（SL 41）要求；复核闸门、拦污栅的现状质量是否符合设计要求及《水利水电工程钢闸门制造、安装及验收规范》（GB/T 14173）的相关规定，启闭设备的现状质量是否符合设计要求及《水利水电工程启闭机制造安装及验收规范》（SL 381）的相关规定；涂层的现状质量是否符合设计要求及《水工金属结构防腐蚀规范》（SL 105）的要求；以及闸门及启闭设施是否满足输水调度运行需要。

复核计算时，主要受力构件的厚度及断面尺寸应采用实测尺寸，计算方法应符合《水利水电工程钢闸门设计规范》（SL 74）、《水利水电工程启闭机设计规范》（SL 41）的要求，容许应力还应乘以时间系数。时间系数按《水工钢闸门和启闭机安全检测技术规程》（SL 101）执行。

对于工作闸门与检修闸门只要复核闸门的启门力与闭门力。对事故闸门来说，一般为动水闭门、静水启门，启门力小于持住力，因此还要复核持住力。

闸门、拦污栅进行强度、刚度及稳定性复核时应扣除被腐蚀掉的钢板厚度，采用蚀余厚度与有效尺寸进行计算，才能反映出真实情况。

金属材料由于随着使用时间的增加，性能衰退，容许应力有所降低，故要乘以时间系数。

闸门计算强度、刚度计算一般均有富余，而且面板有腐蚀裕度。只要蚀余厚度够，强度、刚度、稳定性就没有问题，因此不把腐蚀程度列入安全的评定条件内。

根据《水工钢闸门和启闭机安全检测技术规程》（SL 101），闸门与启闭机的安全等级可分为安全、基本安全和不安全三个等级：

（1）安全。闸门与启闭机巡视检查各项内容均符合要求；闸门外观检测、启闭机现状检测的各项内容均符合要求；腐蚀程度为 A 级（轻微腐蚀）或 B 级（一般腐蚀）；一类、二类焊缝符合规范要求，无超标缺陷；设计工况的最大实测应力值和最大计算应力值均小于容许应力值；闸门运行平稳，启闭无卡阻，无明显振动现象；设计工况的最大启闭力小于启闭机的额定容量。

（2）基本安全。闸门与启闭机巡视检查各项内容均符合要求；闸门外观检测、启闭机现状检测的各项内容均符合要求；腐蚀程度为 C 级（较重腐蚀）；一类、二类焊缝存在超标缺陷，但无裂纹等严重危害性超标缺陷；设计工况的最大实测应力值和最大计算应力值超过容许应力值，但不超过容许应力值的 105%；闸门运行中有明显振动，但尚不影响闸门安全运行；设计工况的最大启闭力超过启闭机的额定容量，但不超过启闭机额定容量的 105%。

（3）不安全。即不符合"安全"和"基本安全"的等级条件。

金属结构安全评价应根据安全检查与检测的结果、复核计算分析成果、运行性态等进行，可参照《水工钢闸门和启闭机安全检测技术规程》（SL 101）进行，安全等级可分为安全、基本安全和不安全三个等级。

（1）被评定为"安全"的金属结构应符合下列全部条件：①安全检查各项内容均符合要求；②现状检测的各项内容均符合要求；③一类、二类焊缝符合规范要求，无超标缺陷；④设计工况最大实测应力值和最大计算应力值均小于容许应力乘以时间系数之值；⑤计算最大启闭力（包括持住力）小于启闭机的额定容量；⑥闸门运行平稳，启闭无卡阻，无明显振动现象；⑦其他应急闸门的启闭机配有备用电源，并处于备用状态。

（2）不满足上述任一条件但符合下列全部条件的金属结构评定为"基本安全"：①安全检查各项内容基本符合要求；②现状检测的各项内容基本符合要求；③一类、二类焊缝存在超标缺陷，但无裂纹、无大的变形等严重危害性超标缺陷；④设计工况的最大实测应力值或最大计算应力值超过容许应力乘以时间系数之值，但超过量小于 5%；⑤闸门运行中有明显振动，但尚不影响闸门安全运行；⑥计算最大启闭力（包括持住力）超过启闭机的额定容量，但小于启闭机的额定容量的 105％；⑦其他应急闸门的启闭机配置的备用电源存在缺陷，但短时可以恢复正常工作。

（3）不符合"安全"和"基本安全"等级条件的金属结构评定为"不安全"。

9.2.1.2 工程实例

以河南分公司辉县管理处辖区峪河暗渠节制闸 1 号弧形闸门为例，开展金属结构安全评价。

1. 闸门

1 号弧形闸门巡视检查内容和结果见表 9.2－1。

表 9.2－1　　　　　　　　　1 号弧形闸门巡视检查内容和结果

检测项目	闸门巡视检查		闸 孔 号	1 号
设备类型规格	弧形闸门［7m×7.8m（宽×高）］			
序号	检 测 内 容		检 测 情 况	评 定
1	观察闸门运行情况，有无抖动爬行、明显偏斜、异常卡阻、异常响声、无法正常闭门等现象		未见异常	符合
2	泄水时，闸门所在水道前后的水流流态，观察进水口、闸门后等部位的水流状态		未见异常	符合
3	观察闸门关闭时的漏水状况		不具备观测条件	
4	闸墩、牛腿等部位裂缝、剥蚀、老化、不均匀沉降、异常凸起等		右侧牛腿附近混凝土表层脱落（图 9.2－1）	建议定期观察缺陷的发展情况
5	观察闸门附近区域有无空蚀、冲刷、淘空等异常现象		未见异常	符合
6	闸墩及底板伸缩缝的开合错动，对闸门和启闭机的影响		无影响	符合
7	观察闸门锁定装置有无损毁、缺失、失效等现象		未见异常	符合

1 号弧形闸门外观检测内容和结果见表 9.2－2。

表 9.2－2　　　　　　　　　1 号弧形闸门外观检测内容和结果

检测项目	闸门外观检测		闸 孔 号	1 号
设备类型规格	弧形闸门［7m×7.8m（宽×高）］			
序号	检 测 内 容		检 测 情 况	评 定
1	闸门门体	闸门体明显变形、扭曲	未见异常	符合
		主梁/支臂/边梁/纵梁/小横梁等主要构件	右侧支臂与支铰链接螺栓锈蚀（图 9.2－2）	建议除锈防腐
		闸门面板的局部不平度	未见异常	符合
		吊耳损伤	未见异常	符合
		焊缝及其热影响区表面裂纹、严重外观缺陷	未见异常	符合
2	闸门止水	柔性止水磨损、老化、龟裂、破损	未见异常	符合
		止水垫板、压板、挡板腐蚀及缺件	未见异常	符合
		螺栓腐蚀及缺件	未见异常	符合

续表

检测项目	闸门外观检测		闸 孔 号	1 号
设备类型规格	弧形闸门 [7m×7.8m（宽×高）]			
序号	检 测 内 容		检 测 情 况	评 定
3	支承行走装置	主轮/滑道/侧向支承/反向支承腐蚀、转动、润滑、缺件	未见异常	符合
	弧形闸门支铰	支铰转动及润滑状况，支铰的变形、损伤及腐蚀状况	未见异常	符合
4	闸门附属设施	闸门锁定装置和其他附属设施腐蚀、破损、操作可靠性	操作可靠	符合
5	闸门滑道外观	滑道附件混凝土对闸门运行影响	无影响	符合

图 9.2-1 右侧牛腿混凝土表层脱落

图 9.2-2 右侧支臂与支铰连接螺栓锈蚀

2. 启闭机

1 号液压启闭机巡视检查内容和结果见表 9.2-3。

表 9.2-3　　　　　1 号液压启闭机巡视检查内容和结果

检测项目	启闭机巡视检查		闸 孔 号	1 号
设备类型规格	液压启闭机（2×320kN）			
序号	检 测 内 容		检 测 情 况	评 定
1	观察启闭机运行情况，有无运行不稳、异常声响、异常停机现象		未见异常	符合
2	启闭机室有无裂缝、漏水、门窗破损、通道狭窄、照明缺陷、漏雨等异常现象		未见异常	符合

检测项目	启闭机巡视检查	闸 孔 号	1 号
设备类型规格	液压启闭机（2×320kN）		

序号	检 测 内 容	检 测 情 况	评 定
3	启闭机控制系统有无功能缺失、运行不稳定、部件损坏、设备老化等异常现象	未见异常	符合
4	机房是否按要求安装避雷设施	按要求安装	符合
5	是否配备备用电源，备用电源是否有启动时间不满足、容量不够、设备老化、部件缺失、不能工作等现象	未见异常	符合
6	控制保护是否完整	控制保护完整	符合
7	电气控制及保护系统设备及备用电源是否能正常工作	未见异常	符合

 1 号液压启闭机现状检测内容和结果见表 9.2-4，右侧液压启闭机油缸下侧保护线路保护套断裂如图 9.2-3 所示。1 号液压启闭机电气设备和保护装置现状检测内容和结果见表 9.2-5。

表 9.2-4 **1 号液压启闭机现状检测内容和结果**

检测项目	启闭机现状检测		闸 孔 号	1 号
设备类型规格	液压启闭机（2×320kN）			

序号	检 测 内 容		检 测 情 况	评 定
1	机架检测	损伤、变形、焊缝表面缺陷、腐蚀状况及机架与基础的固定状况	未见异常	符合
2	液压缸检测	表面缺陷、损伤、变形腐蚀等状况	未见异常	符合
3	活塞杆	表面缺陷、损伤、变形腐蚀等状况	可见部分，未见异常	符合
4	液压系统	阀件和管路漏油现象，仪表灵敏度，显示准确度	未见异常	符合
5	液压缸泄漏现象	外部泄漏情况	未见异常	符合
		因液压缸内部泄漏引起的 24h 内闸门沉降量（技术要求≤100mm）	24h 内闸门沉降量 8mm	符合
6	其他	右侧液压启闭机油缸下侧保护线路保护套断裂（图 9.2-3）		建议检修

表 9.2-5 **1 号液压启闭机电气设备和保护装置现状检测内容和结果**

检测项目	电气设备和保护装置现状检测		闸 孔 号	1 号
设备类型规格	液压启闭机（2×320kN）			

序号	检 测 内 容	技 术 要 求	检 测 情 况	评定
1	启闭机的现地控制设备或集中监控设备	现地控制设备应或集中监控设备完整，运行正常	未见异常	符合
2	电气设备和供配电线路的绝缘及接地系统	对地绝缘电阻≥0.5MΩ，接地阻抗≤1Ω	1 号电动机对地绝缘电阻平均值∞，2 号电动机∞，接地阻抗 0.5Ω	符合

检测项目	电气设备和保护装置 现状检测	闸 孔 号	1 号
设备类型规格	液压启闭机（2×320kN）		

序号	检 测 内 容	技 术 要 求	检 测 情 况	评定
3	电缆线路状况	敷设应标识清晰、走线整齐、强弱电走线分离	未见异常	符合
		线路无老化现象	未见异常	符合
4	启闭机设备完整性检测	荷载限制装置完整且运行正常	未见异常	符合
		行程控制装置完整且运行正常	未见异常	符合
		开度指示装置完整且运行正常	未见异常	符合
		仪表显示装置完整且运行正常	未见异常	符合

启闭机室设有操作规章制度与流程，启闭机室责任人明确，消防设施齐备。

3．综合评价

闸门和启闭机安全评价所涉及的设备为峪河暗渠进口节制闸的 1 号弧形闸门与 1 号液压启闭机。依据《水工钢闸门和启闭机安全检测技术规程》（SL 101）规定的检测内容进行检测，检测结果如下：

（1）闸门和启闭机巡视检查各项内容均符合要求。

（2）闸门外观检测、启闭机现状检测各项检测内容均符合要求。

依据《水工钢闸门和启闭机安全检测技术规程》（SL 101）规定，1 号弧形闸门（7m×7.8m）与启闭机安全评价等级为"安全"。

9.2.2 水力机械安全评价

图 9.2 - 3　右侧液压启闭机油缸下侧保护线路保护套断裂

南水北调中线工程水力机械中的主机有水轮机、水泵。水轮机为灯泡贯流式水轮机，水泵为卧轴单极双吸离心式水泵，附属设备有调速器、水泵出口液控蝶阀，辅助设备主要有桥式起重机、油气水系统等。水力机械安全评价主要评价水力机械现状能否满足工程安全运行。

水力机械安全评价对象为水轮机、调速器或水泵及出口阀门、桥式起重机、油气水等辅助系统设备，目的是复核水轮机、调速器或水泵及出口阀门、桥式起重机、油气水等系统水力机械现状能否满足安全运行。

根据安全检查与检测的结果，复核水力机械设备布置、设备选型、水力过渡过程、桥式起重机、油气水等辅助系统设计是否符合《水利水电工程机电设计技术规范》（SL 511）要求，水轮机现状质量是否符合《水轮机基本技术条件》（GB/T 15468）要求，调速器现状质量是否符合《水轮机调速系统技术条件》（GB/T 9652.1）要求，水泵现状质量是否符合《离心泵技术条件（Ⅱ类）》（GB/T 5656）、《泵站设备安装及验收规范》（SL 317）要求，桥式起重机状质量是否符合《水电站桥式起重机》（SL 673）要求，以及自动控制系统是否满足输水调度运行需要。

（1）水轮机或水泵安全评价应包括以下内容：

1）根据安全检查的情况与检测的数据，复核分析水轮机或水泵的主要参数及运行工况是否满足设计要求；复核水轮机或水泵安装高程、空蚀余量、飞逸转速能否满足要求；复核水泵突然事故失电时最大飞逸转速是否超过厂家保证值。

2）根据安全检查的情况与检测的数据，分析水轮机或水泵轴承温度、振动、摆度值、压力脉动、空蚀量等数据，涉及安全的部件是否存在裂纹、变形、漏水、漏油、锈蚀、磨蚀等缺陷，在导水叶开启或关闭过程中导水机构是否存在卡涩或其他异常状况。评价水轮机或水泵运行稳定性，是否存在安全隐患。

（2）水轮机控制系统安全评价应包括以下内容：

1）根据安全检查情况，分析控制系统的性能是否符合规范要求及满足机组控制要求。根据甩负荷试验结果，评价最大转速上升率与压力上升率是否符合规范或设计要求。

2）根据安全检查的情况与检测的数据，分析调速器是否存在漏油、锈蚀、磨蚀，调速轴、接力器及推拉杆有无裂纹变形等缺陷；调速系统分段关闭装置、过速限制器、过速保护装置运行状态是否正常；安全阀、低压报警与紧急停机动作是否正常，油泵启动是否正常，评价调速系统是否存在安全隐患。

（3）液控蝶阀安全评价应包括以下内容：

1）根据安全检查情况，复核液控蝶阀关阀规律及断流时间是否满足控制水泵反转转速和水锤防护的要求。

2）根据安全检查的情况与检测的数据，分析阀门是否存在漏油、锈蚀、磨蚀、裂纹、变形等缺陷；锁定装置动作是否正常，油泵启动是否正常，评价液控蝶阀完好程度，是否存在安全隐患。

（4）辅助设备安全评价应包括以下内容：

1）分析油、气、水系统图，评价系统的可靠性，是否符合《水力发电厂水力机械辅助设备系统设计技术规定》（NB/T 35035）的要求，是否存在安全隐患。

2）根据安全检查的情况与检测的数据，分析油、气、水系统的设备与管路的锈蚀、磨蚀、渗漏情况，评价油、气、水系统完好程度，是否存在安全隐患。

3）起重设备、压力容器等属特种设备，应定期由国家相关部门进行安全检测，检测工作是否执行到位。

4）水力量测系统配置是否满足机组安全监测与自动控制需要。

（5）水力机械安全评价应根据安全检查与检测的结果、复核计算分析成果、运行性态等进行，安全等级可分为安全、基本安全和不安全三个等级。

1）被评定为"安全"的水力机械应符合下列全部条件：①安全检查与检测的各项内容均符合要求；②焊接件、铸件及锻件经检查，未发现表面或内部有裂纹超标的缺陷；③水轮机、水泵、调速器、液控蝶阀等主要设备运行指标符合设计与规范要求，转轮及流道磨蚀未超标，设备与管路外观基本完好，无明显的漏水、漏油、甩油现象，机组振动、摆度、噪声符合标准，稳定性良好；各部承轴温度、油质等符合运行规程规定的标准；④调速器关机时间满足机组甩负荷时转速上升率与压力上升率符合设计与规范要求；⑤液控蝶阀关闭满足控制水泵反转转速和水锤防护的要求；⑥起重设备、压力容器、消防设施定期检测合格；油、气、水辅助设备无安全隐患。

2）不满足安全准则中的任一条件但符合下列全部条件的水力机械评定为"基本安全"：①安全检查与检测的各项内容基本符合要求；②焊接件、铸件及锻件存在超标缺陷，但无裂纹、无大的变形等严重危害性超标缺陷；③水轮机、水泵、调速器、液控蝶阀等主要设备运行指标基本符合设计与规范要求，转轮及流道磨蚀存在少量超标，设备与管路外观基本完好，存少量漏水、漏油现象，机组振动、摆度、噪声超标但超过量小于5%；各部承轴温度、油质等符合运行规程规定；④调速器关机时间满足机组甩负荷时转速上升率与压力上升率符合设计；⑤液控蝶阀关闭满足控制水泵反转转速和水锤防护的要求；⑥起重设备、压力容器、消防设施定期检测合格；油、气、水辅助设备基本无安全隐患。

3）不符合"安全"和"基本安全"等级条件的水力机械评定为"不安全"。

9.2.3 电气设备安全评价

电气设备安全评价对象为接入系统、电气主接线、发电机或电动机以及变压器等电气一次设备，计算机监控及微机保护等电气二次设备，目的是复核电气一次设备、电气二次设备现状能否满足安全运行。

根据安全检查与检测的结果，复核接入系统、电气主接线、发电机或电动机、主变压器、高压配电设备、厂（站、闸）供电、过电压保护及接地、照明、电缆等电气一次设计，以及计算机监控系统、继电保护、励磁系统、直流电源、火灾报警等电气二次设计是否符合《水利水电工程机电设计技术规范》（SL 511）、《小型水力发电站自动化设计规范》（SL 229）要求。发电机现状质量是否符合《水轮发电机基本技术条件》（GB 7894）要求，变压器现状质量是否符合《油浸式电力变压器技术参数和要求》（GB/T 6451）要求，高压配电设备现状质量是否符合《高压交流开关设备和控制设备标准的共用技术要求》（GB/T 11022）要求，计算机监控系统现状质量是否符合《水北调中线一期工程总干渠初步设计计算机监控系统设计技术规定》（NSBD－ZGJ－1－14）要求，继电保护现状质量是否符合《继电保护和安全自动装置技术规程》（GB 14285）要求，电气试验是否符合《电气装置安装工程电气设备交接试验标准》（GB 50150）要求，以及是否满足输水调度运行需要。

（1）电气一次设备安全评价应包括如下内容：

1）评价水电站或泵站接入系统与电气主接线是否合理。

2）根据安全检查的情况与检测的数据，分析发电机或电动机的主要参数是否合理；评价现有电动机配套系数能否满足规范要求；评价电机启动时母线电压降是否满足规范要求。

3）复核现有电气设备的分断能力和动、热稳定性是否满足规范要求。

4）复核主变压器容量与主要参数，评价现状设备是否满足运行要求。

5）复核厂（站、闸）用电系统工作电源、备用电源和保安电源的容量，检查柴油发电机组定期启动记录，评价厂（站）用电电源数量与容量是否满足规范要求。

6）评价过电压保护及接地是否满足规范要求，室外配电装置、架空进线、母线桥、露天油罐等重要设施均应装设防直击雷保护装置，现场检测的接地电阻值是否符合设计要求。

7）根据安全检查的情况与检测的数据，检查发电机或电动机、变压器、高压开关（真空断路器、SF_6 断路器、SF_6 封闭式组合电器、隔离开关、负荷开关及高压熔断器等）、厂（站）用电设备、电缆及照明等是否符合规范要求，是否存在裂纹、变形、漏油、锈蚀等缺陷，分析对设备正常运行的影响程度。评价电气一次设备的运行稳定性，是否存在安全隐患。

（2）电气二次设备安全评价应包括以下内容：

1）复核电（泵、闸）站电气二次设备配置是否合理，中控制室应设置火灾自动报警、视频监视系统以及紧急操作按钮，在紧急情况下可以通过独立于监控系统的硬布线回路直接作用于机组停机、关闭事故闸门的可靠性，必要时可进行模拟试验。

2）根据安全检查与检测资料，评价计算机监控系统、继电保护及系统安全自动装置的配置是否符合规范要求。

3）根据安全检查情况与检测结果，分析励磁系统的配置是否符合规定要求及满足机组控制要求。励磁装置的稳定性与调节品质是否满足系统对电压调节的要求。

4）评价电（泵）站控制电源的可靠性，蓄电池组放电持续时间是否满足规范要求。

5）检查电（泵）站监控系统、励磁系统、调速系统、保护系统、故障录波装置等设备的时钟对时功能，核实上述设备的录波实时记录存储功能及断电存储功能。

6）评价电（泵）站通信是否满足生产管理与调度需要。

7）评价工业电视系统，监视点布置是否合理，清晰度、稳定性能否满足生产运行、消防监控及必要的安全警卫等方面的需要。

（3）电气设备安全评价应根据安全检查与检测的结果、复核计算分析成果、运行性态等进行，安全等级可分为安全、基本安全和不安全三个等级。

1）被评定为"安全"的电气设备应符合下列全部条件：①安全检查与检测的各项内容均符合要求；②电气设备设计符合规范要求，发电机或电动机、变压器、高低压配电开关等设备参数合理，分断能力和动、热稳定性满足规范要求。电机启动时母线电压降满足规范要求，厂（站）用电电源数量与容量满足工程运行与规范要求；③设备未发现表面或内部有裂纹超标的缺陷，发电机或电动机及励磁设备、主变压器等主要设备运行指标符合设计与规范要求；无明显的漏油、甩油现象，温升、振动、摆度、噪声符合标准；电气试验符合《电气装置安装工程电气设备交接试验标准》（GB 50150）要求；变压器及其他带电设备安全距离、防护设施满足规范要求，警示标志明显；④过电压保护、避雷设施及照明配置齐全，定期试验合格，实测接地电阻满足设计要求；电缆敷设与防火封堵措施符合规范要求，电缆无受损、过热现象；⑤各种信号装置、仪表指示正确，计算机监控系统、继电保护运行稳定，没有发生过拒动、误动操作，满足工程运行需要；⑥直流电源、工业电视系统，火灾自动报警系统、通信设备现状质量合格，满足生产管理与调度需要。

2）不满足上述任一条件但符合下列全部条件的电气设备评定为"基本安全"：①安全检查与检测的各项内容基本符合要求；②电气设备设计基本符合规范要求，发电机或电动机、变压器、高低压配电开关等设备参数基本合理，分断能力和动、热稳定性满足规范要求；电机启动时母线电压降满足规范要求，厂（站）用电电源数量与容量满足工程运行与规范要求；③电气设备未发现表面或内部有裂纹超标的缺陷，发电机或电动机及励磁设备、主变压器等主要设备运行指标基本符合设计与规范要求；有少量漏油、甩油现象，温升、振动、摆度、噪声未超过标准规定值的 105%；电气试验符合《电气装置安装工程电气设备交接试验标准》（GB 50150）要求；变压器及其他带电设备安全距离、防护设施满足规范要求，警示标志基本明显；④过电压保护、避雷设施及照明配置基本齐全，定期试验合格，实测接地电阻满足设计要求；电缆敷设与防火封堵措施基本符合规范要求；⑤各种信号装置、仪表指示基本正确，计算机监控系统、继电保护运行基本稳定，基本满足工程运行需要；⑥直流电源、工业电视系统，火灾自动报警系统、通信设备现状质量基本合格。

3）不符合"安全"和"基本安全"等级条件的电气设备评定为"不安全"。

9.2.4 供电系统安全评价

供电系统安全评价对象为 35(10)kV 供电系统、中心开关站、专用输电线路、降压变电站等，目的是复核供电系统现状能否满足安全运行。

根据安全检查与检测的结果，复核 35(10)kV 供电系统、中心开关站、专用输电线路、降压变电站等是否符合《35kV～110kV 变电站设计规范》（GB 50059）、《高压开关设备和控制设备标准的共用技术要求》（GB 11022）、《供配电系统设计规范》（GB 50052）及《南水北调中线一期工程总干渠初步设计供电设计技术规定（试行）》（NSBD-ZGJ-1-10）要求，以及是否满足输水调度运行需要。

（1）供电系统安全评价应包括以下内容：

1）运行方式、无功功率平衡（补偿）方案、电压调节措施、中性点非直接接地方式、控制与继电保护方案等是否合理。

2）根据安全检查的情况与检测的数据，分析总干渠的用电负荷的变化情况，评价重要负荷的供电可靠性。

3）按正常运行方式和检修方式分别进行统计，复核各负荷点降压站的供电范围、负荷分级、负荷计算、供电接线方式等的合理性。

4）综合区段内的若干个降压站负荷点的计算负荷后，考虑负荷点的用电设备类型、运行方式、同时率、网络损耗等因素后，确定各区段的计算负荷，复核各中心开关（变电）站的供电区域划分、站址选择、接线方案选择、与相邻中心开关（变电）站的互联方式、接入系统等的合理性。

5）对每个中心开关（变电）站进行区段正常、检修和事故情况下的潮流计算，以复核导线截面和网络损耗。进行区段无功补偿和调压计算，确定补偿装置配置的合理性。

（2）供电系统安全评价应根据安全检查与检测的结果、复核计算分析成果、运行性态等进行，安全等级可分为安全、基本安全和不安全三个等级。

1）被评定为"安全"的供电系统应符合下列全部条件：①安全检查各项内容均符合要求；②现状检测的各项内容均符合要求；③中心开关站电气主接线满足电力系统的要求及送电可靠性，电气设备布置满足正常运行、安装维修、试验、短路和过电压状态的要求；过电压保护与防雷接地满足设计要求；④专用输电线路分段合理，导线截面、型号满足线路输送容量和电压降要求；防雷保护和接地装置满足规范要求；⑤负荷点降压（35/0.4kV、10/0.4kV）变电站接线方式、无功功率补偿方式合理。

2）不满足上述任一条款，但其基本符合设计和规范要求，基本满足工程运行需要，其他条款满足的，供电系统评定为"基本安全"。

3）不符合"安全"和"基本安全"等级条件的供电系统评定为"不安全"。

9.3 金属结构与机电设备安全综合评价

金属结构与机电设备安全复核应作出以下明确结论：

（1）金属结构、水力机械、供电系统和电气设计与设备布置是否合理。

（2）闸门、拦污栅的强度、刚度及稳定性是否满足规范要求，启闭机的容量是否满足闸门运行要求。

（3）水轮机或水泵、调速器、进出水阀门及辅助设备性能指标是否符合设计与规范要求，机组甩负荷或泵组突然断电时转速上升率（水泵反转转速）与水锤压力最大值、最小值是否符合设计与规范要求。

（4）供电系统安全可靠，满足设计的功能要求。

（5）发电机或电动机、变压器、高低压配电开关等设备性能参数是否合理，分断能力和动、热稳定性是否满足规范要求，厂（站）用电电源数量与容量是否满足工程运行与规范要求。计算机监控系统、继电保护运行是否稳定。电气设备安全防护措施是否符合规范要求。

（6）运行与维护状况是否良好，金属结构、水力机械和电气设备现状质量是否符合规范要求，是否存在安全隐患。起重设备、压力容器等特种设备定期检测是否执行到位。

当金属结构、水力机械、电气设备、供电系统的安全等级都被评定为"安全"，可评定为 A 级。

当金属结构、水力机械、电气设备、供电系统的安全等级其中有一个被评定为"基本安全"，且无"不安全"项，可评定为 B 级。

当金属结构、水力机械、电气设备、供电系统的安全等级有一个被评定为"不安全"应评定为 C 级。

第 10 章

安全分类与综合评价

10.1　安全类别与评定标准

　　安全综合评价是在安全年度报告、工程安全检查、安全检测、安全监测资料分析基础上，根据防洪能力、水力安全、渗流安全、结构安全、抗震安全、金属结构与机电设备安全等各项复核评价结果，并参考工程质量与运行管理评价结论，根据安全鉴定分类，对评价对象的安全状况进行综合评价，评定安全类别，并提出维修养护、加固、检修、更新改造和加强管理等建议。

　　不同类别安全评价应按以下原则提出评价结论：①专项安全评价仅需对特殊地段渠道、单体建筑物、特定金属结构、机电设备等评价对象的安全状况进行综合评价和安全分类；②专门安全评价仅需对运行中遭遇强烈地震、极端气温、特大暴雨等突发事件后出现重大险情或安全隐患的特殊地段渠道、单体建筑物、特定金属结构、机电设备等的安全状况进行综合评价和安全分类；③单项安全评价应对三级运行管理单位管理范围内的所有建筑物安全状况分别进行评价，在此基础上提出单项安全综合评价结论，评定单项安全状况类别；④全面安全评价应基于鉴定周期内的各单项、专项、专门安全鉴定成果，对中线工程全线安全状况进行综合评价，评定整个中线工程安全状况类别。

　　对安全状况评价为基本正常和不正常的工程，或安全状况评价为不安全与基本安全的特殊地段渠道、单体建筑物、特定金属结构、机电设备，应提出维修养护、加固、更新改造和加强管理等建议，及时进行处置，确保中线工程输水安全。

　　渠道、建筑物的安全类别分为一类、二类和三类，金属结构与机电设备的安全类别分为 A、B、C 三级。

　　陶岔渠首工程安全分类原则和标准按《水库大坝安全评价导则》（SL 258）执行，具体如下：①一类坝，大坝现状防洪能力满足《防洪标准》（GB 50201）和《水利水电工程等级划分及洪水标准》（SL 252）要求，无明显工程质量缺陷，各项复核计算结果均满足规范要求，安全监测等管理设施完善、维修养护到位、管理规范，能按设计标准正常运行。防洪能力、渗流安全、结构安全、抗震安全、金属结构与机电设备安全等各项复核评价结果均为 A 级，且工程质量合格、运行管理规范，可评为一类坝。②二类坝，大坝现状防洪能力满足《防洪标准》（GB 50201）和《水利水电工程等级划分及洪水标准》（SL 252）要求；大坝整体结构安全、渗流安全、抗震安全、金属结构与机电设备安全满足规范要求，运行性态基本正常，但存在工程质量缺陷，或安全监测等管理设施不完善、维修养护不到位、管理不规范，在一定控制运用条件下才能安全运行。防洪能力、渗流安全、结构安全、抗震安全、金属结构与机电设备安全等各项复核评价结果有一项以上（含一项）为 B 级，或运行中暴露出工程质量缺陷及运行管理不规范的，可评为二类坝。③三类坝，大坝现状防洪能力不满足《防洪标准》（GB 50201）和《水利水电工程等级划分及洪水标准》（SL 252）要求，或者工程存在严重质量缺陷与安全隐患，不能按设计正常运行。防洪能力、渗流安全、结构安全、抗震安全、金属结构与机电设备安全等各项复核评价结果有一项以上（含一项）为 C 级，应评为三类坝。

惠南庄泵站安全分类的原则和标准如下：①一类泵站，渗流安全、结构安全、抗震安全、金属结构与机电设备安全等各项复核评价结果均为 A 级，且工程质量合格、运行管理规范，无影响安全运行的缺陷，能按设计标准正常运行。②二类泵站，渗流安全、结构安全、抗震安全、金属结构与机电设备安全等各项复核评价结果有一项以上（含一项）为 B 级，或运行中出现结构损坏、设备故障或暴露出质量缺陷，但无须停水即可检修和加固处理；或运行管理不规范。③三类泵站，渗流安全、结构安全、抗震安全、金属结构与机电设备安全等各项复核评价结果有一项以上（含一项）为 C 级，或运行中出现严重结构损坏、设备故障或暴露出严重质量缺陷，不能按设计正常运行，需要停水检修和加固处理。

渠道安全分类的原则和标准如下：①一类渠道，防洪能力、水力安全、渗流安全、结构安全、抗震安全等各项复核计算结果均为 A 级，且工程质量合格、运行管理规范，穿跨（越）邻接建筑物不影响其安全运行，局部缺陷经日常维修养护即可按设计标准正常运行。②二类渠道，防洪能力、水力安全、渗流安全、结构安全、抗震安全等各项复核计算结果有一项以上（含一项）为 B 级；或运行中暴露出工程质量缺陷与损毁，但无须停水即可检修和加固处理；或运行管理不规范；或穿跨（越）邻接建筑物影响其安全运行。③三类渠道，防洪能力、水力安全、渗流安全、结构安全、抗震安全等各项复核计算结果有一项以上（含一项）为 C 级，或运行中暴露出严重工程质量缺陷、安全隐患与损毁，需要停水检修和加固处理。

倒虹吸、暗涵（渠）、隧洞、天津干线箱涵与 PCCP 等的安全分类的原则和标准如下：①一类倒虹吸、暗涵（渠）、隧洞、天津干线箱涵与 PCCP，防洪能力、水力安全、渗流安全、结构安全、抗震安全等各项复核计算结果均为 A 级，且工程质量合格、运行管理规范，无影响正常运行的缺陷，按常规维修养护即可按设计标准正常运行。②二类倒虹吸、暗涵（渠）、隧洞、天津干线箱涵与 PCCP，防洪能力、水力安全、渗流安全、结构安全、抗震安全等各项复核计算结果有一项以上（含一项）为 B 级；或运行中暴露出工程质量缺陷与损坏，但无须停水即可检修和加固处理；或运行管理不规范。③三类倒虹吸、暗涵（渠）、隧洞、天津干线箱涵与 PCCP，防洪能力、水力安全、渗流安全、结构安全、抗震安全等各项复核计算结果有一项以上（含一项）为 C 级，或运行中暴露出严重工程质量缺陷、安全隐患与损坏，不能按设计正常运行，需要停水检修和加固处理。

渡槽安全分类的原则和标准如下：①一类渡槽，防洪能力、水力安全、结构安全、抗震安全等各项复核计算结果均为 A 级，且工程质量合格、运行管理规范，无影响正常运行的缺陷，按常规维修养护即可按设计标准正常运行。②二类渡槽，防洪能力、水力安全、结构安全、抗震安全等各项复核计算结果有一项以上（含一项）为 B 级；或运行中暴露出工程质量缺陷与损坏，但无须停水即可检修和加固处理；或运行管理不规范。③三类渡槽，防洪能力、水力安全、结构安全、抗震安全等各项复核计算结果有一项以上（含一项）为 C 级，或运行中暴露出严重工程质量缺陷、安全隐患与损坏，不能按设计正常运行，需要停水检修和加固处理。

节（控）制、分水与退水建筑物安全分类的原则和标准按《水闸安全评价导则》（SL 214）执行，具体如下：①一类建筑物，防洪能力、水力安全、渗流安全、结构安全、抗震安全、金属结构与机电设备安全等各项复核评价结果均为 A 级，且工程质量合格、运行管理规范，无影响安全运行的缺陷，能按设计标准正常运行。②二类建筑物，防洪能力、水力安全、渗流安全、结构安全、抗震安全、金属结构与机电设备安全等各项复核评价结果有一项以上（含一项）为 B 级；或运行中损坏与暴露出质量缺陷，但无须停水即可检修和加固处理；或运行管理不规范。③三类建筑物，防洪能力、水力安全、渗流安全、结构安全、抗震安全、金属结构与机电设备安全等各项复核评价结果有一项以上（含一项）为 C 级，或运行中出现严重损坏与暴露出严重质量缺陷，不能按设计正常运行，需要停水检修和加固处理。

左岸排水倒虹吸、排水渡槽、排水涵洞等左岸排水建筑物安全分类的原则和标准按倒虹吸、渡槽和涵洞的规定执行。

金属结构与机电设备作为单体建筑物的附属设施进行评价时，安全类别分为 A、B、C，对应安全、基本安全、不安全；当对金属结构与机电设备进行专项和专门安全评价时，其安全类别分为安全、基本安全和不安全。

10.2 专项与专门安全鉴定

10.2.1 目的与重点

专项安全评价是对特殊地段渠道、单体建筑物，特定金属结构、机电设备等根据需要进行的安全评价。

专门安全评价是工程运行中遭遇强烈地震、极端气温、特大暴雨以及出现影响工程安全运用的突发事件等特殊情况后需进行的安全评价。

专项与专门安全类别评定根据具体评价对象，按第 10.1 节的规定进行。

10.2.2 专项与专门安全鉴定的主要内容

专项与专门安全评价时，根据需要对评价对象进行安全检查、安全检测（勘探）、安全监测资料分析和安全复核，并参考工程质量与运行管理评价结论，对评价对象的安全状况进行综合评价，提出专项和专门安全评价结论，评定安全状况类别，并提出维修养护、加固、检修、更新改造和加强管理等建议。

10.2.3 专项安全鉴定实践

1. 专项安全鉴定背景

陶岔管理处辖区为深挖方渠段。运行过程中，桩号9+070～9+575渠段左岸边坡测斜管存在指向渠道中心线方向的较大变形，分析显示尚未收敛，部分测斜管的变形已经超过了设计参考值（30mm）；桩号10+955～11+000渠段左岸边坡的变形较大，变形仍未收敛；桩号11+400～11+450渠段断面左岸边坡测斜管存在指向渠道中心线方向的较大变形，目前尚未收敛；桩号9+585断面右岸二级马道测斜管IN01-9585在垂直于渠道方向孔口以下15m深度范围内的变形较大，自2017年取得初始值起至2019年9月期间一直呈缓慢增加的趋势，改造为自动测斜装置以后，该测斜管的变形基本稳定，桩号9+740断面右岸三级马道测斜管IN01-9740自2021年1月取得初始值以来变形缓慢增加；桩号11+700～11+800渠段测斜管IN06KHZ、IN01-11762和IN01-11715沿渠道中心线方向孔口最大累计位移分别达67.82mm、102.44mm、31.93mm，测斜管变形未收敛，渠道断面右岸四级马道平行于渠道方向累计位移测点，最大累计位移分别达22.14mm、27.76mm，平行于渠道方向累计位移变形未收敛。

为全面及时了解工程安全状况，发现缺陷并安排维修养护和检修计划，达到积极主动的事先安全管理，考虑到陶岔管理处辖区桩号9+070～9+575、10+955～11+000、11+400～11+450、9+585～9+740、11+700～11+800深挖方膨胀土渠段存在变形问题，组织开展陶岔管理处辖区工程专项安全鉴定工作。

专项安全鉴定范围为陶岔管理处辖区工程沿线，主要内容包括开展陶岔管理处辖区桩号9+070～9+575、10+955～11+000、11+400～11+450、9+585～9+740、11+700～11+800深挖方膨胀土渠段工程的安全检查、安全检测、安全监测资料分析和安全复核，重点分析隐患、缺陷问题及其处置情况和效果，综合评价工程安全状况，判定安全状况类别，分别编制相应报告。

2. 陶岔管理处段工程概况

陶岔管理处桩号9+070～9+575左岸渠坡、9+585～9+740右岸渠坡、10+955～11+000左岸渠坡和11+400～11+450左岸渠坡挖深约39～45m，渠道底宽13.5m，过水断面坡比为1:3.0，一级马道宽度为5m，一级马道以上每隔6m设置一条马道，马道宽度除四级马道宽50m外其余均为2m，一级至四级马道之间各渠坡坡比为1:2.5，四级马道以上渠坡坡比为1:3.0。渠道全断面换填水泥改性土，其中过水断面换填厚度为1.5m，一级马道以上渠坡换填厚度为1m。坡面采用浆砌石拱、拱内植草的方式护坡，各级马道上均设置有纵向排水沟，坡面上设置有横向排水沟。

同时根据膨胀土加固原则，结合现场地质编录资料，经过计算分析，在过水断面设置方桩+坡面梁框架支护体系，其中方桩尺寸为1.2m×2m（宽×高），桩长13.6m，桩间距为4.0～4.5m，坡面梁和渠底横梁尺寸为0.8m×0.7m（宽×高）；对于一级马道以上渠坡，其中桩号 9＋077～9＋157 左岸二级马道（三级边坡坡脚）、9＋450～9＋575 左岸二级马道（二级边坡坡顶）设置抗滑桩，桩径为 1.3m，桩长 12m，桩间距为 4m；桩号 9＋598～9＋650 右岸二级边坡、9＋654～9＋740 右岸二级马道（三级边坡坡脚）设置抗滑桩，桩径为 1.2m，桩长 10m，桩间距为 4m；桩号 10＋955～11＋000 左岸和 11＋400～11＋450 左岸三级马道设置了抗滑桩，桩径 1.3m，桩长 10m，桩间距 4m。

淅川 2 标桩号 11＋700～11＋800 右岸渠坡挖深约 42m，三级边坡高程 152.50～156.70m 处分布一层裂隙密集带。在渠道过水断面设置尺寸为 2m×1.2m（长×宽）的方桩＋坡面梁支护体系，方桩＋坡面梁支护间距为 4.5m；对于一级马道以上渠坡，分别在三级边坡坡脚和靠近坡顶处设置抗滑桩，其中三级边坡坡脚抗滑桩桩号范围为 11＋726.1～11＋834.1，桩径为 1.3m，桩长 12m，桩间距为 4m，三级边坡靠近坡顶处抗滑桩桩号范围为 10＋001.1～11＋893.1，桩径为 1.3m，桩长 10m，桩间距为 4m。

以桩号 9＋070～9＋575 左岸渠坡为例。2016 年 6 月，管理处在巡查中发现，魏西北公路桥下游桩号 9＋590 左岸渠顶下第一块衬砌板中部出现纵向裂缝，长 4m、宽 4mm，上游相邻衬砌板下部出现一条自上而下斜向纵向裂缝，宽 2mm。另外在桩号 9＋560 左岸渠顶下第一块板中部出现一条长 4m、宽 1mm 的纵向裂缝，相邻的第二层抗滑桩桩顶板出现纵向裂缝，长 1.2m，且出现错台 5mm。2016 年 8 月 14 日，桩号 9＋000～9＋220 左岸衬砌面板多处出现纵向裂缝，1 处面板错台，桩号 9＋160～9＋180 段有 2 处桩顶板出现纵向挤压裂缝，桩号 9＋460～9＋480 有 4 处桩顶衬砌板出现纵向挤压裂缝。该段二至四级坡面拱圈裂缝基本均由拱圈顶部向下发展至拱圈基础，拱圈顶最大裂缝宽度约 3mm，拱圈基础表面多为细微裂缝，开度最大约 2mm。

为有效解决该段变形体土内蓄水问题，于 2018 年 7 月 27 日至 8 月 15 日，在桩号 9＋180～9＋363 段二级边坡坡中部位增设排水措施（集水槽＋排水管＋土工膜）。

3. 专项安全评价内容

工程安全检查应重点查阅工程设计、施工、运行管理、验收、应急处置等技术资料，检查和评估工程的外观状况、结构安全、运行条件，提出安全评价工作的重点和建议，明确安全检测、安全复核的内容和要求。

安全检测应按照现场检查专家组的意见，依据相关行业标准规范，组织开展结构检测探测，评价工程质量，为复核计算和安全评价提供依据。采用综合物探方法，开展深挖方膨胀土渠段换填层和渠坡的稳定、变形和排水情况检测，对是否存在隐患及隐患性质做出判断。结合工程地质条件，分别选择合适的方法。结合探测工作范围内的地质、设计和施工资料进行对比分析，总结和发现各种异常现象。

安全监测资料分析内容包括安全监测设施可靠性评价、安全监测系统完备性评价、监测资料初步和系统分析，以及工程安全性态评估。

安全复核包括对工程质量、渗流安全、结构安全和抗震安全等的复核工作。安全复核按相关行业标准规范，结合安全检测、安全监测成果开展，分析论证基础数据资料的可靠性和安全检测、复核计算方法及其结果的合理性，提出工程存在的主要问题、工程安全类别评定结果和处理措施建议。

在安全检查、安全检测、安全监测资料分析的基础上，根据渗流安全、结构安全、抗震安全等各项复核评价结果，对陶岔管理处桩号 9＋070～9＋575、10＋955～11＋000、11＋400～11＋450、9＋585～9＋740、11＋700～11＋800 深挖方膨胀土渠段进行综合评价，评定安全类别，并提出维修养护、加固、检修、更新改造和加强管理等建议。

4. **工程安全现状初步分析**

渠道安全检查包括内坡衬砌板、渠道运行维护道路路面、内外渠坡、防洪堤及渠道管理和保护设施。

根据现场检查和陶岔管理处日常巡查结果，桩号 9＋070～9＋575 左岸渠坡（图 10.2 - 1）主要存在二级边坡坡脚混凝土拱圈出现裂缝、个别部位断裂、翘起，排水管长期出水等现象；此外，过水断面混凝土衬砌板局部存在开裂、塌陷、错缝现象，伸缩缝填充物局部缺失，具体见图 10.2 - 2。

(a) 一至四级渠坡 (b) 左岸渠坡

图 10.2 - 1　桩号 9＋070～9＋575 左岸渠坡全貌

(a) 二级边坡坡脚拱圈隆起开裂 (b) 桩号 9＋500 断面排水管二级边坡渗水

图 10.2 - 2　桩号 9＋070～9＋575 左岸渠坡现状

及工程安全检查中发现的问题

桩号 9＋070～9＋575 左岸渠坡的安全监测设施布置见图 10.2 - 3 和图 10.2 - 4，外部变形测点信息列于表 10.2 - 1。

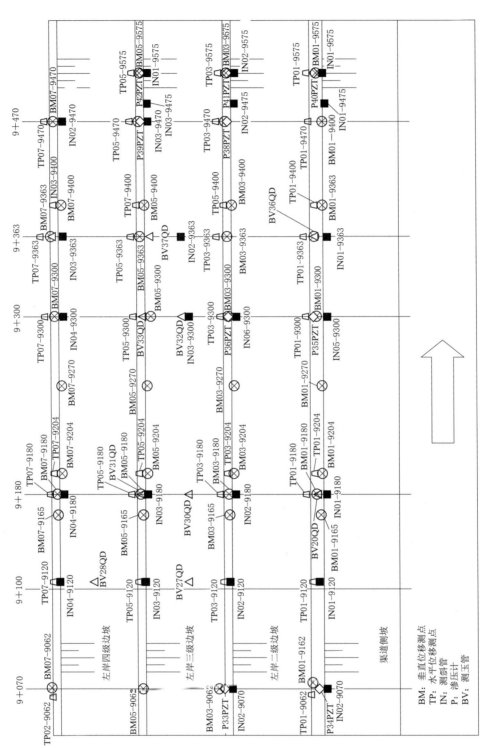

图 10.2-3 桩号 9+070~9+575 左岸渠坡安全监测设施布置图

图 10.2-4 桩号 9+070～9+575 左岸渠坡安全监测设施布置全貌

表 10.2-1 桩号 9+070～9+575 左岸渠坡外观变形观测设施布置表

测 点 编 号	安装位置或桩号	安 装 日 期	仪 器 类 型
BM01-9165～BM08-9165	9+165	2014 年 6 月 15 日	垂直位移测点
BM01-9270～BM08-9270	9+270	2014 年 6 月 15 日	垂直位移测点
BM01-9400～BM08-9400	9+400	2014 年 6 月 15 日	垂直位移测点
BM01-9500～BM08-9400	9+500	2014 年 6 月 15 日	垂直位移测点
TP01-9165～TP04-9165	9+165	2014 年 6 月 20 日	水平位移测点
TP01-9270～TP04-9270	9+270	2014 年 6 月 20 日	水平位移测点
TP01-9400～TP04-9400	9+400	2014 年 6 月 20 日	水平位移测点
TP01-9500～TP04-9500	9+500	2014 年 6 月 20 日	水平位移测点
TP01-9120	9+120 左岸一级马道	2017 年 3 月 14 日	水平位移测点
TP01-9180	9+180 左岸一级马道	2017 年 3 月 14 日	水平位移测点
TP03-9180	9+180 左岸二级马道	2017 年 3 月 14 日	水平位移测点
TP05-9180	9+180 左岸三级马道	2017 年 3 月 14 日	水平位移测点
TP07-9180	9+180 左岸四级马道	2017 年 3 月 14 日	水平位移测点
TP01-9300	9+300 左岸一级马道	2017 年 3 月 13 日	水平位移测点
TP01-9363	9+363 左岸一级马道	2017 年 3 月 12 日	水平位移测点
TP03-9363	9+363 左岸二级马道	2017 年 3 月 12 日	水平位移测点
TP05-9363	9+363 左岸三级马道	2017 年 3 月 13 日	水平位移测点
TP07-9363	9+363 左岸四级马道	2017 年 3 月 13 日	水平位移测点
TP07-9470	9+470 左岸四级马道	2017 年 3 月 12 日	水平位移测点
TP01-9112	9+112 左岸一级马道	2017 年 3 月 15 日	水平位移测点
TP03-9112	9+112 左岸二级马道	2017 年 3 月 15 日	水平位移测点
TP05-9112	9+112 左岸三级马道	2017 年 3 月 15 日	水平位移测点
TP07-9112	9+112 左岸四级马道	2017 年 3 月 15 日	水平位移测点

续表

测 点 编 号	安装位置或桩号	安 装 日 期	仪 器 类 型
TP01-9204	9+204 左岸一级马道	2017 年 3 月 13 日	水平位移测点
TP03-9204	9+204 左岸二级马道	2017 年 3 月 13 日	水平位移测点
TP05-9204	9+204 左岸三级马道	2017 年 3 月 13 日	水平位移测点
TP07-9204	9+204 左岸四级马道	2017 年 3 月 14 日	水平位移测点
BMZ01-9120	9+120 左岸一级马道	2017 年 3 月 14 日	垂直位移测点
BMZ01-9180	9+180 左岸一级马道	2017 年 3 月 14 日	垂直位移测点
BMZ03-9180	9+180 左岸二级马道	2017 年 3 月 14 日	垂直位移测点
BMZ05-9180	9+180 左岸三级马道	2017 年 3 月 14 日	垂直位移测点
BMZ07-9180	9+180 左岸四级马道	2017 年 3 月 14 日	垂直位移测点
BMZ01-9363	9+363 左岸一级马道	2017 年 3 月 12 日	垂直位移测点
BMZ03-9363	9+363 左岸二级马道	2017 年 3 月 12 日	垂直位移测点
BMZ05-9363	9+363 左岸三级马道	2017 年 3 月 13 日	垂直位移测点
BMZ07-9363	9+363 左岸四级马道	2017 年 3 月 13 日	垂直位移测点
BMZ07-9470	9+470 左岸四级马道	2017 年 3 月 7 日	垂直位移测点
BMZ01-9112	9+112 左岸一级马道	2017 年 3 月 12 日	垂直位移测点
BMZ03-9112	9+112 左岸二级马道	2017 年 3 月 12 日	垂直位移测点
BMZ05-9112	9+112 左岸三级马道	2017 年 3 月 13 日	垂直位移测点
BMZ07-9112	9+112 左岸四级马道	2017 年 3 月 13 日	垂直位移测点
BMZ01-9204	9+204 左岸一级马道	2017 年 3 月 13 日	垂直位移测点
BMZ03-9204	9+204 左岸二级马道	2017 年 3 月 13 日	垂直位移测点
BMZ05-9204	9+204 左岸三级马道	2017 年 3 月 14 日	垂直位移测点
BMZ07-9204	9+204 左岸四级马道	2017 年 3 月 14 日	垂直位移测点

桩号 9+070～9+575 左岸渠坡的内部变形监测设施布置见图 10.2-5，测点信息列于表 10.2-2，测斜管布置于各级马道和三级边坡中部，孔深 15～28.5m。

图 10.2-5　桩号 9+070～9+575 左岸渠坡测斜管设施布置图

桩号 9+070～9+575 左岸渠坡的渗压监测设施布置图见图 10.2-6，监测设施信息列于表 10.2-3、表 10.2-4，该段共布置测压管 12 支、渗压计 10 支，其中测压管布置于马道和边坡中部，孔深 10～27m。

表 10.2－2　　　　　桩号 9＋070～9＋575 左岸渠坡测斜管测点布置表

序号	测斜管编号	桩号	埋设时间	孔深/m	位　置
1	IN02－9070	9＋070	2017 年 6 月	25	一级马道
2	IN01－9070		2017 年 6 月	25	二级马道
3	IN01－9120	9＋120	2016 年 9 月	15	一级马道
4	IN02－9120		2016 年 9 月	20	二级马道
5	IN03－9120		2017 年 4 月	24.5	三级边坡
6	IN04－9120		2017 年 4 月	28.5	四级马道
7	IN01－9180	9＋180	2017 年 4 月	15.5	一级马道
8	IN02－9180		2016 年 9 月	20	二级马道
9	IN03－9180		2017 年 4 月	24.5	三级边坡
10	IN04－9180		2017 年 4 月	28.5	四级马道
11	IN05－9300	9＋300	2017 年 4 月	25	一级马道
12	IN06－9300		2017 年 4 月	25	二级马道
13	IN03－9300		2017 年 4 月	24.5	三级边坡
14	IN04－9300		2017 年 4 月	28.5	四级马道
15	IN01－9363	9＋363	2017 年 4 月	15.5	一级马道
16	IN02－9363		2017 年 4 月	24.5	三级边坡
17	IN03－9363		2017 年 4 月	28.5	四级马道
18	IN01－9470	9＋470	2017 年 4 月	24.5	三级边坡
19	IN02－9470		2017 年 4 月	28.5	四级马道
20	IN01－9575	9＋575	2017 年 6 月	25.5	一级马道
21	IN02－9575		2017 年 6 月	25.5	二级马道
22	IN03－9575		2017 年 6 月	21.5	三级马道

图 10.2－6　桩号 9＋070～9＋575 左岸渠坡渗压监测设施布置图

表 10.2-3 桩号 9＋070～9＋575 左岸渠坡测压管监测设施布置表

序号	测压管编号	位 置	管口高程/m	孔深/m
1	BV27QD	9＋120 左岸三级马道	158.316	19
2	BV28QD	9＋120 左岸四级马道	167.374	27
3	BV29QD	9＋180 左岸一级马道	150.049	10
4	BV30QD	9＋180 左岸三级马道	158.333	19
5	BV31QD	9＋180 左岸四级马道	167.322	27
6	BV32QD	9＋300 左岸三级马道	158.104	19
7	BV33QD	9＋300 左岸四级马道	167.782	27
8	BV36QD	9＋363 左岸一级马道	149.759	10
9	BV37QD	9＋363 左岸三级马道	158.154	19
10	BV38QD	9＋363 左岸四级马道	167.476	27
11	BV39QD	9＋470 左岸三级马道	158.007	19
12	BV48QD	9＋475 左岸三级马道	160.951	24

表 10.2-4 桩号 9＋070～9＋575 左岸边坡渗压计设施布置表

序号	渗压计编号	位 置	安装高程/m	孔深/m	孔口高程/m
1	P33PZT	9＋070 左岸二级马道	129.963	25	155.302
2	P34PZT	9＋070 左岸一级马道	124.412	25	149.802
3	P35PZT	9＋300 左岸一级马道	124.392	25	149.802
4	P36PZT	9＋300 左岸二级马道	129.921	25	155.302
5	P37PZT	9＋475 左岸一级马道	124.895	25	149.802
6	P38PZT	9＋475 左岸二级马道	129.388	26	155.302
7	P39PZT	9＋475 左岸三级马道	139.372	22	161.238
8	P40PZT	9＋575 左岸一级马道	123.724	25.5	149.802
9	P41PZT	9＋575 左岸二级马道	129.254	25.5	155.302
10	P42PZT	9＋575 左岸三级马道	139.423	21.5	161.238

桩号 9＋070～9＋575 左岸渠坡变形为一至四级马道范围内渠坡，变形量统计见表 10.2-5。

表 10.2-5 渠坡变形情况统计表

桩 号	位 置	变形深度	最大变形量/mm	备 注
9＋120	一级马道	孔口至以下 6m	29.86	未收敛
	二级马道	孔口至以下 12m	22.58	未收敛
	三级马道	孔口至以下 10m	17.37	
	四级马道	无明显剪切变形	10.08	
9＋180	一级马道	孔口至以下 6m	33.81	
	二级马道	孔口至以下 12m	34.64	未收敛

桩　号	位　置	变　形　深　度	最大变形量/mm	备　注
9＋180	三级马道	孔口至以下 12m	16.79	未收敛
	四级马道	无明显剪切变形	9.37	
9＋300	一级马道	孔口至以下 11m	51.86	未收敛
	二级马道	孔口至以下 12m	44.81	未收敛
	三级马道	孔口至以下 18m	36.73	未收敛
	四级马道	无明显剪切变形	20.63	
9＋363	一级马道	孔口至以下 9m	48.27	未收敛
	三级马道	孔口至以下 10m	44.75	未收敛
	四级马道	无明显剪切变形	7.67	
9＋470	三级马道	孔口至以下 10m	37.97	
	四级马道	无明显剪切变形	12.74	
9＋475	一级马道	孔口至以下 5m	34.56	
	二级马道	孔口至以下 11m	39.47	未收敛
	三级马道	孔口至以下 18m	23.36	未收敛
9＋575	一级马道	孔口至以下 6m	27.75	
	二级马道	孔口至以下 11m	30.74	未收敛
	三级马道	孔口至以下 15m	29.48	未收敛

　　从测斜管监测的变形深度范围来看，以上桩号一级马道以下约 4～11m、二级马道以下约 9～15m、三级马道以下约 9～18m，五级马道以下约 7～12m 存在明显的变形，而四级马道未见明显变形突变；变形体潜在的滑动面深度基本处于渠坡抗滑桩桩底高程以下或接近抗滑桩桩底高程，处于过水断面方桩＋坡面梁框架支护体系上部或顶部位置。初步推测潜在滑动面为一至四级马道范围内边坡，滑动面在渠坡抗滑桩桩底高程以下，出口位于一级马道附近，为深层变形。

　　对专项鉴定提出以下意见：

　　(1) 考虑到本次专项安全鉴定对象为深挖方膨胀土渠段，且地下水位较高。本次专项安全鉴定安全检测应重点关注地下水位、换填层排水、渠坡渗流等情况。

　　(2) 渗压计采用自动化观测，应进行监测设施精度测试，并结合历史测值，对安全监测资料的可靠性进行评价。

　　(3) 采用综合地球物理方法，探测边坡的变形和地下水分布、土体的填筑质量、内部富水情况和渗漏状况。必要时，对衬砌面板及水下情况进行检测。

　　(4) 结合渠道水位、气温、降雨量等环境量资料及工程地质、水文地质资料，分析深挖方膨胀土渠段变形和渗透压力等效应量时空变化规律，重点分析运行中暴露的地下水位高、变形超过设计参考值且未收敛等现象；进而选择地下水位、渠道水位、温度、降雨等环境量因子及时效因子，采用定量分析方法，判断深挖方膨胀土渠段变形的主要影响因素；综合定性定量分析成果，初步评判深挖方膨胀土渠段工程安全性态。

（5）考虑工程通水运行以来的实际情况，如实际的裂隙分布、地下水位、已采取的排水和加固措施等，并结合工程地质勘察、安全监测、安全检测（探测）等资料，对深挖方膨胀土渠段渗流和结构性态进行复核计算。对运行中暴（揭）露的影响结构安全的裂缝、塌陷、滑坡等问题或异常情况作重点分析。

5. 工程安全检测

依据《水利水电工程物探规程》（SL 326）和《堤防隐患探测规程》（SL 436）等行业规程与规范，采用地质雷达法、高密度电阻率法、地震波反射法、瞬变电磁法等物探融合诊测技术对陶岔管理处辖区工程渠段进行诊断与分析，综合诊断渠段渠道边坡的变形和地下水分布形态、土体的填筑质量和渗流稳定状态、换填层和渠坡的稳定和变形情况、基础内部富水情况和渗漏状况。

采用地质雷达探测法，沿一级马道路面纵向布置 2 条测线，每条测线长 505m，测线桩号 9＋070～9＋575；沿二级马道纵向布置 1 条测线，测线长 345m，测线桩号 9＋230～9＋575。采用高密度电阻率法，沿二级马道纵向布置 1 条测线，测线长 355m，测线桩号 9＋220～9＋575。考虑到内部道路影响，采用地震波法，沿二级马道边缘纵向布置 2 条测线，第 1 条测线长 96m，测线桩号 9＋070～9＋166；第 2 条测线长 240m，测线桩号 9＋335～9＋575，具体布置见图 10.2－7。

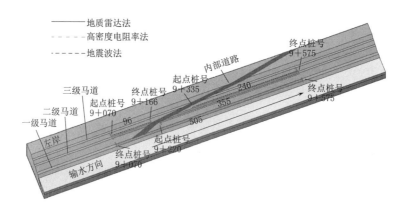

图 10.2－7　渠段左岸桩号 9＋070～9＋575 检测测线布置图

桩号 9＋070～9＋575 渠道左岸一级马道靠近渠坡侧部位地质雷达多处存在显著的不规则散射波，多处有强反射面，垂直截面断面波也异常，雷达反射波波形不平稳，由此推断：桩号 9＋175～9＋205 段深度 5～6.5m 区域、桩号 9＋285～9＋300 段深度 3.5～7m 区域、桩号 9＋376～9＋393 段深度 2.5～6m 区域、桩号 9＋430～9＋445 段深度 4～7.5m 区域及桩号 9＋450～9＋461 段深度 4～7.5m 区域土质不均匀异常；桩号 9＋227.5～9＋260 段深度 5～8m 土质高含水异常且为软弱夹层带。

桩号 9＋070～9＋575 渠道左岸一级马道靠近渠道侧部位地质雷达多处存在显著的不规则散射波，多处有强反射面，垂直截面断面波也异常，雷达反射波波形不平稳，由此推断：桩号 9＋175～9＋195 段深度 5～7.5m 区域、桩号 9＋205～9＋210 段深度 5～7.5m 区域及桩号 9＋442.5～9＋452.5 段深度 6～8.5m 区域土质高含水异常；桩号 9＋227.5～

9+258 段深度 5～7.5m 区域、桩号 9+275～9+300 段深度 5～8m 区域土质高含水异常且为软弱夹层带。

桩号 9+230～9+575 左岸二级马道地质雷达多处存在显著的不规则散射波,多处有强反射面,垂直截面断面波也异常,雷达反射波波形不平稳,出此推断:桩号 9+230～9+242.5 段深度 6～9m 区域土质高含水异常且为软弱夹层带;桩号 9+280～9+295 段深度 5～8m 区域土质高含水异常;桩号 9+460～9+475 段深度 5～8m 区域土质不均匀异常。

桩号 9+220～9+575 左岸二级马道高密度电阻率法解译图见图 10.2-8。

图 10.2-8 表明,二级马道浅层部位(深度 0～8.1m 范围)的视电阻率同一高度纵向分布不均,呈现多个整体高阻闭合区,均为高电阻率区域,推断渠道桩号 9+220～9+575 左岸二级马道浅层部位含水量均较低,无渗漏异常。二级马道深层部位(深度 8.1～75m 范围)的视电阻率总体上偏高,左侧呈现单个整体高阻闭合区,均为高电阻率区域,推断渠道桩号 9+220～9+575 左岸二级马道深层部位(深度 8.1～75m 范围)含水量较低,无渗漏异常。

渠道左岸桩号 9+070～9+166、9+335～9+575 二级马道地震波法解译见图 10.2-9。

图 10.2-9 表明,地震检测剖面图像中地震波同相轴总体分布均匀,振幅、频率、连续性、波形一致性均较好。但地震测线下方存在一处地震波异常区域,地震反射波同相轴波幅较强,波形扭折,频散图显示为低频带,表明地层介质的波阻抗差异增强,地震反射波成层性差,推断渠道左岸二级马道桩号 9+111～9+140 段深度 5～9m 区域、桩号 9+415～9+445 段深度 3～6.5m 区域渠道土体不密实。

6. 安全监测资料分析

由安全监测资料分析可知,桩号 9+180 断面一级马道的测斜管 IN01-9180 的 A 方向累计位移量较大,从始测开始至 2021 年 8 月 10 日的 A、B 方向累计位移分布见图 10.2-10,最大累计位移测值过程线见图 10.2-11。

可以看出:①桩号 9+180 断面左岸一级马道测斜管 IN01-9180 的 A 方向的累计位移量较大,6～18m 深度范围内的变形较小,基本在 10mm 范围以内;而 6m 深度范围内的变形较大,体现为孔口处的变形最大,深度越深变形越小。②2017 年至 2021 年 8 月,IN01-9180 的 4m 深度范围内 A 方向最大累计位移量为 33.81mm,出现在离孔口 1m 深度处(2020 年 6 月 4 日);其次为 32.70mm,出现在离孔口 3m 深度处(2020 年 6 月 4 日)。③2017 年至 2021 年 8 月,IN01-9180 的 4m 深度范围内 B 方向最大累计位移量为 11.13mm,出现在离孔口 2m 深度处(2018 年 8 月 11 日);其次为 9.50mm,出现在离孔口 3m 深度处(2018 年 8 月 11 日)。

从始测开始至 2021 年 8 月 11 日,二级马道测斜管 IN02-9180 的 A、B 方向累计位移分布见图 10.2-12,最大累计位移测值过程线见图 10.2-13。

可以看出:①桩号 9+180 断面左岸二级马道测斜管 IN02-9180 在 15～16m、8～13m 范围内的 A 方向位移量变化均比较大,初步判断对应位置可能产生了变形。其中,孔口以下 8.5m 左右处的累计位移量最大,呈缓慢增加的趋势,2021 年月平均增长速率为 0.37mm/月。②2017 年至 2021 年 8 月,IN02-9180 的 10.5m 深度范围内 A 方向最大

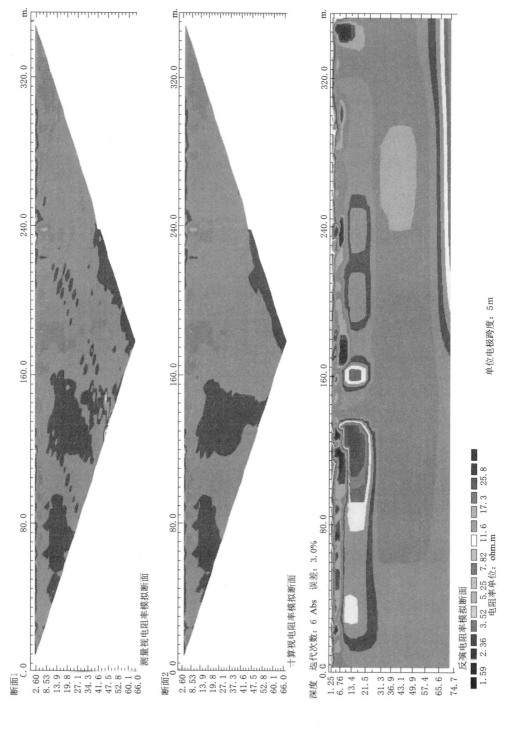

图 10.2-8 桩号 9+220~9+575 左岸二级马道高密度电阻率法解译图

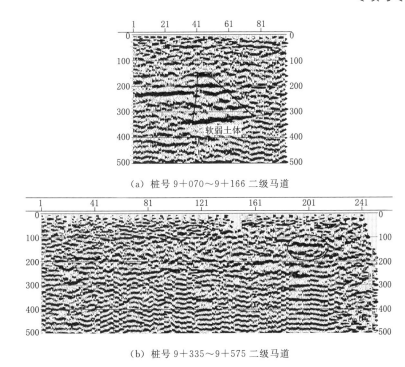

（a）桩号 9＋070～9＋166 二级马道

（b）桩号 9＋335～9＋575 二级马道

图 10.2-9　渠道左岸桩号 9＋070～9＋166 和 9＋335～9＋575 二级马道地震波法解译图

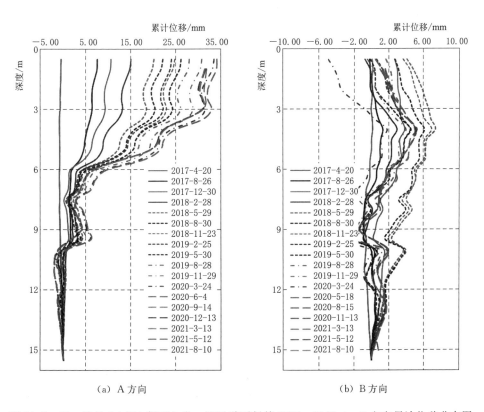

（a）A 方向

（b）B 方向

图 10.2-10　桩号 9＋180 断面左岸一级马道测斜管 IN01-9180 A、B 方向累计位移分布图

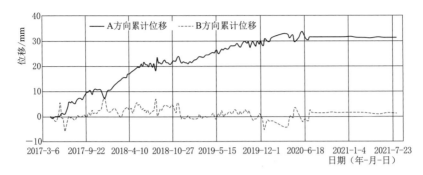

图 10.2-11　桩号 9+180 断面左岸一级马道测斜管高程 1m 处累计位移测值过程线

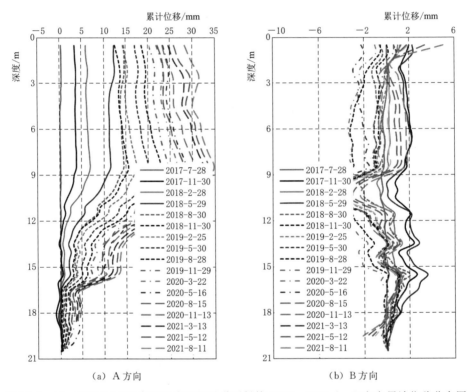

（a）A 方向　　　　　　　　　　（b）B 方向

图 10.2-12　桩号 9+180 断面左岸二级马道测斜管 IN02-9180 A、B 方向累计位移分布图

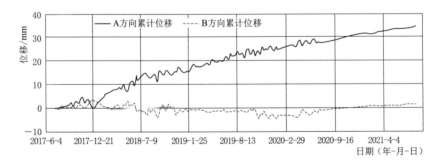

图 10.2-13　桩号 9+180 断面左岸二级马道测斜管 IN02-9180 深度 8.5m 处累计位移测值过程线

累计位移为 34.64mm，出现在离孔口 8.5m 深度处（2021 年 8 月 11 日）；其次为 33.32mm，出现在离孔口 7.5m 深度处。③2017 年至 2021 年 8 月，IN02 - 9180 的 5.5m 深度范围内 B 方向最大累计位移为 5.01mm，出现在离孔口 0.5m 深度处（2021 年 8 月 11 日）；其次为 4.37mm，出现在离孔口 1.5m 深度处（2018 年 5 月 15 日）。

从始测开始至 2021 年 8 月 10 日，桩号 9+180 断面左岸三级马道的测斜管 IN03 - 9180 的 A、B 方向累计位移分布见图 10.2 - 14，最大累计位移测值过程线见图 10.2 - 15。

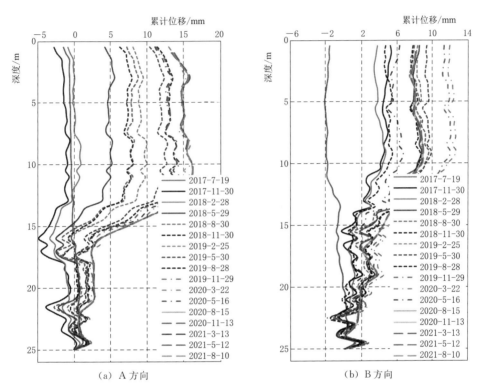

（a）A 方向　　　　　　　（b）B 方向

图 10.2 - 14　桩号 9+180 断面左岸三级马道 IN03 - 9180 测斜管 A、B 方向
累计位移分布图

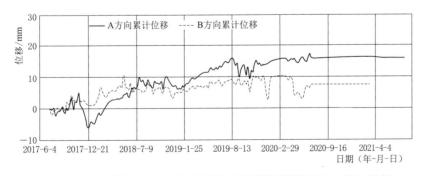

图 10.2 - 15　桩号 9+180 断面左岸三级马道测斜管 IN03 - 9180 深度
累计位移测值过程线

可以看出：①从左岸三级马道 IN03-9180 测斜管 A、B 方向累计位移分布上看，A、B 方向 12～15m 深度范围内的累计位移量变化均比较大，初步判断该处可能产生了变形。11m 深度处的累计位移量最大，呈逐渐收敛的趋势。②2017 年至 2021 年 8 月，IN03-9180 的 5m 深度范围内 A 方向最大累计位移量为 16.79mm，出现在离孔口 2m 深度处；其次为 16.16mm，出现在离孔口 5m 深度处（2019 年 8 月 14 日）。③2017 年至 2021 年 8 月，IN03-9180 的 5m 深度范围内 B 方向最大累计位移量为 13.35mm，出现在离孔口 1m 深度处（2018 年 5 月 15 日）；其次为 13.11mm，出现在离孔口 2m 深度处（2018 年 5 月 15 日）。

从始测开始至 2021 年 6 月 10 日，桩号 9+180 断面左岸四级马道的测斜管 IN04-9180 变形量较小，A、B 方向累计位移分布见图 10.2-16，最大累计位移测值过程线见图 10.2-17。

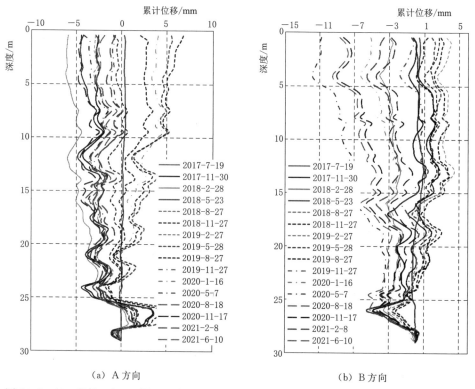

图 10.2-16 桩号 9+180 断面左岸四级马道测斜管 IN04-9180 A、B 方向累计位移分布图

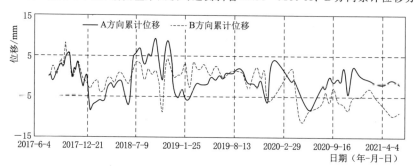

图 10.2-17 桩号 9+180 断面左岸四级马道测斜管高程 0.5m 处累计位移测值过程线

可以看出：①2017 年至 2021 年 6 月，左岸四级马道测斜管 IN04－9180 的 5m 深度范围内 A 方向最大累计位移量为 9.37mm，出现在离孔口 0.5m 深度处（2018 年 9 月 27 日）；其次为 9.26mm，出现在离孔口 1m 深度处。②2017 年至 2021 年 6 月，测斜管 IN04－9180 的 7m 深度范围内 B 方向最大累计位移量为 8.76mm，出现在离孔口 1m 深度处（2017 年 9 月 12 日）；其次为 8.46mm，出现在离孔口 0.5m 深度处（2017 年 9 月 21 日）。

截至 2021 年 8 月 10 日，桩号 9＋180 渠道断面 A 方向累计位移分布（2021 年 8 月 10 日）见图 10.2－18，一级、二级马道变形深度分别为孔口至以下 6m、12m，三级边坡变形深度为孔口至以下 12m，四级马道无明显剪切变形。总体看，一级、二级马道 A 方向累计位移都较大，四级马道 A 方向累计位移最小。

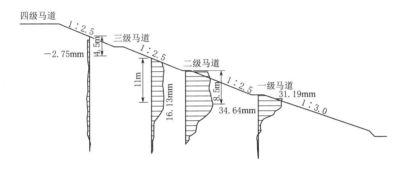

图 10.2－18　桩号 9＋180 渠道断面 A 方向累计位移分布示意图

为监测桩号 9＋180 断面地下水位情况，在桩号 9＋180 左岸一级马道、三级马道、四级马道分别布置了 BV29QD、BV30QD、BV31QD 测压管。该断面测压管水位-渠道水位-降雨量过程线见图 10.2－19。

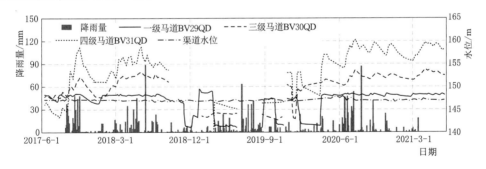

图 10.2－19　桩号 9＋180 断面测压管水位-渠道水位-降雨量过程线

可以看出：①桩号 9＋180 断面左岸一级马道、三级马道和四级马道地下水位受降雨影响较大，2020 年 6 月至 2021 年 3 月，降雨频次较密且降雨量较大，该渠段地下水位出现了明显的升高，且升高后不易消散。该渠段二、三级边坡设置的排水设施（排水井、排水盲沟）于 2021 年 6 月 5 日（图中竖向红线）完工后，三级边坡和四级马道测压管水位明显下降，说明排水设施能有效降低地下水位。②2021 年 6 月 22 日，该断面渠道水位为147.044m，经计算对应侧坡水泥改性土下水位设计参考值为 147.220m，而一级马道水泥改性土下水位为 148.296m，已超过设计参考值。③测压管水位最小值均出现在每年的 10 月至次年 1 月，该断面测压管水位最大值为 160.46m（2020 年 7 月 28 日），出现在四级马道，其次为 153.87m（2021 年 4 月 15 日），发生在三级马道。④该断面测压管水位最大年变幅为 24.76m（BV31QD 测压管，2019 年），其次为 8.49m（BV29QD 测压管，2019 年）。

根据各测斜管出现异常变形的深度范围，对边坡内部的潜在变形体进行推测，结果见图 10.2 - 20。

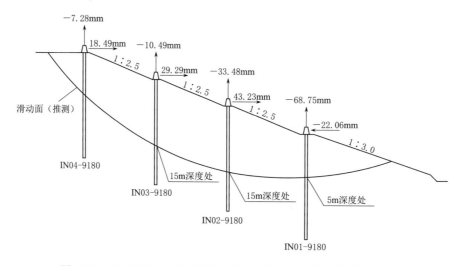

图 10.2 - 20   桩号 9+180 断面左岸边坡潜在变形体（推测）示意图

渠道水位对渠坡变形影响较小，降雨和温度对膨胀土渠坡变形有一定影响，时效对膨胀土渠坡变形影响较大。断面左岸边坡 A 方向累计位移、表面水平位移、表面垂直位移仍未收敛。地下水位受汛期降雨影响较大，降雨频次较密且降雨量较大时，该渠段地下水位出现了明显升高。排水设施实施完成后，测压管水位出现明显下降，说明排水设施能有效降低坡体地下水位。

7. 渗流计算分析

为有效进行裂隙面和裂隙密集带渗透系数反演，选取断面渗压计布置完善、数据可靠的断面进行数值分析。

以桩号 9+180 断面测压管测值作为渗流参数反演参考标准。选取稳定渗流期间的渗压计或测压管测值确定有限元计算中的地下水位边界条件，在此基础上，利用二维渗流有限元方法进行渗流分析。参考该渠段典型断面，并按照设计地勘报告所获取的土层分布进行建模，渗流有限元分析模型和分区见图 10.2 - 21。

根据地质资料，第四系中更新统冲洪积、下更新统坡洪积粉质黏土、黏土近地表土体裂隙发育，一般呈弱～微透水性，下部土体则呈微～极微透水性。上第三系黏土岩和砂质黏土岩微不透水层。砂岩胶结程度差，且多为泥钙质胶结，具中等透水性。土体渗透系数 k 建议值：Q_2 黏土 $k=8\times10^{-7}$cm/s；Q_2 粉质黏土 $k=8\times10^{-7}$cm/s；Q_2 粉质壤土 $k=5\times10^{-6}$cm/s。参考地勘资料并结合工程经验确定具体渗流计算参数，列于表 10.2 - 6。

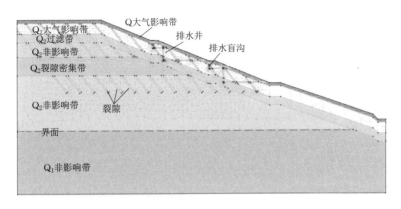

图 10.2-21　桩号 9+180 断面左岸渠坡渗流有限元模型和分区图

选取地下水位和渠道水位稳定时段进行反演计算，反演计算目的是确定裂隙面及裂隙密集带渗透系数。选取 2021 年 6 月 22 日的工况进行反演计算，渠道水位为 147.02m，桩号 9+180 断面一级马道实测测压管水位为 148.30m，三级马道实测测压管水位为 152.55m，四级马道实测测压管水位为 158.40m。此时排水措施已经完工，因此需考虑排水措施的影响。

表 10.2-6　桩号 9+180 断面左岸边坡土层分区建议渗透系数表

地层	分区名称	渗透系数 k（cm/s）
Q	大气影响带	2×10^{-5}
Q2	大气影响带	8×10^{-7}
	过渡带	8×10^{-7}
	非影响带	5×10^{-6}
Q1	非影响带	4×10^{-6}
—	界面	1×10^{-6}
—	排水管及排水盲沟	5×10^{-4}

桩号 9+180 断面左岸边坡浸润线见图 10.2-22，从反演计算结果与实测结果（表 10.2-7）对比可见：桩号 9+180 断面渠道水位为 147.02m 时，计算浸润线分布规律合理，其中一级马道处计算水位（147.97m）与实测水位（148.30m）基本一致，三级马道处计算水位（152.57m）与实测水位（152.55m）基本一致，四级马道处计算水位（158.39m）与实测水位（158.40m）基本一致。反演确定的裂隙及裂隙密集带渗透系数为 5×10^{-5} cm/s，该渗透系数大于其他土层渗透系数，但比排水管及排水盲沟渗透系数小，较为合理。通过反演确定的参数可用于后续渗流计算分析。

表 10.2-7　测压管实测地下水位与计算地下水位对比

断面	位置	实测水位/m	计算水位/m
桩号 9+180	一级马道	148.30	147.97
	三级马道	152.55	152.57
	四级马道	158.40	158.39

根据表 10.2-6 的各层土体渗透系数及反演确定的截面及裂隙密集带渗透系数，模拟各种工况下桩号 9+180 断面左岸渠坡的二维渗流场。

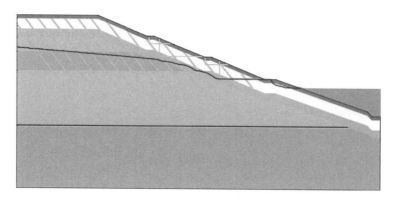

图 10.2 - 22　桩号 9＋180 断面左岸边坡浸润线

根据《南水北调中线一期工程总干渠初步设计明渠土建工程设计技术规定》（NSBD -
ZGJ - 1 - 21）、《南水北调中线一期工程总干渠初步设计渠道设计补充技术规定》（NSBD -
ZGJ - 1 - 35），选取挖方渠道桩号 9＋180 断面左岸渠坡渗流分析计算工况，具体列于表
10.2 - 8。

表 10.2 - 8　　　　　桩号 9＋180 断面左岸渠坡渗流安全复核计算工况表

阶段与工况	渠坡体地下水水位	渠道水位	是否有排水措施
排水措施处理前	运行期实测高地下水位	渠道实测水位	否
排水措施处理后	运行期实测高地下水位	渠道实测水位	是
渠道低水位运行	运行期实测高地下水位	渠内运行低水位（146.22m）	是
设计工况	地下水位上限	设计水位（147.016m）	是
检修期	检修期地表水补给条件下的预测高地下水位	渠内无水	是

桩号 9＋180 断面左岸渠坡在排水措施处理前后不同位置计算得到的地下水位成果列
于表 10.2 - 9。由表 10.2 - 9 可知，未实施排水措施前，二级边坡处地下水位接近坡表，
排水措施发挥作用后二级边坡处地下水位明显下降，地下水沿排水管从一级马道处排出；
设置排水井和排水盲沟后，三级边坡处的地下水位明显下降，一级马道处地下水位也有下
降，说明排水措施的实施能有效降低渠坡地下水位，与安全监测资料分析中明确的排水措
施完工后坡体地下水位出现下降的实际情况吻合。

表 10.2 - 9　　　　　排水措施实施前后渠坡不同位置地下水位对比

断面	位置	排水前计算地下水位/m	排水后计算地下水位/m
桩号 9＋180	一级马道	148.695	147.97
	三级马道	156.729	152.57
	四级马道	158.091	158.40

桩号 9＋180 断面左岸渠坡在渠道设计水位（147.016m）运行工况下不同位置计算和
实测地下水位成果列于表 10.2 - 10。计算得到的浸润线分布规律合理，一级、三级、四

级马道处计算得到地下水位分别为 148.18m、153.55m 和 157.18m。

表 10.2－10   渠道设计水位运行时不同位置计算和实测地下水位对比

断　面	位　置	计算地下水位/m	实测地下水位/m
桩号 9＋180	一级马道	148.18	148.30
	三级马道	153.55	152.55
	四级马道	157.18	158.40

桩号 9＋180 断面左岸渠坡在低水位（146.22m）运行工况下的计算得到的地下水位成果列于表 10.2－11。计算得到的浸润线分布规律合理，一级、三级、四级马道处计算得到的地下水位分别为 148.09m、153.55m 和 157.26m。

表 10.2－11   桩号 9＋180 断面设计和低水位运行工况时不同位置地下水位对比

断　面	位　置	设计水位运行地下水位/m	低水位运行地下水位/m
桩号 9＋180	一级马道	148.18	148.09
	三级马道	153.55	153.55
	四级马道	157.18	157.26

桩号 9＋180 断面左岸渠坡在检修运行工况下计算得到的地下水位成果列于表 10.2－12。渠道无水检修时，计算浸润线分布规律合理，一级、三级、四级马道处计算得到地下水位分别为 144.88m、153.70m 和 156.94m。

表 10.2－12   桩号 9＋180 断面检修和设计水位运行时不同位置计算得到
地下水位对比

断　面	位　置	设计水位运行计算水位/m	检修工况计算水位/m
桩号 9＋180	一级马道	148.18	148.67
	三级马道	153.55	157.84
	四级马道	157.18	161.69

8. 稳定复核

桩号 9＋070～9＋575 渠段稳定复核计算参数见表 10.2－13。

表 10.2－13   桩号 9＋070～9＋575 渠段稳定复核计算参数表

地　层	分　带　名　称	重度/(kN/m)	抗　剪　强　度	
			c/kPa	φ/(°)
Q_2	大气影响带	19.5	13	16
	过渡带	19.5	23	15.5
	非影响带	19.5	28	16
Q_1	非影响带	19.5	32	19
Q_1/Q_2	界面	19.5	16	17
水泥改性土		20	50	22.5
滑动面		19.5	12	12

由于无法获取渠道边坡内部裂隙及裂缝分布，桩号 9+070～9+575 渠段在设计工况时不考虑渠道边坡内部裂隙，在其他工况中则考虑陡倾角裂隙进行稳定安全复核。

计算分析设计运行、实际运行、加固处理、高水位运行和检修工况下的渠坡稳定性。以加固处理工况为例进行详细介绍。

桩号 9+070～9+575 渠段左岸边坡已实施排水处理措施，其具体处理方案为排水盲沟和排水井结合的排水方案。

（1）排水盲沟排水方案。在一级马道排水沟以下，二级、三级马道平台设置排水盲沟，排水盲沟由级配碎石料填充，盲沟内设置透水软管，透水软管通过三通接头每隔3.4m 与 ϕ76 PVC 排水管相接，PVC 排水管出口连接拱骨架坡面排水沟。排水盲沟布置示意图如图 10.2-23 所示。盲沟开挖前，先在盲沟靠近坡角处进行钢管桩支护，钢管桩直径为 90mm，深度为 4.0m，间距初步设置为 1.0m，钢管内填充防水砂浆，盲沟开挖过程中根据渠坡变形情况钢管桩可加密至 0.5m。盲沟采用土料回填时不易压实，本次设计采用素混凝土回填。

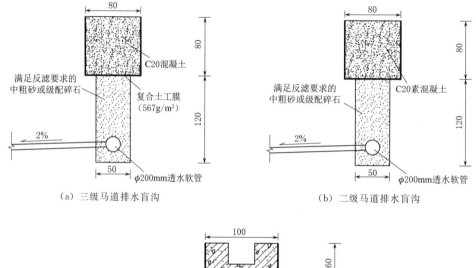

图 10.2-23　排水盲沟布置示意图

（2）排水井排水方案。在二级、三级边坡坡顶处靠近马道位置设置排水井。排水井间距为 4m，直径为 50cm，深入坡体约 5m，井内设置直径为 30cm 的 PVC 排水花管（开孔率 30%），同时在井内填充满足返滤要求的级配碎石料，如图 10.2-24 所示。排水井底部通过 PVC 排水管将汇集的地下水排出坡体，为了防止雨水入渗至排水井，本次设计采用素混凝土将排水井封口。

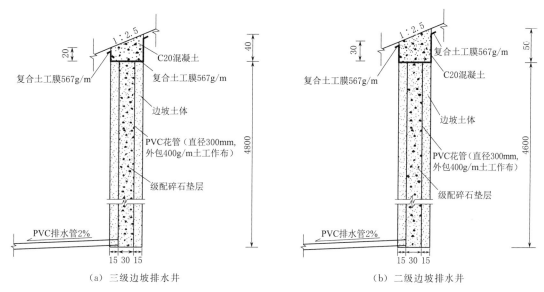

（a）三级边坡排水井　　　　　　　　　（b）二级边坡排水井

图 10.2-24　排水井布置图

桩号 9＋070～9＋575 左岸渠坡排水处理后的抗滑稳定安全系数汇总见表 10.2-14。

表 10.2-14　　桩号 9＋070～9＋575 左岸渠坡排水处理后抗滑稳定安全系数统计表

工　况	分析类型	裂隙形态	变　形　范　围	抗滑稳定安全系数	规范要求
实施处理措施后	整体抗滑稳定分析	陡倾角	整体	1.227	1.30
	深层抗滑稳定分析	陡倾角	四级至二级马道	1.275	
		陡倾角	四级边坡至二级马道	1.382	
		陡倾角	三级至二级马道	1.486	
	浅层抗滑稳定分析	陡倾角	四级边坡	1.630	
		陡倾角	三级边坡	1.614	
		陡倾角	二级边坡	1.555	

桩号 9＋070～9＋575 渠段左岸边坡已实施排水处理措施，整体抗滑稳定分析时考虑渠坡内部已形成陡倾角裂隙。根据设计资料及地质编录资料，对该段渠坡整体抗滑稳定性进行分析。

桩号 9＋180 左岸渠坡整体抗滑稳定计算结果见图 10.2-25，计算结果表明，二级边坡坡脚抗滑桩发挥作用（提供抗滑力 330kN/m），渠坡整体抗滑稳定安全系数为 1.227，虽低于 1.3，但仍能保持稳定。

为进一步复核渠坡在处理措施完工后是否存在深层滑动变形，结合地质编录资料，对二级至四级边坡（含四级马道平台）深层抗滑稳定进行计算分析。计算结果表明，三级边

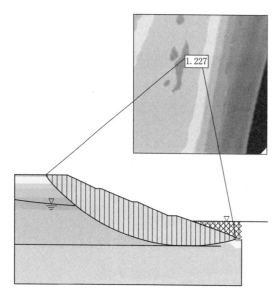

图 10.2-25 桩号 9+180 左岸渠坡整体抗滑
稳定计算结果（F=1.227）

坡坡脚抗滑桩发挥作用（提供抗滑力 330kN/m），四级至二级马道范围内深层抗滑稳定安全系数为 1.275，虽低于 1.30，但仍能保持稳定；四级边坡和三级至二级马道范围内深层抗滑稳定安全系数均高于 1.30，满足规范要求。与排水处理前比较，深层抗滑稳定安全系数有一定提高，说明排水措施降低坡体内部水位后，能提高渠坡深层抗滑稳定安全系数。

为复核该段渠坡在处理措施完工后是否存在浅层滑动变形，结合地质编录资料，对该断面二级至四级边坡浅层抗滑稳定进行计算分析。桩号 9+070～9+575 左岸渠坡典型断面浅层抗滑稳定计算结果表明，各级渠坡浅层抗滑稳定安全系数均高于 1.3，满足规范要求。与排水处理前相比，二级、三级渠坡浅层抗滑稳定安全系数均有一定提高，四级渠坡浅层抗滑稳定安全系数未发生变化，说明排水措施降低二级、三级渠坡下水位后，对提高渠坡浅层抗滑稳定安全系数有一定作用。

整体看，对坡体内有一定陡倾角裂隙的桩号 9+070～9+575 渠坡进行排水处理后，整体抗滑稳定安全系数为 1.227，虽低于 1.30，但仍能保持稳定；四级至二级马道范围内深层抗滑稳定安全系数为 1.275，虽低于 1.30，但仍能保持稳定；四级边坡和三级至二级马道范围内深层抗滑稳定安全系数均高于 1.30，满足规范要求；各级渠坡浅层抗滑稳定安全系数均高于 1.30，满足规范要求。与进行排水处理前相比，抗滑稳定安全系数有一定提高，说明通过排水处理降低坡体地下水位能有效提高坡体稳定性。

各种复核计算工况下，桩号 9+070～9+575 左岸渠坡整体抗滑稳定安全系数和四级至二级马道范围深层抗滑稳定安全系数未达到规范要求，但均大于 1.0，仍能保持稳定；设计水位和实际运行时四级边坡和三级至二级马道范围深层抗滑稳定安全系数未达到规范要求，但均大于 1.0，仍能保持稳定；其他情形下抗滑稳定安全系数均满足规范要求，整体较为稳定。

进行排水处理，降低渠坡地下水位后，渠坡整体抗滑稳定、深层抗滑稳定和浅层抗滑稳定安全系数均有一定提高，说明降低渠坡地下水位的措施能提高渠坡稳定性。

结合安全检查、监测资料分析及安全检测成果等分析结果，初步分析桩号 9+070～9+575 渠段左岸渠坡边坡变形体产生的原因为：该渠段属深挖方段，Q_2 土体裂隙发育，不乏缓倾角长大裂隙，土体具有中等膨胀性，渠坡稳定性差；渠坡地下水位较高，坡表采用水泥改性土换填后，未能完全阻断膨胀土与大气的水汽交换，在降雨较为频繁的时段，雨水入渗导致渠坡原状土的含水量升高，膨胀土胀缩，抗剪强度降低；膨胀土反复胀缩，土体中的裂隙与陡倾角长大裂隙逐步贯通，由此产生侧向变形，且时效显著。

9. 专项安全评价结论

根据陶岔管理处辖区工程专项安全鉴定项目（2021 年度）的需要，依据《南水北调中线干线工程安全评价导则》（Q/NSBDZX 108.04），开展了工程安全检查、安全检测（探测）、安全监测资料分析和安全复核计算。结合通水运行以来已经开展的巡视检查、安全监测、维修养护、加固处置等工作成果，对 5 段渠坡的安全状况进行了综合评价，得到以下主要结论：

（1）现场安全检查发现，淅川段桩号 9+070～9+575 左岸渠坡已经产生变形，变形体后缘及变形范围不明显；已采取了排水井与排水盲沟相结合的排水措施；排水措施实施后，各渠段排水孔均存在排水的情况，7—9 月尤为明显，排水措施可以有效降低渠坡的地下水位；仅局部过水断面衬砌板存在错位情况，其余衬砌板平整，运行维护道路路面无裂缝、沉陷、破损、坡顶截流沟未淤堵、破损或排水不畅等。

（2）综合采用地质雷达法、高密度电阻率法、地震波反射法等物探技术，对深挖方膨胀土渠段进行探测，各段存在局部土体高含水异常、土体不均匀异常和软弱层等缺陷，二级、三级马道测线的土体高含水异常主要分布在排水井以下，土体土质不均匀异常则主要分布在浅层。

（3）经历史测值分析，渠坡变形观测成果变化规律合理，能反映渠坡变形情况。

（4）渠坡测斜管 A 方向累计位移仍存增大的趋势，未收敛，其中二级、三级渠坡 A 方向累计位移较大，四级渠坡 A 方向累计位移较小；表面水平位移仍存增大的趋势，表面垂直位移变化趋势平稳；推测边坡内部产生了变形，但变形仍处于启动阶段。时效对膨胀土渠坡变形影响较大，降雨和温度有一定影响，渠道水位的影响较小。地下水位是诱使变形的主要因素，排水井与排水盲沟相结合的排水措施能有效降低坡体地下水位。

（5）水泥土换填能减缓降雨入渗速度，但未能完全阻断膨胀土与大气的水汽交换。一般地，一级边坡换填土下部的渗压计测值低于渠道水位；但在降雨较多的时段，受降雨和地下水位影响，一级边坡以上土体含水率显著上升、地下水位上升明显。新增排水措施实施后，仍存在一定数量的高含水异常区域，但主要位于排水井深度以下部位。

（6）渠坡浅层抗滑稳定安全系数均能满足规范要求；渠坡深层抗滑稳定安全系数部分工况不满足规范要求，但均高于 1.0，仍能保持稳定；渠坡整体抗滑稳定安全系数均不满足规范要求，但均高于 1.0，仍能保持稳定；通过坡体排水、微型桩加固和开挖减载等处理后，渠坡稳定性有较大提高，渠坡深层和浅层抗滑稳定安全系数均能满足规范要求，渠坡整体抗滑稳定安全系数不满足规范要求，但均高于 1.0，仍能保持稳定。

（7）一级边坡换填土下渗压水位高于渠道水位的桩号 9+180 左岸和桩号 9+363 左岸渠段衬砌板抗浮稳定性较差，不满足规范要求；其他各渠段衬砌板抗浮稳定性较好，能满足规范要求。

综上，渠坡运行中暴露出一定的工程缺陷，渗流安全、结构安全等复核评价结果均为 B 级，但无须停水即可加固处理，因此，依据《南水北调中线干线工程安全评价导则》（Q/NSBDZX 108.04），本次专项安全鉴定的渠道安全评定为二类渠道。但是，后续采取二级至四级渠坡排水、四级渠坡卸荷、二级、三级边坡增设微型桩或抗滑桩等加固处置措施后，渗流和结构安全可满足安全运行要求。

基于现场安全检查、安全监测（探测）、安全监测资料分析和安全复核计算，提出以下运行管理建议：

（1）尽快开展加固处置。抗滑桩加固效果比微型桩加固效果更加明显，建议可采取抗滑桩加固。加固处理后，加强渠段的地下水位和变形的跟踪监测。

（2）在日常巡查中，可继续通过混凝土拱圈和过水断面衬砌板等刚性结构的破损现象初步判断渠坡变形和稳定状况。

（3）现阶段仅采用一级马道的设计参考值作为主要监控指标，且累计变形已超过该设计参考值。考虑到现阶段实际情况，建议结合变形速率、各测点间的相关性判别变形发展趋势和渠坡稳定性态。

（4）为进一步掌握地下水位情况，在渠段测斜管布置的断面中增加渗压监测设施，使渗压监测设施达到 3 个以上，以便更好地掌握地下水位变化及其对变形的影响。

（5）通过变形异常和稳定渠段的比较分析，以及加固处置前后地下水位和变形的变化规律对比分析，挖掘降雨与地下水位、地下水位与变形的关系；进一步分析当前采用的排水井与盲沟结合的排水措施、微型桩及卸载加固处置措施的效果，对排水和加固措施的布置方式进行敏感性分析，提出加固处置的优化措施；为高地下水位下的深挖方膨胀土渠段应急和永久加固处置提供支撑。

10.3 单项安全鉴定

10.3.1 目的与重点

单项安全评价是以设计单元为基础，原则上以三级运行管理单位所管辖范围内的工程为一个单项，定期进行的安全评价。

10.3.2 单项安全鉴定的主要内容

单项安全评价以三级运行管理单位所管辖范围内的工程为一个单项，基于安全年度报告及专项、专门安全鉴定成果，结合单项安全鉴定开展的工程安全检查与必要的安全检测（勘探）、观测资料分析等成果，对管理范围内的所有建筑物及其附属设备安全进行复核评价，并参考工程质量与运行管理评价结论，提出单项安全综合评价结论，评定安全状况类别，并提出维修养护、加固、检修、更新改造和加强管理等建议。

单项安全类别评定应符合下列规定：

（1）正常。所有建筑物安全评价结论为一类，金属结构与机电设备安全评价结论为安全，无影响工程正常运行的明显隐患、缺陷问题和设备故障，运行管理规范，按常规维修养护即可保证正常运行。

（2）基本正常。有一座以上（含一座）建筑物安全评价结论为二类，或金属结构与机电设备安全评价结论为基本安全，或存在的隐患、缺陷问题和设备故障，运行管理规范或基本规范，经维修养护或局部更新改造后可实现正常运行。

（3）不正常。有一座以上（含一座）建筑物安全评价结论为三类，或金属结构与机电设备安全评价结论为不安全，或运用指标达不到设计标准，存在严重隐患、缺陷问题和设备故障，运行管理基本规范或不规范，工程不能正常运行。

10.3.3　单项安全鉴定实践

1. 单项安全鉴定背景

辉县管理处辖区工程全长 48.951km。其中渠道长度为 43.631km，建筑物长度为 5.320km。渠道设计流量为 260m³/s，加大流量 310m³/s，渠底纵比降为 1/28000。辖区工程共有各类建筑物 75 座，其中节制闸 3 座，控制闸 9 座，退水闸 3 座，分水闸 2 座，左岸排水建筑物 14 座，引水建筑物 2 座，跨渠桥梁 42 座；渠道包含有饱和砂土地基、河滩段、高地下水位、膨胀岩土渠段。总干渠工程等别为Ⅰ等工程，主要建筑物级别为 1 级；附属建筑物与河道护岸工程等次要构筑物级别为 3 级。通水运行以来，辉县管理处辖区工程总体运行平稳，且经历了 2020 年加大流量输水考验。但由于遭受 2016 年"7·9""7·19"特大暴雨等灾害事件，造成部分输水建筑物交叉断面冲刷及高地下水位渠段一级马道局部滑塌和衬砌板失稳等水毁，运行管理单位及时对水毁进行了应急或永久加固处理。

为全面及时了解辉县管理处辖区工程安全状况，做好工程维修养护，确保工程运行安全。2021 年度开展辉县管理处辖区工程的单项安全鉴定。本单项安全鉴定项目内容包括开展辉县管理处辖区工程安全检查、安全检测、安全监测资料分析和安全复核，重点分析隐患、缺陷问题及其处置情况和效果，综合评价工程安全状况，提出安全状况类别，分别编制相应报告。

2. 工程概况

辉县段工程起点位于修武县与辉县市交界的纸坊河渠倒虹工程出口（桩号 K560＋439.842），终点位于辉县市与新乡凤泉区交界的孟坟河渠倒虹出口（桩号 K609＋390.786），全长 48.951km。其中渠道长度为 43.631km，建筑物长度为 5.320km。

渠道以全挖方断面为主，约占总长度的 63%，其中挖深超过 15m 的深挖方段约长 1.5km，最大挖深约 32m，半挖半填段约占该段渠道总长的 37%。渠道设计流量为 260m³/s，加大流量 310m³/s。辉县段工程共有各类建筑物 75 座，其中节制闸 3 座，控制闸 9 座，退水闸 3 座，分水闸 2 座，左岸排水建筑物 14 座，引水建筑物 2 座，跨渠桥梁 42 座。辉县管理处辖区工程特性见表 10.3-1。本次单项安全鉴定报告中，K 桩号减去 493.582km 为原设计桩号。

表 10.3-1　　　　　　辉县管理处辖区工程特性表

序号	渠段桩号	地基特性及处理措施	长度/m	挖深/m	填高/m
1	渠道 K560＋543～K564＋534	挖方段	3991		
2	峪河暗渠 K564＋534～K565＋145	输水暗渠，3 孔，单孔 7m（宽）×8.2m（高）	611		
3	渠道 K565＋145～K572＋356	挖方段	7211		
4	渠道 K572＋356～K572＋733	半挖半填	377		

序号	渠 段 桩 号	地基特性及处理措施	长度/m	挖深/m	填高/m
5	渠道 K572+733～K573+283	高填方段	550		
6	渠道 K573+283～K573+702	半挖半填	419		
7	渠道 K573+702～K575+845	挖方段	2143		
8	午峪河渠倒虹 K575+845～K576+156	4 孔 2 联，单孔 6.5m（宽）×6.4m（高）	311		
9	渠道 K576+156～K576+743	挖方段	587		
10	早生河渠倒虹 K576+743～K577+074	4 孔 2 联，单孔 6.5m（宽）×6.55m（高）	331		
11	渠道 K577+074～K579+167	半挖半填	2093		
12	王村河渠倒虹 K579+167～K579+498	4 孔 2 联，单孔 6.5m（宽）×6.55m（高）	331		
13	渠道 K579+498～K580+806	挖方段	1308		
14	小凹沟渠倒虹 K580+806～K581+081	3 孔 1 联，单孔 7m（宽）×7.3m（高）	275		
15	渠道 K581+081～K581+458	挖方段	377		
16	渠道 K581+458～K585+412	半挖半填	3954		
17	石门河渠倒虹 K585+412～K586+588	3 孔 1 联，单孔 6.9m（宽）×6.9m（高）	1176		
18	渠道 K586+588～K587+512	半挖半填	924		
19	黄水河渠倒虹 K587+512～K587+963	4 孔 2 联，单孔 6.5m（宽）×6.6m（高）	451		
20	渠道 K587+963～K590+986	半挖半填	3023		
21	黄水河支渠倒虹 K590+986～K591+347	4 孔 2 联，单孔 6.5m（宽）×6.7m（高）	361		
22	渠道 K591+347～K592+423	半挖半填	1076		
23	渠道 K592+423～K594+237	挖方段	1814		
24	刘店干河暗渠 K594+237～K594+720	输水暗渠，3 孔，单孔 7m（宽）×8.5m（高）	483		
25	渠道 K594+720～K597+248	灰岩，喷混凝土，设置边坡 排水系统	2528	15～40	
26	渠道 K597+248～K597+323	一级马道以下弱膨胀土，换填 水泥改性土	75	15～40	
27	渠道 K597+323～K597+853	一级马道以下弱膨胀土，设置 边坡排水系统	530	15～40	

序号	渠 段 桩 号	地基特性及处理措施	长度/m	挖深/m	填高/m
28	渠道 K597+853～K599+155	一级马道以下弱膨胀土，遇2016年7月9日强降雨发生大范围变形	1302	15.0～30.0	
29	渠道 K599+155～K600+507	岩土混合渠道，喷混凝土，设置边坡排水系统	1352	16.5～27	
30	东河暗渠 K600+507～K600+780	输水暗渠，3孔，单孔7m（宽）×8.3m（高）	273		
31	渠道 K600+507～K600+780	一级马道以下弱膨胀土，换填水泥改性土	2303	16.5～27.0	
32	渠道 K603+083～K606+815	一级马道以下弱膨胀土，换填水泥改性土	3732	16.0～27.0	
33	小蒲河渠倒虹 K606+815～K607+086	4孔2联，单孔6.5m（宽）×6.5m（高）	271		
34	渠道 K607+086～K609+093	一级马道以下弱膨胀土，换填水泥改性土	2007	15～40	
35	孟坟河渠倒虹 K609+093～K609+389	4孔2联，单孔6.5m（宽）×6.5m（高）	296		
36	渠道 K609+389～K609+484	半挖半填	95		

辉县段涉及中线工程黄河北—姜河北辉县段、石门河渠道倒虹吸两个设计单元。

辉县段工程渠线实际长度为47.39km，其中明渠段长43.396km，建筑物长3.994km。总干渠以明渠为主，沿线穿越大小河流25条，各类交叉建筑物共81座。

辉县段渠道为挖方及半挖半填两种形式，过水断面为梯形，渠底及渠坡采用现浇混凝土衬砌。建筑物工程有河渠交叉、渠渠交叉、左岸排水交叉、控制工程和路渠交叉工程5种类型。

辉县段明渠段长43.396km，建筑物长3.994km。本渠段设计流量为260m³/s，加大流量为310m³/s。辉县段工程为Ⅰ等工程，总干渠渠道和主要建筑物等级为1级；附属建筑物与河道护岸工程等次要构筑物等级为3级；施工导流等临时建筑物等级为4级。河渠交叉建筑物设计洪水标准为100年一遇，校核洪水标准为300年一遇；左岸排水建筑物设计洪水标准为50年一遇，校核洪水标准为200年一遇；总干渠和河渠交叉建筑物、左岸排水建筑物相连接渠段的洪水标准与相应建筑物的洪水标准相同。本设计单元工程纸坊河北—黄水河支流以东（桩号Ⅳ66+960～Ⅳ98+440）地震动峰值加速度为0.15g，相当于地震基本烈度Ⅶ度；黄水河支流以东—孟坟河（桩号Ⅳ98+440～Ⅳ115+900）地震动峰值加速度为0.20g，相当于地震基本烈度Ⅷ度。工程设防烈度与基本烈度相同。

辉县段共有各类建筑物共81座，其中河渠交叉建筑物11座，左岸排水建筑物14座，渠渠交叉建筑物 2 座，节制闸 3 座，退水闸 3 座，分水口门 2 座，跨渠公路桥 34 座（包括峪河退水渠上 4 座），跨渠生产桥 12 座。另有辉县管理处管理用房 1 座、辉县管理处丙类物资独立仓库和物资设备仓库各 1 座。辉县段工程主要建筑物类型及数量见表 10.3 - 2。

表 10.3 - 2　　　　　　　　　　辉县段工程主要建筑物类型及数量

序号	建筑物类型		数量/座	备注
1	河渠交叉建筑物		11	含 3 座节制闸
2	渠渠交叉建筑物		2	
3	左岸排水建筑物		14	
4	控制工程建筑物	节制闸	3	
		退水闸	3	
		分水口门	2	
5	路渠交叉建筑物	跨渠公路桥	34	包括峪河退水渠上 4 座
		跨渠生产桥	12	

本设计单元共有河渠交叉建筑物 11 座，其中暗渠 3 座，渠道倒虹吸 8 座。各河渠交叉建筑物主要技术指标详见表 10.3 - 3，总干渠设计流量为 260m³/s，加大流量 310m³/s。

表 10.3 - 3　　　　　　　　　　河渠交叉建筑物主要技术指标汇总表

序号	建筑物名称	总干渠桩号	建筑物型式	集流面积/km²	设计洪水流量/(m³/s)	校核洪水流量/(m³/s)	设计水头/m	总长度	管身长度	孔数	管宽	管高
1	峪河	Ⅳ70+951.4～Ⅳ71+562.4	暗渠	572.7	3620	4950	0.24	611	450	3	7	8.2
2	午峪河	Ⅳ82+262.4～Ⅳ82+573.36	渠道倒虹吸	15.9	541	738	0.15	311	180	4	6.5	6.4
3	早生河	Ⅳ83+159.7～Ⅳ83+490.74	渠道倒虹吸	18.7	660	872	0.15	331	200	4	6.5	6.55
4	王村河	Ⅳ85+584.1～Ⅳ85+915.1	渠道倒虹吸	24.8	833	1070	0.15	331	200	4	6.5	6.55
5	小凹沟	Ⅳ87+223.4～Ⅳ87+498.38	渠道倒虹吸	16.8	487	666	0.12	273	150	3	7	7.3
6	黄水河	Ⅳ93+928.8～Ⅳ94+379.8	渠道倒虹吸	88.3	2000	2520	0.19	451	320	4	6.5	6.6
7	黄水河支	Ⅳ97+403.3～Ⅳ97+764.3	渠道倒虹吸	74.9	1930	2440	0.15	361	230	4	6.5	6.7
8	刘店干河	Ⅳ100+654.6～Ⅳ101+137.6	暗渠	178.1	3510	4410	0.19	483	350	3	7	8.5
9	东河	Ⅳ106+923.83～Ⅳ107+196.83	暗渠	17.1	520	704	0.12	273	150	3	7	8.3

序号	建筑物名称	总干渠桩号	建筑物型式	河道			设计水头/m	建筑物长度/m		管身横断面尺寸/m		
				集流面积/km²	设计洪水流量/(m³/s)	校核洪水流量/(m³/s)		总长度	管身长度	孔数	管宽	管高
10	小蒲河	IV113+231.4～IV113+502.4	渠道倒虹吸	36.6	951	1200	0.13	271	140	4	6.5	6.5
11	孟坟河	IV115+509.6～IV115+805.6	渠道倒虹吸	32.2	845	1070	0.14	296	165	4	6.5	6.5

本段主要工程地质问题如下：

（1）岩土膨胀性问题处理。本渠段内分布的膨胀岩土主要为上第三系潞王坟组滨湖相、河湖相陆源碎屑沉积的黏土岩、泥灰岩和第四系中更新统冲洪积成因的粉质黏土、重粉质壤土，所属地貌单元多为山前冲洪积裙。沿线膨胀岩、土分布不连续，薄厚不均一，其中上第三系膨胀岩的分布长度约2.745km，第四系膨胀土的分布长度约12.2km。根据膨胀试验成果，本渠段内上第三系黏土岩及第四系粉质黏土多具弱膨胀潜势，个别具中等膨胀潜势。沿渠线的膨胀岩分布桩号为IV103+700～IV107+695，第四系膨胀土分布桩号为IV103+700～IV115+900。

本渠段膨胀等级均为弱膨胀，处理总长度为9.946km。采用全断面换填，换填厚度为垂直坡面1m。并且对地下水位高于渠底的渠段在换填层后设排水措施。

（2）黄土状土湿陷性问题处理。本渠段黄土状土主要指第四系上更新统及全新统形成的次生黄土，沿渠线分布累计长度约33.862km，约占渠道总长度的78%，主要分布于软岩丘陵顶部、山前坡洪积裙、山前冲洪积裙上部。岩性主要为冲洪积及坡洪积成因的粉质壤土。

根据湿陷性的强弱，沿线黄土状土共分为16个段，不具湿陷性的黄土状土有2段，累计长度3.75km；具轻微湿陷性的黄土状土有4段，累计长度9.627km；具中等～强湿陷性的黄土状土有3段，累计长度6.804km；其余渠段所分布的黄土状土均具中等湿陷性，累计长度13.681km。本渠段从渠底板以下5m至一级马道之间半挖半填或填方段的黄土状土，具中等湿陷性的分布桩号为：IV75+700～IV76+200、IV86+200～IV87+224、IV96+950～IV98+750和IV114+100～IV115+900，累计分布长度4.664km。

据各场点的试验成果分析，黄土状土的湿陷深度多在5～8m以内，多为非自重湿陷性黄土，仅桩号IV76+200～IV76+990的黄土状中粉质壤土局部具自重湿陷性。场地地基湿陷等级一般为Ⅰ级（轻微）。

施工期辉县段湿陷性黄土进行处理的渠段长7.458km，其中采用强夯法处理渠段长3.043km，采用重夯法处理渠段长4.065km，其余0.35km渠段采用左岸土挤密桩、右岸强夯的处理方法。

（3）饱和砂土及少黏性土地震液化问题处理。前期勘察成果曾考虑到渠道建成运行后地下水位抬升，部分渠段砂、少黏性土将呈饱和或预测饱和状态。依据《水利水电工程地质勘察规范》（GB 50287）判别，渠道运行后，桩号Ⅳ92＋650～Ⅳ94＋500（石门河—黄水河）地层上部的砂壤土、黄土状中壤土均为可液化土层，液化指数为 0.5～12，场地液化等级属轻微～中等。

施工期本渠段进行地震液化地层处理的共 2 段，即桩号Ⅳ93＋280.0～Ⅳ93＋928.8（长 648.8m）渠段和Ⅳ94＋379.8～Ⅳ94＋500.0（长 120.2m）渠段。桩号Ⅳ93＋280.0～Ⅳ93＋928.8（长 648.8m）渠段采用渠坡强夯、渠底换填的综合处理措施处理该段饱和砂土地震液化问题；Ⅳ94＋379.8～Ⅳ94＋500.0（长 120.2m）渠段采用强夯法处理。

（4）河滩段卵石渠道渗漏问题处理。渠道沿线分布有第四系卵砾石，一般具中等～强透水性或弱～中等透水性，存在渠道渗漏问题。施工期间河滩卵石地基处理总长度为 17.9km，其中，高喷截渗渠段长 2.1km，桩号为Ⅳ68＋000～Ⅳ70＋105；换填黏土铺盖渠段长 10.2km，换填黏土铺盖＋排水管网渠段长 5.6km。排水具体方案为：在渠道换填黏土层下方布设横向间距为 8m、纵向间距为 4m 的集水管网，并与布设在渠道两侧坡脚4m 间距的 ϕ250 波纹管及渠道底部 16m 间距的 ϕ500 混凝土管连接形成自排排水体。

（5）高地下水位问题处理。在前期勘察过程中曾对渠道沿线的地下水进行了预测，根据预测结果，多年最高地下水位高于渠底板的渠段主要分布在桩号 HZ70＋700～HZ72＋200（地下水位高于渠底板 0～1m）、HZ77＋900～HZ91＋730（地下水位高于渠底板 0～6m）、HZ93＋280～HZ96＋400（地下水位高于渠底板 0～3m）和 HZ104＋600～HZ108＋700（地下水位高于渠底板 0～2.5m），累计分布长度 22.55km；多年最高地下水位在渠底板附近的渠段分布在桩号 HZ102＋600～HZ104＋600，长度为 2.0km。另外，桩号HZ68＋250～HZ94＋450 为黏砾多（双）层、卵（砾）石均一结构段，卵（砾）石透水性强，地下水位受降雨和地表径流影响变化较大。

工程运行以来遭遇了 2016 年 "7·9" 特大暴雨、2016 年 "7·19" 特大暴雨、2021年 "7·20" 特大暴雨等自然灾害。

2016 年 7 月 8—9 日，新乡市遭遇特大暴雨袭击。其中辉县市 7 月 9 日 2：00—11：00降雨量达 429.6mm。

2016 年 7 月 19 日，峪河流域发生 "7·19" 大暴雨，宝泉雨量站实测 24 小时降雨达到 213mm。峪河流域发生大洪水，致使多年未泄洪的宝泉水库从 7 月 19 日 16：00 开始泄水，峪河总干渠交叉断面涨水行洪。

2021 年 "7·20" 河南特大暴雨主要集中在 7 月 18—22 日，本次降雨呈现出累计雨量大、持续时间长、短时降雨强、极端性突出等特点。

3. 主要内容

工程安全检查方面，重点查阅辉县管理处辖区工程设计、施工、运行管理、验收等技术资料，检查和评估工程的外观状况、结构安全、运行条件，以及穿跨（越）邻接建筑物对干线工程的影响等，提出安全评价工作的重点和建议，明确安全检测、安全复核的具体对象或部位及相应的内容。

安全检测包含结构检测（探测）、水下检测测量、安全监测设施率定等。开展安全检测（探测），评价工程现状地质条件、工程质量、安全监测系统等状况，为复核计算和安全评价提供依据。本次单项安全鉴定着重对饱和砂土地基、河滩段、高地下水位、膨胀岩土渠段进行检测（探测）。饱和砂土地基段重点是基础渗流状况检测；检测河滩段、高地下水位渠段探测渠道边坡的变形和地下水情况，对是否存在隐患及隐患性质做出判断；检测膨胀岩土探测挖方渠段换填层和渠坡的稳定、变形和排水情况，对是否存在隐患及隐患性质做出判断。

安全监测资料分析内容包括安全监测设施可靠性评价、安全监测系统完备性评价、监测资料初步和系统分析，以及工程安全性态评估。

安全复核包括对工程质量、防洪能力、水力学、渗流安全、结构安全、抗震安全、金属结构与电气设备等的复核工作。安全复核按相关行业标准规范，结合安全检测、安全监测成果，开展安全复核，分析论证基础数据资料的可靠性和安全检测、复核计算方法及其结果的合理性，提出工程存在的主要问题、工程安全类别评定结果和处理措施建议。着重开展饱和砂土地基、河滩段、高地下水位、膨胀岩土渠段渗流和结构安全复核，及饱和砂土地基段抗震安全复核；对存在异常的建筑物进行结构安全复核。

运行管理评价对辉县管理处的运行管理能力、日常检查与安全监测、运行调度、维修养护、安全生产、应急管理和自动化系统等进行评价。

在工程安全检查、安全检测、安全监测资料分析基础上，根据防洪能力、水力安全、渗流安全、结构安全、抗震安全、金属结构与电气设备等各项复核评价结果，并参考工程质量与运行管理评价结论，根据安全鉴定分类，对辉县管理处辖区工程进行综合评价，评定安全类别，并提出维修养护、加固、检修、更新改造和加强管理等建议。

4. 工程安全现状初步分析

工程现状安全检查对辉县管理处辖区内工程进行全线检查，并重点对渠道、输水和控制建筑物的薄弱环节和存在安全隐患的部位进行检查。重点检查渠段包括饱和砂土地基、河滩段、高地下水位、膨胀岩土渠段。通过现场安全检查明确了后续安全检测以及安全复核工作主要内容。

具体内容详见第 3.2.6 节工程实例。

5. 安全检测

依据《水利水电工程施工质量检验与评定规程》（SL 176）、《水工混凝土建筑物缺陷检测和评估技术规程》（DL/T 5251）等规范规程，采用外观调查法、GPS-RTK 测量法、回弹法、电磁法、电位量测法等检测技术开展郭屯分水口分水闸相关混凝土结构、峪河暗渠进口与出口相关混凝土结构、石门河倒虹吸相关混凝土结构、黄水河倒虹吸进口检修闸与出口控制闸及进出口连接段、渐变段相关混凝土结构、孟坟河退水闸相关混凝土结构与退水渠断面现状，检测与综合分析建筑物混凝土结构的使用性、耐久性等结构性能。

具体内容详见第 3.3 节工程实例。

6. 安全监测资料分析

安全监测资料分析内容包括安全监测设施可靠性评价、安全监测系统完备性评价、监测资料初步和系统分析，以及工程安全性态评估。安全监测资料分析的目的是通过水位、气温、降雨量等环境量与变形、裂缝开度、应力应变、渗透压力、渗流量等效应量监测资料的分析，分析警戒值是否合理，评估工程安全性态是否正常。

具体内容与分析详见第 4 章工程实例。

7. 工程质量评价

工程地质条件评价查明是否存在影响工程安全的地质缺陷和问题，复查工程基础处理方法的可靠性和处理效果等，复核地震基本烈度、抗震措施，评价是否满足设计和安全运行要求。

具体内容详见第 6 章工程实例。

8. 工程安全复核

单项安全鉴定包括防洪、水力、渗流、结构、抗震、金属结构与机电设备等安全复核。

具体内容详见第 8 章工程实例。

9. 运行管理评价

运行管理评价详见第 5 章。

10. 综合评价

本次单项安全鉴定收集了辉县管理处辖区工程已开展的水下检测、安全监测、维修养护、加固处置和专题分析资料，开展了工程现场安全检查、安全检测（探测）、安全监测资料分析、安全复核计算，结合工程质量和运行管理能力评价结论，综合评价了辉县管理处辖区工程安全状况，得到以下主要结论：

（1）经现场安全检查，渠道的过水断面衬砌板、运行维护道路路面、一级马道以上渠坡坡面、坡面排水、支护及外坡等总体外观良好，运行正常，巡视检查发现的衬砌板和运行维护道路路面裂缝、缺陷能及时得以处理。但也存在高填方渠段沉降未稳定，深挖方渠段如刘店干河暗渠出口段、韭山公路桥上游左岸受高地下水位影响显著等问题，两处渠段受 2021 年 "7·20" 特大暴雨影响造成的局部塌陷、衬砌板隆起等险情已进行应急处置。安全监测设备设施完好，安全监测系统、通信和控制系统能正常工作。

（2）辉县管理处辖区工程安全监测设施基本可靠，完备性合格。挖方渠段变形无明显趋势性变化，受 2021 年 "7·20" 特大暴雨影响，部分高地下水位断面（桩号 Ⅳ103＋800、Ⅳ104＋292、Ⅳ107＋662）内部水平位移增幅较大，工程安全性态基本正常，其余挖方渠段工程性态正常；半挖半填渠段渗流和变形无明显趋势性变化，工程性态正常；高填方渠段存在内水外渗现象，但渗压水位低于渠道水位，桩号 Ⅳ79＋150～Ⅳ79＋700 渠段一直呈下沉趋势，年变幅增大，近期有加速沉降的迹象，高填方渠段工程安全性态基本正常。

（3）重点检测（探测）的渠段中，渠道填筑质量总体良好。但河滩渠段、高填方渠段局部土体不密实或土质不均匀；高填方段堤顶道路局部深度 16～36m 区域土体含水高；饱和砂土地基渠段局部含水率较高，主要在一级马道 5～8m 深度范围；高地下水位渠段局部一级马道深度 4～8m、二级马道深度 11～36m 范围为土体含水高；弱膨胀土渠道局部一级马道深度 0.5～2.7m、二级马道深度 3～12m 区域土体土质不均匀，含软弱土层。

（4）施工资料和安全监测资料分析、安全检测成果等表明，对存在湿陷、膨胀、地震液化等不良物理现象的土基处理等符合相关规范要求。换填和压实质量、强夯后地基质量、水泥土填筑质量及粉煤灰碎石桩质量满足设计要求，运行以来渠道运行表现正常。

（5）渠道工程等别、建筑物级别以及防洪标准满足规范要求。

（6）现阶段渠道过水断面糙率无明显改变，各控制断面满足原设计过流能力要求。渠道防渗和排水设施完善、有效，渗流计算断面渗漏量较小，渠道无严重渗流安全隐患。2021 年"7·20"特大暴雨情况下，桩号Ⅳ104＋340 断面左岸二级边坡底部渗透坡降大于渗透坡降允许值；韭山段桩号Ⅳ104＋691.2～Ⅳ104＋934 左岸渠段在 2016 年"7·9"暴雨后已增设排水措施，可有效降低渠坡高地下水位，未设置盲沟的渠段地下水会从二级渠坡逸出。2021 年"7·20"暴雨情况下，桩号Ⅳ104＋800 断面抗滑稳定安全系数低于规范值；2016 年"7·9"暴雨后增设的排水措施可有效降低渠坡水位，提高渠坡抗滑稳定性；隐患探测显示的高填方渠段、饱和砂土筑堤渠段不密实区域的存在对渠坡稳定总体影响不大。2021 年"7·20"特大暴雨情况下，渠坡地下水位高于渠道水位时，衬砌板抗浮稳定不满足要求。各段渠道工程抗震设防烈度符合规范要求，砂土筑堤段各渠坡饱和区较深，不易出现液化。地震工况下渠坡抗滑稳定安全系数满足规范要求。

（7）辉县管理处辖区工程的日常检查和安全监测正常、有效开展，工程运行调度科学合理，有效应对了 2016 年"7·9""7·19"和 2021 年"7·20"等 3 次特大暴雨，以及 2020 年加大流量输水运行，保障了工程安全和输水安全；工程维修养护及时有效，使得工程处于安全和完整的工作状况；应急预案编制科学合理，历次自然灾害事故应急处置及时有效。

综上，桩号Ⅳ103＋730～Ⅳ105＋500（桩号Ⅳ104＋691.2～Ⅳ104＋934 除外）为高地下水位渠段，渠段的渗流和稳定满足规范要求，但是地下水位受强降雨影响显著，2021 年"7·20"特大暴雨工况下不满足安全运行要求，渗流安全、结构安全评价为 B 级；其余渠道的渗流安全、结构安全、抗震安全等各项复核计算结果均为 A 级，且工程质量合格、运行管理规范，穿跨（越）邻接建筑物不影响其安全运行，局部缺陷经日常维修养护即可按设计标准正常运行。依据《南水北调中线干线工程安全评价导则》（Q/NSBDZX 108.04），辉县段辖区工程中，桩号Ⅳ103＋730～Ⅳ105＋500（桩号Ⅳ104＋886～Ⅳ104＋938 除外）渠段被评为二类渠道，其余渠段为一类渠道。

综上，中线工程辉县管理处辖区工程的工程质量合格，运行管理规范，韭山公路桥上游左岸未加固处置的高地下水位渠段被评为二类渠道，其余渠段被评为一类渠道；峪河暗渠及午峪河和王村河倒虹吸交叉断面河道冲刷问题需进行永久加固处理，安全等级被评为二类，其余建筑物安全等级被评为一类。

综上，辉县管理处辖区工程的工程质量合格，运行管理规范，存在的隐患经维修养护或局部更新改造后可实现正常运行。依据《南水北调中线干线工程安全评价导则》（Q/NSBDZX 108.04），辉县管理处单项安全鉴定结论为"基本正常"。

辉县管理处辖区工程线路长，建筑物众多，地处太行山前倾斜区，通水运行以来，随着运行时间延长和工程所在区域城市社会发展，工程也面临一定的运行风险，为降低运行风险，提出以下建议：

（1）近年来，辉县管理处已开展了多期渠道重点部位和渠道倒虹吸水下专项检查，检查成果有利于判断水下工程的安全状况及生态状况，有利于维修养护工作的开展，今后可持续开展水下检查检测。同时，对管理处辖区渠道沿线的逆止阀进行全面的排查，掌握逆止阀排水可靠性情况。

（2）辉县段高地下水位渠段受降雨影响明显，强降雨期间地下水位骤升，可参考韭山路桩号Ⅳ104＋691.2～Ⅳ104＋934渠道衬砌和一级马道修复方案，对韭山路渠段（桩号Ⅳ103＋730～Ⅳ105＋500中未处理渠段）和刘店干河暗渠出口段（桩号Ⅳ100＋850～Ⅳ102＋200）等存在衬砌板失稳和渠坡局部滑塌风险的渠段及时进行加固处置。加强高填方、高地下水挖方段及沉降仍未收敛的建筑物渐变段的巡视检查和安全监测。

（3）辉县段工程地处太行山前倾斜区，受地理位置影响，一旦发生强降雨极易形成山洪，洪水流速高，破坏力强，对河渠交叉建筑物构成威胁。加强交叉断面上游、下游河道管理，尤其是采砂对河势影响明显的交叉断面的管理，并协调填平已有采砂坑。针对管身顶部与下游河床跌差较大的情况，对峪河暗渠、午峪河渠道倒虹吸和王村河渠道倒虹吸等交叉断面进行加固处置。东河下游的幸福桥缩窄行洪断面过大，阻水严重，建议尽快拆除重建幸福桥，同时对辉县东河进行治理。汛前汛后加强巡查，对汛期水毁进行永久加固处理，以确保渠道倒虹吸和暗渠的安全。

（4）随着自动化系统运行时间的增长和运行管理需求的提高，视频监控系统、门禁入侵系统、消防联网系统、动环监控系统、闸站监控系统、安防视频监控系统出现一定程度的老化和功能不完全满足当前需求的现象，需及时维修和定期升级改造。

（5）韭山公路桥上游左岸高地下水位渠段，目前采用抽排水降低地下水位、一级边坡锚固等加固处理措施，建议开展专题研究，研究排水和加固措施的深度、间距和位置等，提出高地下水位渠段的加固处置的优化方案。

（6）辉县管理处辖区段处于太行山脉暴雨中心区，易遭受极端降雨影响，需在极端气象事件下加强巡查与监测，必要时开展极端降雨工况下的专项安全评价。

10.4　全面安全鉴定

10.4.1　目的与重点

安全综合评价是在安全年度报告、工程安全检查、安全检测、安全监测资料分析基础上，根据防洪能力、水力、渗流、结构、抗震、金属结构与机电设备等各项安全评价结果，并参考工程质量与运行管理评价结论，对评价对象的运行状况进行综合评价，明确工程安全类别，提出工程存在的主要问题和处理措施建议等工作。

10.4.2　全面安全鉴定的组织实施

全面安全评价应基于鉴定周期内的各单项、专项、专门安全鉴定成果，并结合全面安全鉴定开展的工程安全检查与必要的安全检测、观测资料分析、安全年度报告等成果，对中线工程防洪能力、过流能力、渗流安全、结构安全、抗震安全、金属结构与机电设备安全以及工程质量、运行管理等分别进行评价，在此基础上，对中线工程全线安全进行综合评价，提出安全评价结论，评定安全状况类别。

依据系统工程思路，引入风险管理和差异化管理思想，提出统筹兼顾、科学合理、切实可行的长距离调水工程安全评价体系。以中线工程为例，其安全鉴定体系如图10.4-1所示。

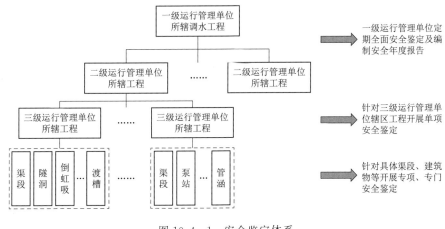

图 10.4 - 1 安全鉴定体系

全面安全评价应通过安全检查、安全检测和监测资料分析，总结分析鉴定周期内各单项、专项、专门安全鉴定发现的各类重大隐患、缺陷问题及其处置意见落实情况和效果。

中线工程全面安全评价的安全状况类别评定应符合下列规定：

(1) 正常。鉴定周期内各单项安全鉴定结论均评定为正常，各专项、专门安全鉴定结论均评定为一类或安全，或发现的各类隐患、缺陷问题处置效果良好，现状无影响中线工程正常运行的明显隐患、缺陷问题和设备故障，按常规维修养护即可保证正常运行。

(2) 基本正常。鉴定周期内有一项以上（含一项）单项安全鉴定结论评定为基本正常或基本安全，各专项、专门安全鉴定结论均定为二类或基本安全，且相应的隐患、缺陷问题和设备故障尚未处置或处置效果未达到正常运行要求，部分工程输水能力下降，或部分重要受水区不能供水。

(3) 不正常。鉴定周期内有一项以上（含一项）单项、专项、专门安全鉴定结论评定为不正常、不安全或三类，且相应的重大隐患、缺陷问题和设备故障尚未处置或处置效果不满足安全运行要求，工程不能正常输水。

当全面安全评价的安全状况类别评定为基本正常或不正常时，应提出维修养护、加固、检修、更新改造和加强管理等建议。

10.4.3 全面安全鉴定的主要内容

全面安全评价应基于鉴定周期内的各单项安全鉴定成果，结合专项、专门安全鉴定成果和各年度安全年度报告，总结分析各类重大隐患、缺陷问题及其处置情况和效果，综合评价中线工程安全状况，提出安全状况类别，编制安全评价报告。

全面安全鉴定是在单项、专项、专门等安全鉴定的基础上，对中线工程全线定期进行的安全综合评价。

全面安全鉴定的周期可根据工程的具体情况选定。以中线工程为例，工程 2014 年 12 月 12 日正式通水，分由 45 个现地运行管理单位日常管理，首次全面安全鉴定在正式通水 5 年（即 2020 年）开始，在全线竣工后 5 年内完成，以后全面安全鉴定周期一般不超过

10 年。单项安全鉴定应在全面安全鉴定周期内视工程运行情况分批逐年完成，专项、专门安全鉴定视情况和需要在全面安全鉴定周期内适时安排开展。

同水库、水闸等单体建筑物安全鉴定，长距离调水工程安全鉴定的基本程序也包括安全评价、安全鉴定成果技术审查和安全鉴定意见审定三个基本程序。其中，安全评价是安全鉴定的主要技术工作。

一级管理单位全面负责中线工程安全鉴定管理工作，成立安全鉴定委员会负责安全鉴定成果技术审查，一级管理单位安全生产委员会负责安全鉴定报告书的审定工作。安全鉴定委员会负责安全鉴定成果技术审查工作，开展现场工程察看，审查安全评价报告，出具审查意见。一级管理单位安全生产委员会负责审定安全鉴定意见，听取鉴定委员会对安全评价报告审查情况的汇报，审定并印发单项、专项、专门安全鉴定报告书，将全面安全鉴定意见报上级主管部门。

参 考 文 献

［1］ 王光谦，欧阳琪，魏加华，等. 世界调水工程 ［M］. 北京：科学出版社，2009.

［2］ 杨立信. 国外调水工程 ［M］. 北京：中国水利水电出版社，2003.

［3］ 贾绍凤，梁媛. 调水工程研究评述与展望 ［J］. 地球科学进展，2023，38 (3)：221-235.

［4］ 韩占峰，周日农，安静泊. 我国调水工程概况及管理趋势浅析 ［J］. 中国水利，2020 (21)：5-7.

［5］ 高媛媛，姚建文，陈桂芳，等. 我国调水工程的现状与展望 ［J］. 中国水利，2018 (4)：49-51.

［6］ 沈滢，毛春梅. 国外跨流域调水工程的运营管理对我国的启示 ［J］. 南水北调与水利科技，2015，13 (2)：391-394.

［7］ 田君芮，丁继勇，万雪纯. 国内外重大跨流域调水工程管理模式研究 ［J］. 中国水利，2022，936 (6)：49-52.

［8］ 陈军飞，汪倩，袁飞. 软环境视角下的南水北调工程运营管理研究综述与展望 ［J］. 水利发展研究，2021，21 (12)：39-47.

［9］ 张亭. 浅析南水北调中线工程配套水厂建设与运营管理 ［J］. 水科学与工程技术，2014，187 (5)：49-51.

［10］ 汤洪洁，赵亚威. 跨流域长距离调水工程风险综合评价研究与应用 ［J］. 南水北调与水利科技 (中英文)，2023，21 (1)：29-38.

［11］ 聂艳华，刘东，黄国兵. 国内外大型远程调水工程建设管理经验及启示 ［J］. 南水北调与水利科技，2010，8 (1)：148-151.

［12］ 刘晓琨，涂彧. 浅谈苏州市辐射安全年度评估报告编制 ［J］. 城市地理，2015 (8)：47.

［13］ 刘建，张卫华，毛洁红. 辐射工作单位的安全和防护状况年度评估报告的内容和格式的要求 ［J］. 核安全，2010 (1)：27-29.

［14］ 邢和国. 射线检测放射源和射线装置辐射安全防护状况年度评估规范 ［J］. 中国石油和化工标准与质量，2019，39 (15)：7-8.

［15］ 华相征. 矿山储量年报编制技术方法探讨 ［J］. 内蒙古煤炭经济，2021 (21)：46-48.

［16］ 李雷，吴素华. 加拿大水坝安全与管理的理念、实践与启示 ［R］. 南京：水利部大坝安全管理中心，2009.

［17］ 马福恒，胡江，叶伟. 中国与瑞士大坝安全监控机制比较及启示 ［J］. 水利水电科技进展，2018，38 (5)：32-37.

［18］ 吴劭辉，盛金保. 日本大坝运行管理特色及经验借鉴 ［J］. 水利水电科技进展，2013，33 (1)：18-21.

［19］ 张士辰，杨正华，盛金保. 水库大坝安全年度报告制度探索与实践 ［J］. 中国水利，2018 (20)：23-27.

［20］ 周贵宝，郭宁，张士辰. 水库大坝安全年度报告探讨 ［J］. 中国水能及电气化，2016 (7)：26-28.

［21］ 南水北调中线干线工程建设管理局. 南水北调中线干线工程安全评价导则：Q/NSBDZX 108.04—2020 ［S］. 北京：中国水利水电出版社，2020.

［22］ 南水北调中线干线工程建设管理局. 南水北调中线干线工程安全鉴定管理办法 (试行)：Q/NS-BDZX 409.35—2020 ［S］. 北京：中国水利水电出版社，2020.

［23］ 马福恒，胡江，邱莉婷，等. 南水北调中线干线工程年度安全评估报告 (2020 年度) ［R］. 南京：南京水利科学研究院，2020.

［24］ 岳松涛，李鑫，付原，等. 南水北调中线干线工程年度安全评估报告（2021 年度）［R］. 北京：水利部河湖保护中心，2021.

［25］ 马福恒，胡江，叶伟，等. 南水北调中线干线工程辉县管理处辖区工程安全检查报告［R］. 南京：南京水利科学研究院，2021.

［26］ 喻江，吴银坤，董茂干，等. 南水北调中线干线工程辉县管理处辖区工程安全检测报告［R］. 南京：南京水利科学研究院，2021.

［27］ 叶伟，胡江，马福恒，等. 南水北调中线干线工程辉县管理处辖区工程安全监测资料分析报告［R］. 南京：南京水利科学研究院，2021.

［28］ 马福恒，胡江，叶伟，等. 南水北调中线干线工程辉县管理处辖区运行管理评价报告［R］. 南京：南京水利科学研究院，2021.

［29］ 胡江，叶伟，马福恒，等. 南水北调中线干线工程辉县管理处辖区工程质量评价报告［R］. 南京：南京水利科学研究院，2021.

［30］ 叶伟，胡江，马福恒，等. 南水北调中线干线工程辉县管理处辖区工程安全复核报告［R］. 南京：南京水利科学研究院，2021.

［31］ 马福恒，胡江，叶伟，等. 南水北调中线干线工程辉县管理处辖区工程单项安全评价报告［R］. 南京：南京水利科学研究院，2021.